SCIENCE 101

CHEMISTRY 화학

Denise Kiernan · Joseph D'Agnese 지음

김용현 옮김

BooksHill
이치사이언스

"Science for All"

대학에서 과학교육에 대해 배웠던 내용 중에 아직도 머릿속에 남아 있는 문구이다. 대중을 위한 과학. 이는 1995년 미국의 "국가과학교육기준"에서 과학교육목표로 제시했던 말이다. 과학교육의 목표가 소수의 과학 영재를 길러내는 것이 아니라, 21세기를 살아가는 모든 사람들이 과학적 소양을 갖추도록 하는 방향으로 전환되어야 한다는 의미를 담고 있다.

학교현장에서 과학을 가르치면서, 우리가 너무 많은 내용을 지나치게 어렵게 가르치고 있는 건 아닐까 하는 생각을 해 본다. 대중들이 생각하는 과학은 아직도 너무 어렵고, 자신의 삶과는 그리 상관없는 과학자들의 전유물로 여기고 있는 것이 현실이다.

사이언스 101 시리즈는 과학 지식의 대중화를 위해, 미국 국립 자연사 박물관으로 유명한 스미스소니언 협회의 풍부한 자료를 바탕으로 만든 과학 교양서이다. 이 시리즈는 과학과 기술에 대한 소양을 얻고자 하는 학생들이나 일반인 모두에게, 과학의 각 영역에 대한 대중적이면서도 정확한 정보를 제공해 줄 수 있을 것으로 보인다. 사이언스 101 : 화학 또한 우리 삶의 거의 모든 영역과 연결되어 있는 화학이라는 학문에 대해, 250여 장의 컬러 사진, 삽화, 도표 등을 통해 핵심적인 내용을 쉬우면서도 정확하게 설명하고 있다. 이 책이 담고 있는 내용은 원자, 화합물, 화학변화, 에너지 등과 같은 화학의 핵심 개념들뿐만 아니라, 음식, 화장품, 의약품, 재활용품,

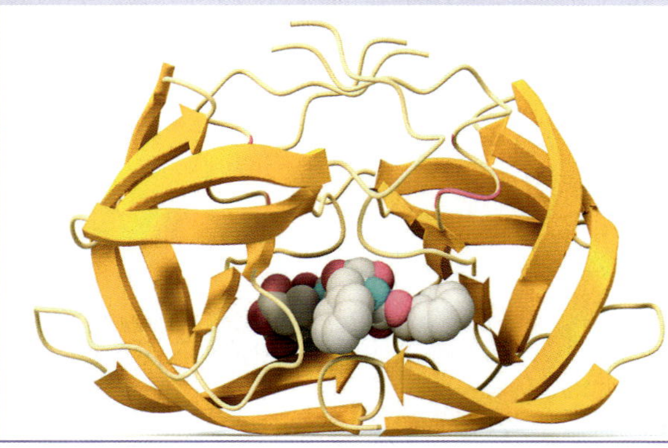

환경문제 등 생활 속의 화학에 대해서도 다양하게 다룬다. 또한 합금, 고분자, 연료 전지, 나노기술, 유전 공학, 신약 개발 등 최첨단 분야에 이르기까지 화학이 담을 수 있는 모든 분야를 아우르고 있다.

이렇게 많은 내용을 풍부하면서도 깊이 있게 담아낼 수 있는 것은 저자의 힘이라 생각된다. Denise Kiernan과 Joseph D'Agnese는 모두 〈뉴욕타임스〉와 〈월스트리트저널〉에 활발하게 기고하는 저명한 저널리스트이자 작가이다. 이들은 과학의 여러 영역에 걸쳐 폭넓은 식견을 가지고 있으며, 과학자가 아닌 과학에 대한 전문적 소양을 지닌 대중의 한 사람이었기에 대중의 눈높이에서 대중이 원하는 과학 교양서를 쓸 수 있게 된 것이다.

이 책은 과학 또는 화학을 배우고 있는 중고등학생들이나 일반인들에게, 화학에 대한 모든 것을 안내해 주는 매력적인 책이 될 것이라 자신한다. 이 책을 읽고 번역할 수 있었던 것은 화학이라는 학문에 몸담고 있는 나에게 큰 행운이었다고 생각하며, 역자의 부족한 능력으로 인해 불충분하거나, 잘못 표현된 부분에 대해서는 독자의 많은 지적을 통해 수정될 수 있기를 바란다.

끝으로 이런 좋은 기회를 주신 도서출판 이치사이언스의 사장님과 직원들에게 감사드리며, 이 책이 화학에 대해 알고자 하는 이들에게 조금이나마 도움이 되기를 바래 본다.

옮긴이 김 용 현

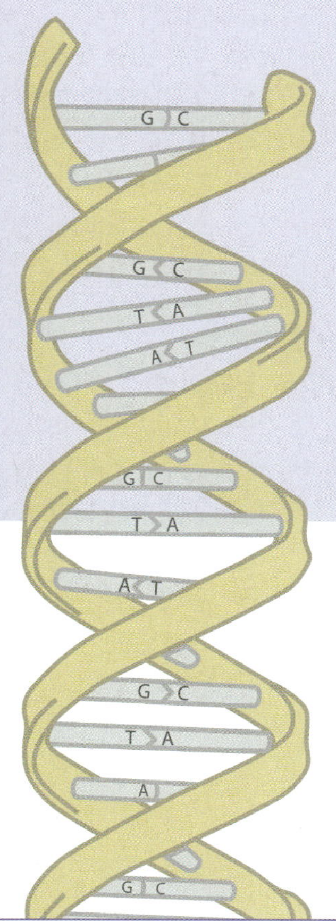

화학의 세계에 오신 것을 환영합니다!

왼쪽 화학의 세계는 복잡하지만 과학자들은 끊임없이 새롭고 흥미로운 발견들을 해 나가고 있다.
위 원자들의 결합을 소재로 한 예술 작품
아래 한 과학자가 시험관에 시료를 넣고 있다.

호기심, 창조성, 끈기. 인간은 항상 자신을 둘러싼 자연을 이해하고, 그 안에 감춰져 있는 신비를 논리적으로 설명하고자 노력해 왔다. 인간의 본성인 호기심은, 인간으로 하여금 자신을 둘러싼 자연을 탐구하고, 더 나아가 우주로까지 탐험의 영역을 확장하게끔 이끌었다. 또한 일상 속에서 당연하게 생각하고 넘어갔을지도 모를 자연 현상들을 설명할 수 있는 이론을 전개하고 만들어 낸 동기가 되었다. 원시인들은 창끝이 시간이 지남에 따라 변하는 것에 주목하였으며, 모닥불 근처에서는 지금까지 보지 못했던 반짝이는 새로운 물질을 발견했다. 또한 인간의 타고난 자기 표현의 욕망은 식물과 흙을 물감과 색소로 재탄생시키기도 하였다.

인간의 호기심은 과학적 방법론을 탄생시키는 원동력이 되었고, 이를 통해 수많은 자연의 비밀을 밝히고자 하였다. 오늘날 우리가 자연을 탐구하는 데 이용하는 방법들은 많이 변했지만, 기본적인 호기심은 변하지 않았다. 화학은 유기적인 세계와 무기적인 세계를 이으면서 물리학과 생물학 사이의 든든한 다리가 되어 왔다. 별과 행성의 탄생을 연구하는 것은 물리학자들이지만, 우주의 기본적인 구성 요소를 이해할 수 있는 기초를 제공하는 것은 바로 화학이다. 생물학자들은 인간의 세포 작용을 관찰하지만 그 과정에 관계된 분자들은 화학적 맥락 속에서 이해되어야 한다. 화학의 묘미는 피상적인 세계 밑에서 일어나는 결합과 메커니즘을 이해하는 데에 있다. 그리고 그 과정에서 더 많은 해답들을 찾을수록, 더 많은 새로운 질문들이 솟아나게 된다.

신비주의에서 벗어나다 고대의 화학은 철학에 뿌리를 두고 있었다. 아리스토텔레스나 데모크리토스와 같은 철학자들은 자연을 지배하는 원리를 찾고자 하였고, 논리학은 그 해답을 찾기 위한 좋은 도구가 되었다.

고대인들은 넓은 백사장의 모래가 멀리서 보면 균일하고 매끄러워 보이지만 사실은 수백억 개의 작은 입자들로 이루어져 있다는 것을 알고 있었다. 이런 단순한 관찰을 통해 초기의 철학자들은 물질의 구성에 대해 고민하게 되었고, 생명체나 바위, 또는 야자나무 잎도 눈으로 볼 수 없는 수백억 개의 작은 단위로 구성되어 있을지도 모른다고 생각하기 시작했다. 이러한 고대의 물질관은 모든 물질이 흙, 공기, 불, 물로 이루어졌다는 4원소설을 탄생시켰고, 쉽게 구할 수 있는 금속으로부터 금을 만들려는 연금술과 결합하여 오랫동안 사람들의 사고를 지배해 왔다. 하지만 과학의 발전과 18세기 계몽주의 시대의 화학 혁명을 통해 과학에 침투해 있던 마법과 신비주의는 사라지고, 대신 경험주의적 연구와 실험이 그 자리를 차지하였다. 이러한 경험주의적 방법론을 통해 과학자들은, 수천 년 전 그리스인들이 *atomos*라고 불렀던, 이 세상 모든 물질을 구성하는 단위체인 원자의 정체를 밝히고, 원소를 발견할 수 있게 되었다.

불안한 균형 광대한 지식과 큰 힘에는 그에 상응하는 책임이 따르기 마련이다. 화학에 있어서 가장 경이로웠던 발견들 중에는 우리의 세계를 위협하는 것들도 있다. 선한 의도로 개발되었다고 해도, 부주의와 오만함으로 인해 잘못된 길로 빠질 우려가 있다. 또 새로운 발견들은 매우 빠르게 시장의 상품으로 연결되지만 그만큼 위험이 따른다. 어떠한 문제를 해결하고자 파급 효과가 충분히 검증되지 않은 신기술을 섣불리 도입하게 되면, 성급함으로 인해 더욱 심각한 문제가 일어날 수도 있다. 예를 들어 살충제로 개발된 DDT는 해충을 없애는 데에 큰 성과를 거두었다. 하지만 전 세계 조류의 개체 수는 급감했고, 사람들 또한 그 독성으

생화학은 분명 새로운 분야는 아니다. 사람들은 건강을 증진시키기 위해 다양한 물질들의 화학적 성질이 우리 몸에 어떤 영향을 미치는지를 이미 오래전부터 연구하여 왔다.

로 인한 피해를 떠안고 살아가게 되었다. 레이첼 카슨 Rachel Carson, 1907–64은 현대 환경 운동의 도화선이 되었던 대표작 《침묵의 봄 *Silent Spring*》에서 "지구 역사상 처음으로, 모든 인류는 태아일 때부터 죽는 순간까지, 위험한 화학 물질과의 접촉을 피할 수 없게 되었다"라는 말로 이를 표현하였다.

하지만 조심스럽게 걸음을 내딛는다면, 화학은 모두가 원하는 것처럼 우리의 강력한 아군이 될 수 있다. 합리적이고 이성적인 신약 개발은 암이나 에이즈로부터 자유로운 미래를 약속하며, 친환경 기술은 현대인이 만들어 낸 환경 질병들과 싸우는 데에 큰 도움이 될 것이다. 나노 기술을 통해 1990년대 이전에는 생각할 수도 없었던 규모의 연구가 가능해지고, 새로운 치료법도 개발하게 될 것이다. 무한히 펼쳐진 우주 속에서 인간이 어떠한 존재인지 항상 고민하고, 자연에 대한 경외심을 잃지 않는다면, 화학은 호기심과 창의력을 통해 우리가 원하는 미래로 통하는 문을 열어 줄 것이다.

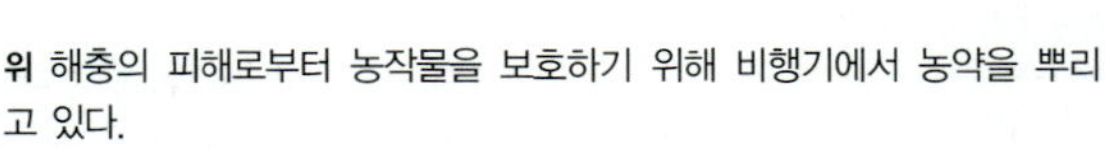

위 해충의 피해로부터 농작물을 보호하기 위해 비행기에서 농약을 뿌리고 있다.
아래 제약 공장 근로자가 약을 만들기 위해 화학 물질을 섞고 있다.

CHAPTER 1

원자와 원소

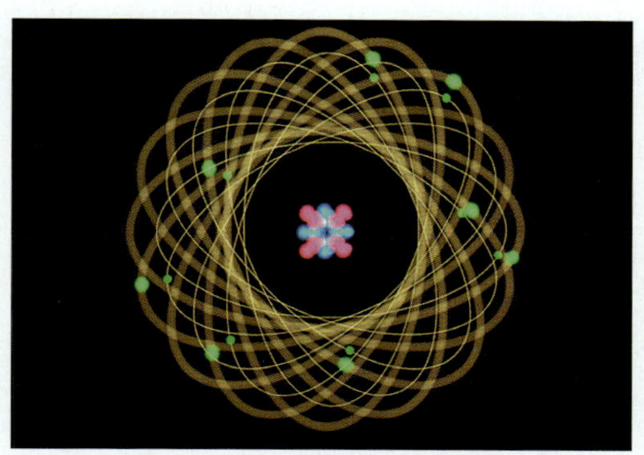

왼쪽 유타 주에 있는 그레이트솔트 호. 염화 나트륨(염) 알갱이 하나는 200만 개 이상의 원자를 포함하고 있다.
위 원자 구조를 표현한 컴퓨터 영상
아래 암석의 원자 구조는 수천 년 전 생명체에 대한 비밀의 열쇠를 품은 채 매우 천천히 변해 간다. 캐나다 알베르타 주의 불모지에서는 공룡 화석이 발견되기도 하였다.

화학은 누구도 눈으로 본 적이 없는 원자에 기초하고 있기 때문에 더욱 흥미롭다. 각각의 원자는 전자, 양성자, 중성자의 세 가지 입자로 구성된다. 양성자의 개수는 엄격히 정해진 반면 중성자의 개수는 한정된 범위 내에서 변할 수 있다. 전자들은 오비탈이라고 하는, 수학적으로 정의된 공간에 존재하며, 특정한 양자 에너지를 받았을 때만 위치를 바꾸게 된다. 물질 내의 모든 원자는 끊임없이 운동하고 있는데, 고체 내의 원자는 천 년이 넘는 시간 동안 1 mm 정도를 움직이는 반면, 공기 중에 있는 원자는 굉장히 빠른 속도로 움직인다. 어떤 원자들은 우주의 나이와도 비슷한 수명을 가지고 있지만, 또 어떤 원자들의 수명은 수억분의 1초에 지나지 않는다. 생명을 이루고 있는 모든 복잡한 물질들은 원자들과, 원자들이 이루는 화합물로 이루어져 있다. 원자의 발견과 원자론의 발전, 그리고 또 다른 입자들의 발견으로 이어지는 과정들은 과학이 써나가는 위대한 이야기를 보여주는 한 예이다.

원자론

원자에 대해 고민했던 고대 그리스, 아시아, 아프리카, 아라비아 철학자들 중 현재까지 가장 잘 알려진 사람은 그리스 철학자 데모크리토스 Democritus 이다. 기원전 460-370년에 살았던 그는 동시대인들과 마찬가지로 세계를 논리적 사고로 설명할 수 있다고 믿었다. 당시 철학자들은 과학에 이성적 사고를 들여왔지만 실험을 등한시했으며 엄격한 논리적 추론이 더 순수한 형태의 연구라고 생각했다. 데모크리토스는 물질의 가장 작은 단위가 원자라고 생각했다. 하지만 모든 원자들은 질적으로는 동일한 것으로 믿었다. 데모크리토스에 앞서 아리스토텔레스 Aristoteles, 기원전 384-322는 모든 물질이 공기, 흙, 물, 불의 네 원소로 이루어져 있다고 생각했다.

원소의 가장 작은 단위로서 원자에 대한 현대적 개념은 존 돌턴 John Dalton, 1766-1844에게서 시작되었지만, 개개의 순수한 물질로 존재할 수 있는 넓은 의미의 원소 개념은 앙투안 라부아지에 Antoine Lavoisier, 1743-94의 영감에 힘입은 바가 크다. 돌턴은 각 원소 내의 원자들을 특성 질량으로 구분할 수 있다는 개념을 도입했을 뿐만 아니라 실험 결과를 통해 이론을 뒷받침했다는 점에서, 원자를 이해하는 데에 기여한 점이 크다고 평가된다. 일산화 탄소와 이산화 탄소 같은 화합물을 통해 돌턴은 서로 다른 화합물 속에서 한

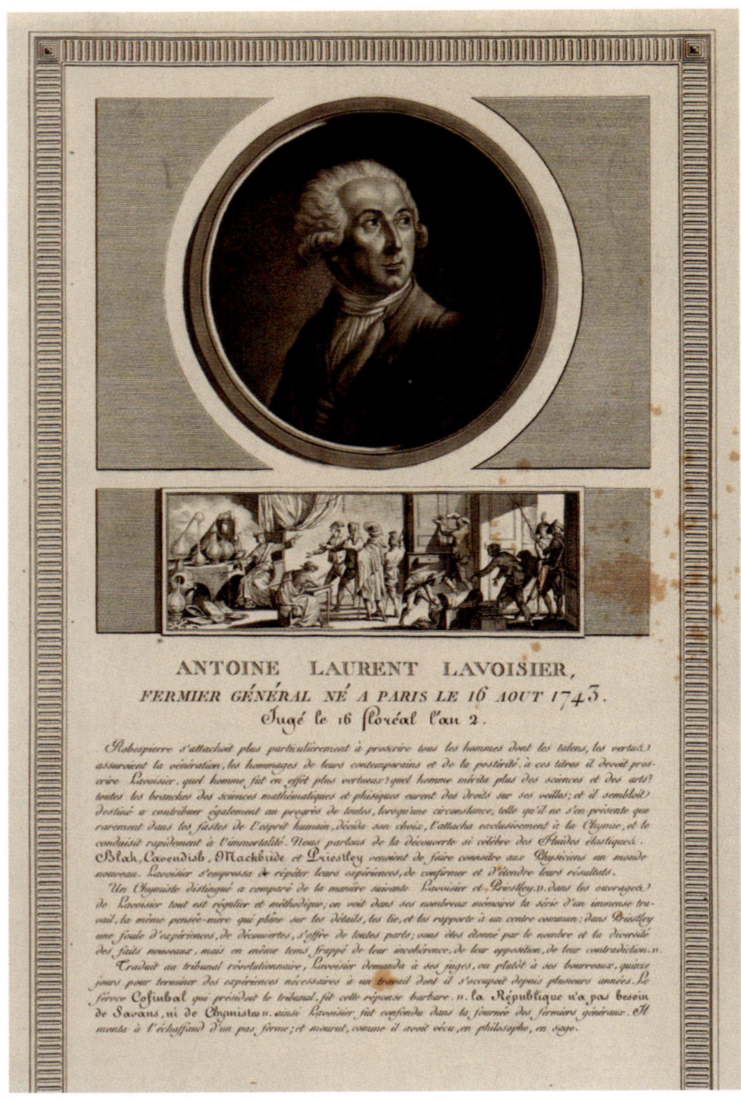

위 모든 물질은 원자들로 이루어진다. 사진은 우리 은하 내에 존재하는 성운의 모습이다.
아래 프랑스의 화학자 앙투안 라부아지에의 초상화. 그 아래에는 1794년에 그가 체포되는 장면을 묘사한 삽화가 있다. 라부아지에는 프랑스 혁명 기간에 참수형을 당했다.

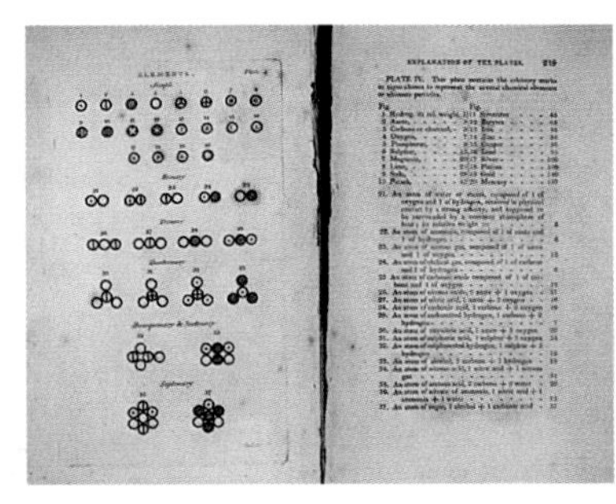

도 마찬가지였다. 1800년대 초에 들어서는 원자가 그 자체 내에 구조를 가지고 있다는 사실이, 그리고 1900년대 초에 들어서는 원자 내에 양전하를 띤 핵과 음전하를 띤 전자가 있다는 사실이 발견되지만, 이 조각들이 서로 어떻게 들어맞는지 밝혀지지 않았다. 전자의 존재를 증명한 것으로 평가되는 영국의 연구가 조셉 존 톰슨Joseph John Thomson, 1856-1940은 음전하를 띤 전자가 양전하의 바다 속에 박혀 있다는 개념을 제시했다. 이는 건포도-푸딩 모형으로 알려져 있는데, 전자들이 양전하 속에 있는 모습이 마치 건포도가 푸딩에 박혀 있는 모습과 닮았기 때문에 붙여진 이름이다. 하지만 어니스트 러더퍼드Ernest Rutherford, 1871-1937는 알파 입자 산란 실험에서, 얇은 금박에 쏜 양전하 입자들알파 입자 중 몇 개가, 180도에 가까운 각도로 다시 튕겨 나오는 것을 발견하였다. 이 결과에 놀라움을 감추지 못한 러더퍼드는 마치 "얇은 종이에 쏜 대포알이 튕겨 돌아온 것" 같다고 표현했다. 그는 원자 중심에 크기가 매우 작고 원자 질량의 대부분을 차지하며 양전하를 띤 핵이 있고, 전자들은 핵 주위에 있다는 것으로 이 실험 결과를 해석했다. 전자가 차지한 공간은 후에 오비탈orbital이라고 불리게 된다.

원소와 결합하는 다른 원소의 질량이 정수비를 이룬다는 것을 입증했고, 이를 통해 원소들이 불연속적인 질량 값을 가진다는 것을 알게 되었다. 돌턴이 "근본적인 입자"라 표현했던 원자를 통해, 자신이 발견한 배수 비례 법칙을 설명할 수 있었고, 원자에 대해 더 깊이 연구할 수 있는 토대를 마련하게 되었다.

고전적인 원자론들

돌턴이 발전시킨 물질의 원자론은 화학 반응과 관련된 여러 의문들에 해답을 제시했지만, 이러한 해법들은 항상 새로운 의문들을 불러일으켰다. 이는 원자 자체에 대해서

위 왼쪽 존 돌턴의 초상화
위 오른쪽 세 권으로 이루어진 돌턴의 저서 《화학 철학의 새로운 세계(*A New System of Chemical Philosophy*)》의 일부. 그림 오른쪽에서는 왼쪽의 기호가 화학적 원소 또는 근본적인 입자를 나타낸다고 설명하고 있다.
아래 조셉 존 톰슨

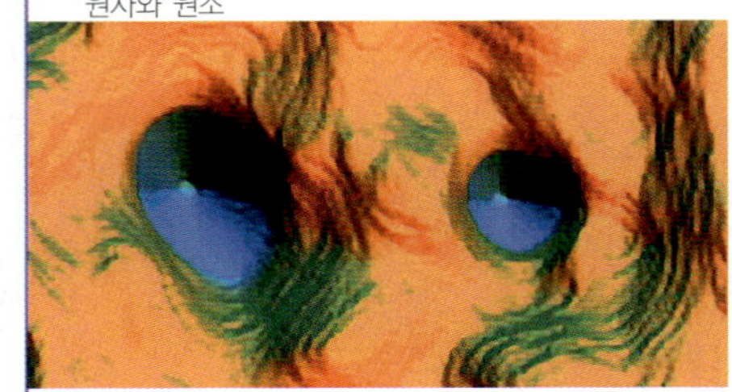

원자의 구조

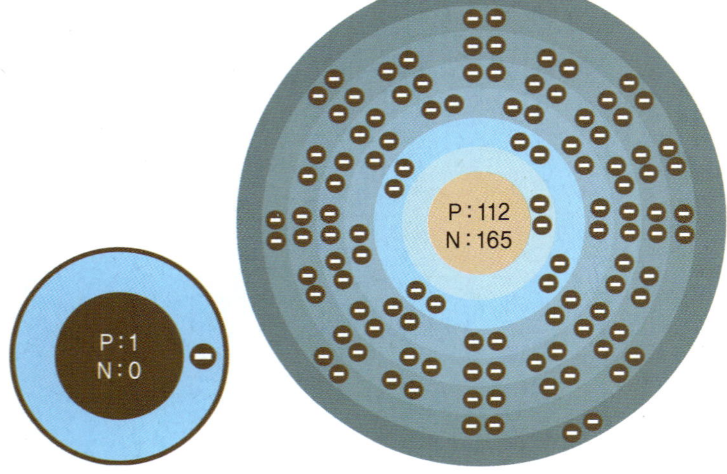

어니스트 러더퍼드의 제자 헨리 모즐리Henry Moseley, 1887-1915와 제임스 채드윅James Chadwick, 1891-1974은 원자의 핵이 두 종류의 입자, 즉 양성자와 중성자로 구성되어 있다는 것을 입증하기 위해 노력했다. 양성자는 1가의 양전하를, 전자는 1가의 음전하를 가지고 있으며, 중성자는 전하를 띠지 않는다. 채드윅은 스승 러더퍼드가 "피카델리 광장에서 투명 인간을 찾고 싶다면, 그 사람에 의해 떠밀리는 사람들을 주목하라"고 한 조언에 착안해, 중성자에 대한 증거를 찾아내었다.

아원자 입자 양성자와 중성자는 각각 원자 질량 단위가 1로, 이는 $1/10^{24}$ g 정도이다. 전자의 질량은 이보다 더 작다. 미세한 전자의 질량을 양성자의 질량에 비교하면 개와 진드기의 크기를 비교하는 것과 같다고 할 수 있다. 하지만 흔히 볼 수 있듯이 진드기가 개의 행동에 영향을 미친다. 원소는 원자 핵 속의 양성자 수에 따라 결정된다. 예를 들면 수소 원자는 항상 한 개의 양성자만을 가지고, 헬륨 원자는 두 개의 양성자를 가진다. 현대의 원소 주기율표는 원소의 원자 번호가 증가하는 순서로 구성되어 있는데, 이는 원자가 가진 양성자의 수를 나타낸 것이다. 원소 주기율표를 왼쪽에서 오른쪽으로 읽어 보면,

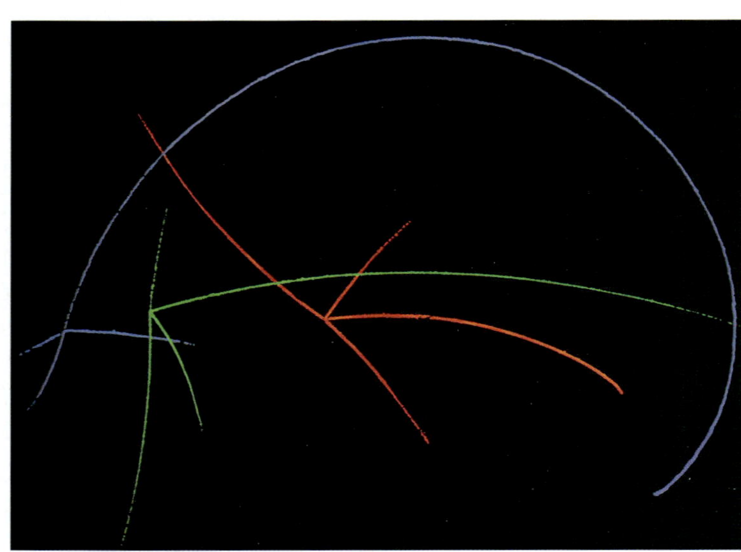

위 구리 표면의 코발트 원자를 현미경으로 본 사진. 크고 둥근 원은 에너지가 가장 낮은 상태로 구리와 결합되어 있는 코발트 원자를 나타낸다.
가운데 수소 원자의 원자 번호는 1이다(왼쪽). 이 숫자는 수소 원자가 가진 양성자의 개수를 나타낸다. 전이 금속인 우눕븀의 원자 번호는 112이다(오른쪽).
아래 중성자는 전하를 띠지 않기 때문에, 그 자체는 안개상자나 기포상자 사진에 나타나지 않지만, 전하를 띤 다른 입자와의 충돌을 통해 그 존재를 확인할 수 있다. 이 안개상자 사진에서, 가는 중성자 빔은 아래로부터 들어온다. 상자는 에탄올과 물의 혼합물로 포화된 수소 기체로 채워져 있다.

원자 구조의 이해에 기여한 물리학자와 화학자들(1932). 앉아 있는 사람들은 왼쪽부터, 제임스 채드윅 경, 한스 가이거(Hans Geiger), 어니스트 러더퍼드 경이다. 뒤쪽에 서 있는 사람들은 왼쪽부터, 죄르지 에베시(Gyorgy Hevesy), 가이거 부인(Mrs. Geiger), 리제 마이트너(Lise Meitner), 오토 한(Otto Hahn)이다. 마이트너와 한은 7년 후 최초로 핵분열을 실험적으로 확인하였다.

원소마다 정수로 매겨진 원자 번호는 수소의 1로 시작한다. 헬륨^{He}은 2이고 리튬^{Li}은 3, 베릴륨^{Be}은 4이다. 이 숫자는 114번까지 이어지는데, 원자 번호 114번은 현재까지 발견된 것 중 질량이 가장 큰 원소에 해당한다.

20세기 초에 원자를 연구하던 과학자들은 원자 내의 중성자 수는 다를 수 있지만, 전하가 중성일 때 음전하를 띤 전자의 수는 핵 내에 있는 양성자의 수와 같다는 것을 발견했다. 양성자, 중성자, 전자에 대한 이러한 발견을 통해 원자의 밑그림이 그려졌지만, 해답은 언제나 새로운 의문을 불러일으키기 마련이다. 사람들은 곧 "전자와 양성자 사이의 전기적 인력이 존재한다면 왜 전자가 핵으로 끌려가지 않을까?"라는 의문을 갖게 되었다. 그 해답은 빛이 입자나 파동으로서 행동할 수 있다는 현대 양자 역학 속에서 찾을 수 있었다.

1908년, 러더퍼드는 입자의 이온화를 관측할 수 있는 러더퍼드–가이거 탐지기를 개발하는 데에 동참했으며 현재의 연기탐지기의 선구자가 되었다.

어니스트 러더퍼드

뉴질랜드 넬슨 출신으로 후에 남작 직위를 받은 어니스트 러더퍼드는 1871년 뉴질랜드의 한 농가에서 태어났다. 그는 가난하고 힘든 환경에서도 후에 영국의 케임브리지 대학, 캐나다 몬트리올의 맥길 대학까지 가게 되었다. 캐나다에서는 얇은 금박지에 있는 원자를 향해 양전하 입자들을 쏘았을 때 양전하 입자가 다시 튕겨 돌아오는 것을 관찰함으로써 핵의 존재에 대해 최초로 설명했던, 그 유명한 금박지 실험을 수행했다. 이 실험이 성공했을 때 그는 뉴질랜드 마오리족이 전쟁에 나갈때 추었던 전통적인 춤인 하카(*haka*)를 추었던 것으로 전해진다. 이 연구를 통해 그는 1908년에 노벨상을 수상했다.

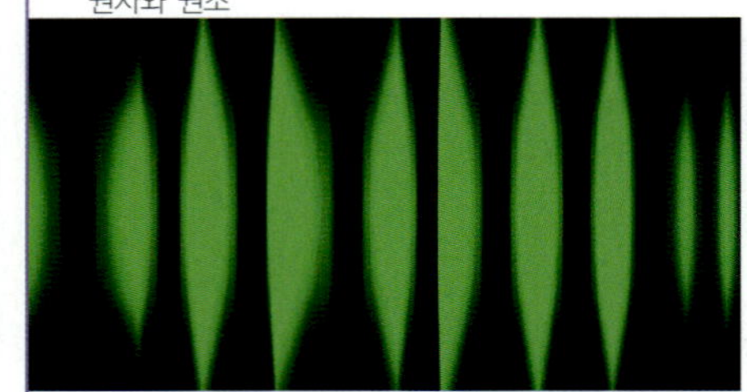

현대 원자론

용광로를 이용하기 시작한 이래로, 인간은 열원에서 나오는 빛은 온도에 따라 변한다는 사실을 알고 있었다. 19세기 유럽에서 과학자들은 열이 분자 운동을 일으키고, 그 운동으로 인해 양성자와 전자 사이의 전기장이 변하면서 진동하고, 그 진동하는 장이 곧 빛이라는 사실을 알게 되었다. 물체가 뜨거울수록, 분자들이 더 빠르게 진동하므로 진동수가 더 높은 빛이 생긴다는 사실 또한 당연한 것이었다. 가시광선 영역은 붉은색과 보라색 사이이기 때문에, 과학자들은 열원의 온도가 매우 높아지면 보라색 바깥 영역의 빛, 즉 자외선을 발생시킬 것이라 생각했다. 그들의 예측대로 온도가 증가할수록 높은 진동수를 가진 빛의 양이 상대적으로 증가하긴 했지만, 어떤 정점을 기준으로 더 높은 진동수를 가진 빛의 양은 더 증가하지 않고, 다시 감소하였다.

20세기에 들어서자마자 독일의 교수 막스 플랑크Max Planck, 1858-1947는 자외선 파탄* 문제를 연구하던 중, 빛에 의해 발생하는 진동이 양자화되어 있다는 가설을 제시했다. 다시 말해, 진동이 조금씩 연속적으로 시작되는 것이 아니라, 충분한 양의 양자 에너지를 가지기 전에는 일어나지 않으며, 에너지가 충분해지면 비로소 한 번에 시작된다는 것이다. 더 나아가 특정한 진동이 일어나는 데에 필요한 에너지의 양이 클수록 더 강한 진동이라고 주장했다.

양자화 지폐는 달러라는 기초 단위로 이루어져 있기 때문에 양자화 되었다고 할 수 있다. 이런 점에서 볼 때 경제는 온도와 유사한 면이 있다. 경

위 파형을 그린 컴퓨터 그래픽. 19세기에 막스 플랑크와 같은 과학자들이 파동이론에 의문을 품기 전까지 사람들은 빛이 전적으로 파동과 같이 행동한다고 믿었다.
아래 막스 플랑크

제가 좋을수록 더 많은 돈이 물건을 구입하는 데에 쓰이고 구매 횟수도 증가한다. 마찬가지로 온도가 높을수록 더 많은 에너지가 진동을 일으키는 데에 쓰이고 진동하는 분자도 많아진다. 하지만 구매량이 증가하는 정도는 저가 상품일수록 더 크다. 고가 상품은 더 많은 돈을 모아야 구매가 가능하기 때문에, 이에 대한 구매 증가는 빠르지 않다. 플랑크의 진동자들도 마찬가지다. 온도가 높아질수록 진동자의 수는 증가하지만 높은 진동수의 진동이 생기기 위해서는 더 많은 에너지가 필요하기 때문에, 고진동수를 가진 빛의 양은 느리게 증가한다. 실험으로 확인할 수 있듯이 이런 이유 때문에, 높은 진동수를 가진 빛의 양이 상대적으로 감소하게 된다.

현대 양자 역학 플랑크는 자신의 양자화 에너지가 물리적 실재라기보다는 수학적 개념에 가깝다고 생각했다. 진동자들이 진동하기 위해 양자라는 특정한 양의 에너지를 필요로 한다는 것은, 빛이 에너지를 한꺼번에 전달한다는 사실, 즉 빛이 파동이 아닌 입자로 행동한다는 의미인데, 이는 빛의 파동 모델이 만연한 상황에서 쉽게 받아들여지지 않았다.

하지만 양자 개념은 계속해서 나타났다. 덴마크의 이론가였던 닐스 보어Niels Bohr, 1885-1962는 서로 다른 원소의 불꽃색을 보면서 양자 개념을 생각하게 되었다. 원소의 불꽃은 원소 내의 원자들이 특정한 파장의 빛을 흡수하거나 방출하기 때문에 각기 다른 색을 가진다. 보어는 전자가 특정한 궤도에만 존재할 수 있고, 궤도 간의 전이는 정확하게 그 전이에 필요한 양만큼의 빛 에너지가 흡수되거나 방출될 때 가능하다고 제안했다. 이는 곧 양자를 의미한다. 이 모델은 원자가 어떻게 빛을 방출하는지를 설명하는 데에는 유용했지만, 궤도를 돌고 있는 음전하를 띤 전자가 양전하를 띤 핵쪽으로 나선형으로 빨려 들어가지 않는 이유는 여전히 설명하지 못했다. 이를 해결하기 위해 프랑스 물리학자 루이 드브로이Louis de Broglie, 1892-1987는 빛이 파동인 동시에 입자라면 전자 역시 입자인 동시에 파동일 수 있다고 주장했다.

어떤 상황에서는 입자로, 다른 상황에서는 파동으로 빛을 표현하는 이 개념은, 언뜻 생각해 보면 이상할 수도 있겠지만 사실 그렇게 모순적인 것은 아니다. 빛뿐만 아니라 소리 역시 입자 또는 파동으로 생각할 수 있다. 특정 높이의 소리가 유리창을 부수는 현상은, 총알이 유리창을 깨는 것과 비슷하다. 하지만 총알은 벽을 타고 넘어갈 수 없는 반면, 소리는 벽 너머로 전해질 수 있는데, 이때 소리는 파동과 같이 행동한 것이다. 약간의 논란이 있었지만, 결국 빛이 입자나 파동 양쪽으로 행동할 수 있고, 전자 역시 파동과 입자로 행동할 수 있다는 이론이 받아들여지게 되었다. 전자의 파동성은 전자들이 핵으로 빨려 들어가지 않는 이유를 설명하게 되었다. 파동은 중첩될 수 있고, 보강될 수 있으며, 소멸되지 않고 유지될 수 있다. 전자의 궤도는 전자의 파동성을 반영하는 오비탈이라는 용어로 나타내게 되었고, 마지막 개념적 장애물이 해결되자 비로소 원자의 구조를 이해할 수 있게 되었다. 그리고 이러한 원자의 구조는 원소 주기율표에 반영되었다.

위 닐스 보어는 원자 구조에 대한 연구로 노벨상을 받았다.
아래 루이 드브로이는 빛의 이중성개념을 제시하여, 빛이 입자성과 파동성을 동시에 가지고 있다는 것을 보였다.

* 자외선 파탄 : 진동수가 높은 빛의 세기가 무한히 증가하는 현상(옮긴이))

주기율표

조셉 존 톰슨은 전자가 핵 주변의, 껍질이라고 하는 삼차원적인 오비탈 안에 존재한다고 주장한다. 첫 번째 전자 껍질은 전자 2개를, 두 번째는 8개, 세 번째는 18개, 네 번째는 32개를 가지고 있으며, 이를 일반화하면 전자 껍질에 들어갈 수 있는 전자의 수는 전자 껍질 번호 제곱의 두 배 전자 수=$2n^2$, n은 전자 껍질 번호라는 수학적 규칙을 따른다. 전자 껍질은 또한 전자 부껍질을 가지는데 이 역시 일정한 규칙을 따른다. 즉, 첫 번째 전자 껍질은 1개의 전자 부껍질을, 두 번째는 2개, 세 번째는 3개를 가진다. 원소가 전자를 얻을 때, 전자는 에너지가 가장 낮은 전자 부껍질부터 채워진다. 주기율표에서 원소들은, 가장

바깥쪽 전자가 들어 있는 부껍질의 종류가 같은 원소들끼리 모여 있다. 따라서 양자 역학을 통해 예측한 것처럼, 원소가 가진 전자의 개수, 전자가 들어 있는 전자 부껍질의 종류, 그리고 주기적 특성들을 주기율표에서 발견할 수 있다.

원소의 주기적 성질 양자 역학이 자리 잡기 전에 주기율표의 기본 형태가 만들어졌기 때문에, 양자 역학을 통해 주기율표의 형태를 예측할 수 있다기보다는 주기율표를 확증한다는 표현이 보다 정확할 것이다. 1869년에 러시아 화학 교수인 드미트리 멘델레예프Dmitri Mendeleev, 1834~1907는 원소들을 화학적, 물리적인 특성에 따라 묶을 것을 제안하였고, 그 결과 현재 우리가 아는 주기율표대로 원소를 배열하게 되었다. 그 당시 다른 사람들도 유사한 배열에 대해 연구하고 있었지만, 멘델레예프는 아직 발견되지 않은 원소들이 있을 것이라고 믿고, 자신이 만드는 주기율표에 빈 공간을 두었을 정도로 뛰어난 직관력을 보여주었다. 그 후 빈칸에 들어맞는 원소들이 발견되면서 그의 주기율표가 인정받기 시작했다.

오케스트라에서 악기가 종류에 따라 구성되어 있는 것처럼, 원소 주기율표는 원소의 종류에 따라 구성된다. 오케스트라에서 각 악기의 위치는 악기의 종류관악기, 금관악기, 현악기, 타악기 등에 따라, 그리고 제1주자인지 2주자인지에 따라 정해진다. 주기율표에서 각 원소가 갖는 위치는 원자의 상대적인 크기와 같은 특성을 비교함으로써 정해진다.

예상할 수 있듯이, 원자의 크기는 전자 수에 따라 정해지지만, 전자 수가 많다고 해서 원자 크기가 큰 것만은 아니다. 원자의 크기는 주기율표의 세로줄에서 아래로 갈수록 커지지만, 같은 가로줄에서는 왼쪽에서 오른쪽으로 갈수록 작아진다. 왼쪽에서 오른쪽으로 갈 때 크기가 줄어드는 것은 핵에 있는 양성자의 수가 늘어나기 때문인데, 양전하가 클수록 전

위 원소의 자세한 정보를 보여주는 주기율표의 일부분
아래 드미트리 멘델레예프

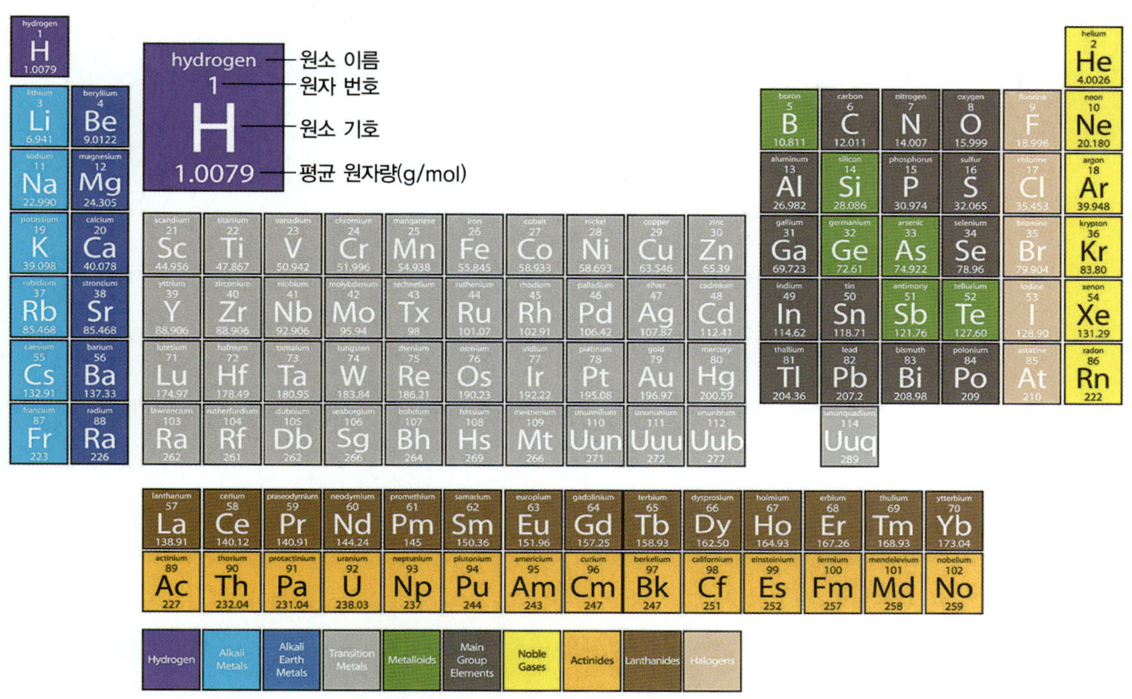

자를 강하게 잡아당겨 크기가 줄어든다. 하지만 각 가로줄의 끝에 있는 원소는 껍질이 채워져 있기 때문에 다음 껍질에 차는 전자들에게 가해지는 핵의 인력을 가려 주는 역할을 한다. 이것은 철에 납을 씌우면 자석이 철을 끌어당기지 못하는 것과 같은 현상이다. 결과적으로, 원자의 크기는 세로줄에서 아래쪽으로 갈수록, 즉 원자 번호가 커질수록 커진다.

원자가 중성일 때 전자의 수가 양성자의 수와 같은 데에는 이유가 있다. 원자들은 언제나 중성인 것은 아니다. 원자는 전자를 얻거나 잃으면 음이온이나 양이온이 될 수 있다. 전자를 얻거나 잃는 경향성과, 얻거나 잃는 전자의 수는 주기율표상의 원소의 위치에 따라 예측할 수 있는 또 다른 특징이다. 하지만 이런 주기적 성질을 해석할 때는 원소가 금속인지 비금속인지, 아니면 준금속인지를 고려해야만 한다.

위 원소의 주기율표
아래 오케스트라가 악기의 특성에 따라 일정한 그룹으로 정렬한 모습은 각 원소의 특성에 따라 구성된 원소 주기율표(위)와 유사하다.

금속, 비금속, 준금속

주기적 성질, 가령 핵을 둘러싼 전자 개수와 핵으로부터의 거리, 전자가 들어 있는 전자 껍질 등은 주기율표에서 원소를 구분하는 중요한 기준이 된다. 이런 사항들을 고려하여 원소를 금속, 비금속, 그리고 준금속으로 구분할 수 있다.

주기율표에서 금속과 비금속을 나누는 선은 붕소B와 알루미늄Al 사이에서 시작되어 오른쪽으로 계단 형태의 지그재그 모양으로 진하게 표시되어 있다.

이 선의 위치를 언뜻 보면 확실한 비대칭성이 나타난다. 현재까지 발견된 주기율표상의 원소들은 대부분 금속들이다. 주기율표 왼쪽에 있는 구리나 철, 은, 금과 같은 원소들은 금속의 성질을 나타내고, 오른쪽에 있는 산소나 질소, 헬륨 같은 원소들은 확실한 비금속의 성질을 나타낸다. 순수한 금속의 특징은 일상생활에서 흔히 볼 수 있다. 수은을 제외한 대부분의 금속은 상온에서 고체이고 광택이 나며 열과 전기 전도성이 크다. 금속이 이러한 특징을 보이는 것은, 핵이 전자의 바다로 둘러싸여 있기 때문이다. 이렇게 핵 사이의 거리가 가깝고, 전자의 이동성이 좋기 때문에 금속은 상온에서 고체 상태이고, 열과 전기 전도성이 좋다. 전자의 바다는 가시광선을 반사하여 표면에 광택이 나게 만들기도 한다. 금속은 화학 반응을 일으킬 때 전자를 잃고 양이온이 되는 경향이 있다. 핵 내의 양성자 수가 화학 반응 후에 남은 전자의 수보다 많을 때는 양전하를 띠게 된다.

반면 비금속은 상대적으로 분류하기가 어렵다. 순수한 원소 상태에서 고체인 것도 있고

위 리튬은 물과 반응한다. 리튬은 물에 뜰 만큼 가볍고 반응성이 매우 높아, 산소가 있을 때 물과 만나면 불이 붙는다. **아래** 니켈–알루미늄 합금을 주사 전자 현미경으로 얻은 엑스선 사진이다. 순수한 알루미늄은 푸른색, 순수한 니켈은 붉은색, 둘의 합금은 나머지 색으로 보인다. 왼쪽 위에 보이는 초록색 점은 크롬 입자로, 불순물이다.

이고 광택도 없다. 비금속이 이온이 될 때는, 전자를 받아 음이온이 되려는 경향이 있다. 금속은 양이온이 되려는 경향이 크고, 비금속은 음이온이 되려는 경향이 크기 때문에, 금속과 비금속은 2장에서 다룰 염화 나트륨의 이온 결합과 같이 전기적 인력을 통해 서로 결합될 수 있다. 이 외에 비금속은 금속에는 없는 성질이 있는데, 이들은 다른 비금속 원자와 전자를 공유함으로써 결합을 형성해, 분자를 만든다2장 참고.

주기율표에서 계단 모양으로 나뉜 금속과 비금속 사이에 준금속, 또는 반금속으로 알려진 규소나 비소 같은 원소들이 있다. 금속과 비금속의 중간적 성질을 가져, 그 경계에 있는 원소들을 준금속이라고 하는데, 준금속의 존재는 구조가 복잡해질수록 원소를 구분하는 경계선이 모호해진다는 것을 보여준다. 준금속의 특성도 다른 원소와 서로 비교하면서 설명하는 것이 좋을 것이다. 금속은 전기에 대해 전도체이고 비금속은 부도체인데, 준금속은 반도체이다. 컴퓨터나 전파를 이용하는 물건은 모두 반도체에 의존한다고 해도 과언이 아니다.

주기율표에서 금속, 비금속, 준금속을 나누는 선 이외에 주목해야 할 것이 또 있다. 주기율표의 세로줄에는 각각 유사한 화학적 특성을 가지고 있는 원소들이 모여 있다. 이 세로줄에는 1족부터 18족까지 각각 번호를 매겨 놓았으며, 이 번호를 족 번호라고 한다.

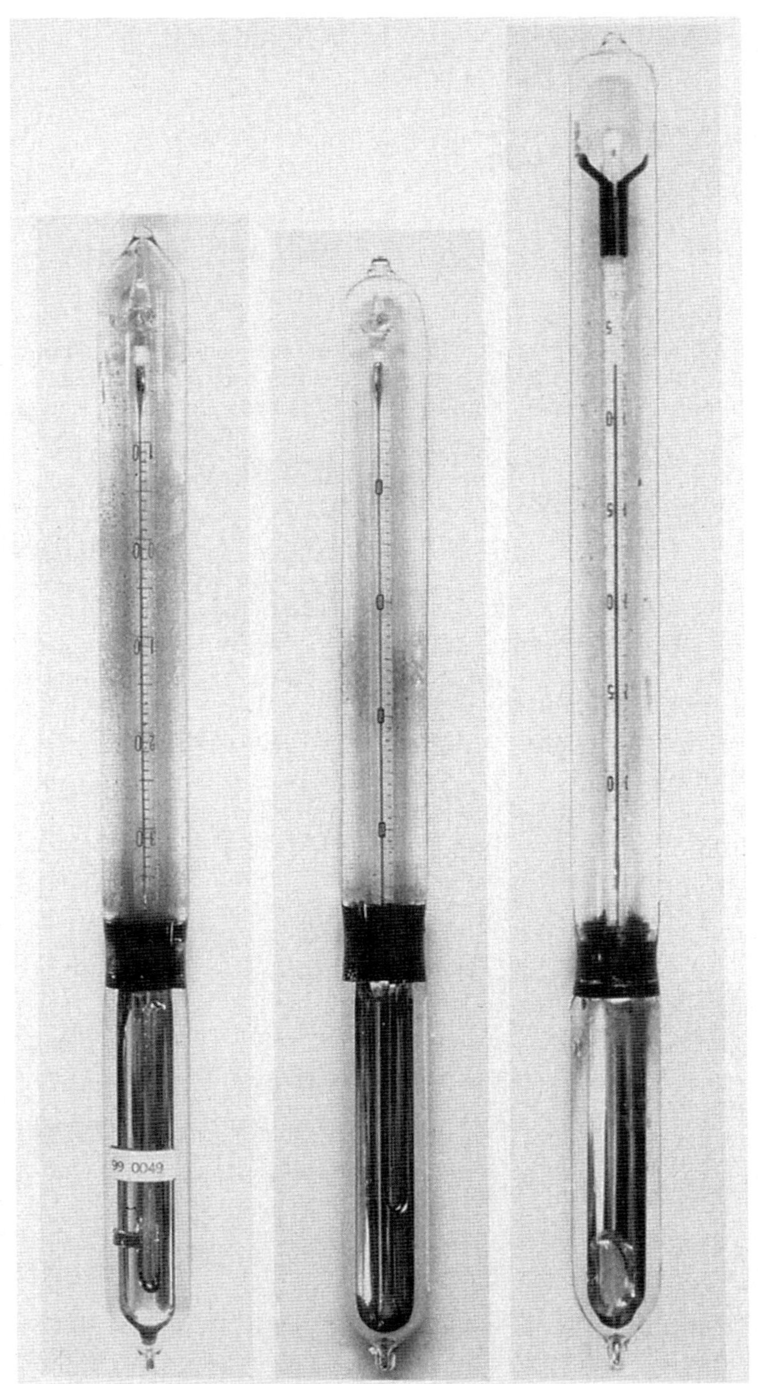

수은은 상온에서 유일하게 액체인 금속이기 때문에 예로부터 온도계를 만드는 데 사용되어 왔다. 사진에서 보이는 세 가지 샤보 온도계는 1892년 빅토르 샤보(Victor Chabaud)가 만든 것이다.

액체, 또는 기체인 것도 있다. 어떤 원소는 지구상의 생명체에 꼭 필요한 반면, 어떤 원소는 생명에 치명적이다. 따라서 다른 원소와의 비교를 통해 정의하는 것이 최선일 것이다. 상온에서 이들은 전기에 대해 부도체

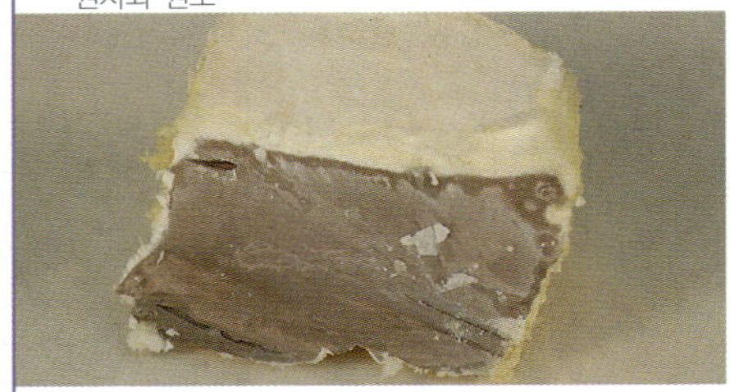

금속에 대하여

화학에서의 족은 가장 바깥쪽 전자 껍질에 들어 있는 전자, 즉 원자가 전자의 개수와 관련되어 있다. 주기율표에서 첫 번째 세로줄인 1족에 있는 모든 원소들은 한 개의 원자가 전자를, 두 번째 세로줄인 2족에 있는 모든 원소들은 두 개의 원자가 전자를 가지고 있다. 18족 원소들은 8개의 원자가 전자를 가지고 있고, 17족에 있는 원소들은 7개의 원자가 전자를, 16족, 15족, 14족, 13족은 각각 6, 5, 4, 3개의 원자가 전자를 가지고 있다. 이런 면에서, 족 번호와 원자가 전자 수는 일정한 간격을 두고 반복되는 것처럼 보

인다. 몇몇 예외가 있긴 하지만 결과적으로 같은 족에 있는 원소들은 같은 수의 원자가 전자를 가지게 된다. 전자들이 화학적 반응성을 결정하기 때문에 원자가 전자의 수가 같다는 것은 화학적 성질이 거의 같다는 것을 의미한다.

금속은 일반적으로 항상 고체이고 단단하다고 생각하기 쉽지만, 1족 금속들인 나트륨, 리튬, 칼륨 같은 알칼리 금속들은 버터나이프로 자를 수 있을 만큼 상온에서 무르다. 알칼리 금속 한 덩어리를 칼로 자른 다음 물에 넣으면, 수소를 방출하면서 불꽃을 내며 타는데, 이는 일반적으로 금속에서 일어날 것이라고는 생각하기 어려운 현상이다.

2족에 있는 알칼리 토금속들 역시 반응성이 크다. 2족 마그네슘이나 칼슘은 생명 현상에서 꼭 필요한 원소들이다. 3족에서 12족까지의 원소들은 금속과 준금속 사이의 다리 역할을 하기 때문에, 전이 금속transition metal이라고 부른다.

전이 금속인 철Fe, 라틴어로 ‘ferrum’은 철을 의미한다은 흔히 다리나 로켓, 철도를 만드는 재료라고 생각하기 쉽다. 하지만 사실 여기에 쓰이는 건 대부분 철 합금이다. 만약 산업혁명을 이끌었던 증기기관차들이 순수한 철로 만들어졌었다면, 아마도 산업혁명은 실패로 끝났을 것이다. 순수한 철은 반응성이 커서 녹슬기 쉽고, 결국 부스러지기 쉬운 형태로 변해 버리기 때문이다.

니켈, 팔라듐, 백금 같은 10족 원소들은 11족 원소들인

위 알칼리 금속인 나트륨
가운데 금괴. 금은 귀금속의 하나로 잘 부식되거나 산화되지 않는다.
아래 백금은 매우 비싼 금속으로, 높은 온도에서도 화학 반응에 대한 저항성이 크기 때문에 고온에서의 연구나 실험에 많이 사용된다. 또한 치과 치료나 교정용 핀, 값비싼 장신구 등에도 쓰인다.

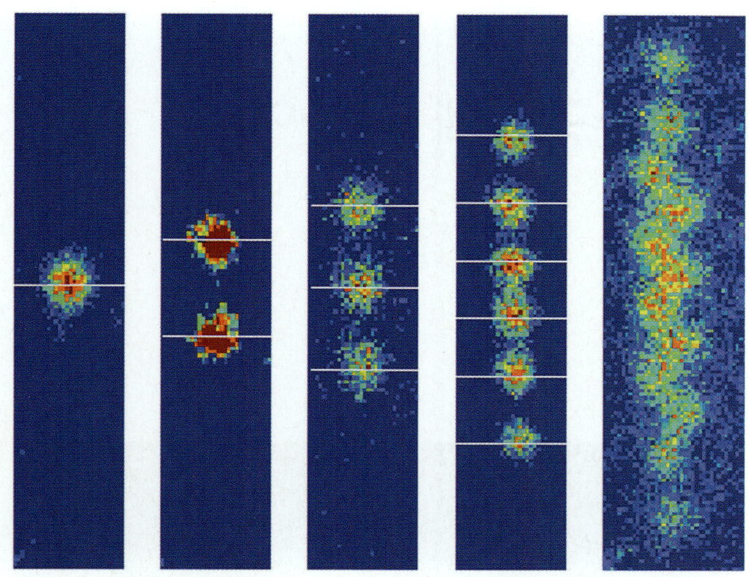

마그네슘 이온. 이온 트랩*에 잡혀 있는 1, 2, 3, 6, 12개의 마그네슘 이온들을 보여주는 영상이다. 붉은색은 이온의 중심을 나타낸다.

구리, 은, 금과 더불어 반응성이 작은 것으로 유명하다. 구리나 은, 금은 다른 물질과 반응하지 않은 순수한 형태로 자연계에 존재하는 경우가 많다. 알래스카에서는 작은 시내의 바닥에서도 쉽게 사금의 형태로 금을 채취할 수 있다. 원시인들이 구리와 은을 모아 목걸이를 만들 수 있었던 것도 이런 이유에서이다. 반면에 다른 금속들은, 순수한 형태를 얻기 위해 금속의 화합물로 이루어진 광석을 제련하는 과정을 거쳐야 한다. 또한 구리와 금은 각각 붉은 갈색과 노란색 광택을 낸다는 점에서 회색 광택이 나는 다른 금속과 구별된다. 은의 경우는 이름처럼 은색 빛이 난다. 이 세 금속은 모두 동전을 만드는 데 사용되었는데, 돈과 귀족정치와의 밀접한 관계 덕에 귀금속이라고 불렸다. 이 금속들이 동전을 만드는 데 이용되었던 이유가 쉽게 부식되지 않는 성질 때문인 점을 생각해 보면, '귀하다, 고상하다' 라는 말은 결국 '반응도가 낮다' 는 말과도 일맥상통한다고 볼 수 있다.

12족에는 아연, 카드뮴과 함께, 상온에서 유일하게 액체 상태 금속인 수은이 있다. 수은은 금을 비롯한 많은 금속들과 쉽게 결합하여 아말감이라고 부르는 수은 합금을 형성한다. 이런 이유로 수은은 한때 암석에서 금을 채취하는 데 쓰이기도 했다.

내부 전이 금속inner transition metal이라고 불리는 원소들은 전통적인 주기율표의 가장 아랫부분에 위치한다. 이 흥미로운 금속들은 방사능이라는 매우 중요한 특성을 가지고 있는데, 이는 6장에서 다루게 될 것이다.

알루미늄, 주석, 납은 계단식 구분선 아래쪽에 있기 때문에 금속으로 분류된다. 이 금속들은 전이 원소에 비해 무르고, 녹는점이 낮기 때문에 전이후 금속post-transition metal(poor metal)이라고 불리기도 한다. 알루미늄은 반응성이 커서 산화물로부터 분리하기가 매우 어렵다. 알루미늄이 지각 속에 가장 많이 존재하는 원소임에도 불구하고 재활용이 중요한 이유가 바로 이 때문이다.

지각을 구성하는 성분 원소 중 금속으로는 가장 많은 양을 차지하는 알루미늄은 자연계에 순수한 형태로 존재하지 않는다. 보크사이트(알루미늄 원광)로부터 알루미늄을 정련하는 것보다 이미 정련된 상태로 있는 금속을 재활용하는 것이 더 비용이 적게 든다.

비금속과 준금속에 대하여

금속은 좋은 전기 전도체이고, 비금속은 그렇지 않다. 금속과 비금속 사이에 있는 것이 준금속, 또는 반도체이다.

준금속 주기율표 위쪽을 보면, 미량 영양소이자 독성 물질인 붕소를 볼 수 있다. 붕산은 바퀴벌레 제거에 특효가 있다. 순수한 붕소는 반도체는 아니지만 규소와 같은 반도체에 첨가하면, 전도성을 증가시키는 등 유용한 성질을 나타낸다.

규소는 지각을 이루는 성분 중에서 두 번째로 많은 원소이고, 가장 많은 원소인 산소와 결합하여 모래, 점토, 석영의 기본 성분이 되는 실리카, 즉 이산화 규소를 형성한다. 순수한 규소에 특정한 준금속을 일정량 첨가하면, 반도체의 성질을 조절할 수 있는데 이 과정을 도핑doping이라고 한다.

다음으로 다룰 준금속인 저마늄germanium은 값싼 규소를 정제하는 방법이 개발되기 전까지는 트랜지스터를 만드는 주요 재료로 사용되었다. 저마늄은 현재 규소에 많이 첨가되는데, 그 이유는 저마늄이 규소와 같은 족에 위치하고, 성질이 비슷하여 결정에 쉽게 끼어들어갈 수 있기 때문이다. 멘델레예프의 주기율표에서 빈칸으로 남아 있던 자리를 채운 원소 중 하나가 바로 저마늄이기도 하다. 또 다른 준금속인 비소는 인과

위 네온사인은 네온가스에 전류를 흘릴 때 방출되는 빛을 이용한다.
아래 석영 결정

같은 족에 속해 있어 독성 물질로 악명이 높다. 비소는 생체 내에서 인이 들어갈 자리에 대신 결합할 수 있기 때문에 이런 독성을 나타낸다. 남은 준금속 중 안티모니Sb, 라틴어 'stibium' 에서 원소 기호를 따왔다와 텔루륨Te은 반도체 소재 물질로 응용된다. 폴로늄Po, 퀴리 부인이 자신의 조국 폴란드(Poland)에

왼쪽 마리 퀴리와 남편 피에르 퀴리는 우라늄 원석에서 방사성이 굉장히 높은 폴로늄을 분리해 내었다.
오른쪽 텔루륨은 깨지기 쉬운 은백색 원소로 자연에서 순수한 원소의 형태로는 찾기 어렵고, 다른 광물 내에서 많이 발견된다. 텔루륨은 금속의 내구력을 높이기 위해 납에 첨가되기도 하며, 도자기, 폭파 뇌관, 반도체 등에도 이용된다.

서 원소 이름을 따왔다은 아스타틴 At과 마찬가지로 방사성 물질이다. 아스타틴은 자연계에서 존재량이 가장 적은 원소로 알려져 있다. 비교적 흔한 원소인 우라늄의 방사성 붕괴 과정에서 생성되는데, 수명이 약 여덟 시간밖에 되지 않는다. 지각에서 발견되는 아스타틴의 양은 찻숟가락 한 스푼도 채 안 되는 양이다. 지각을 구성하는 원소들은 대부분 주기율표 위쪽에 있고, 소수는 비금속으로 주기율표 오른쪽에 위치한다.

비금속

비금속 원소의 수는 지금까지 발견된 원소의 1/5 정도에 불과하지만 비금속으로부터 만들어 내는 화합물의 수는 수천만 가지에 달하며, 갈수록 늘어나고 있다. 이중 상당수가 다재다능한 원소인 탄소로부터 만들어지는 다양한 탄소 화합물이다. 탄소 화합물과 관련된 유기 화학이라는 분야는 7장에서 따로 다루게 될 것이다. 질소, 인, 산소, 황, 심지어 셀레늄까지도 생명체에게는 필수적이며, 그 특성들은 8장에서 살펴볼 것이다. 17족은 할로젠이다. 할로젠족은 우리에게 친숙한 원소들을 포함하는데, 건강한 치아를 유지하는데 필요한 플루오르, 식용 소금인 염화 나트륨을 만들 때 나트륨과 결합하는 염소, 결핍되면 갑상선종이나 크레틴병을 일으키는 요오드 등이 있다. 할로젠 원소들은 염소계 표백제에서 볼 수 있듯이 대체로 반응성이 크다.

18족은 주기율표의 마지막을 장식하는 비금속으로 비활성 기체라고 하는 흥미로운 원소들이다. 이 기체들은 반응성이 거의 없다. 예를 들어 헬륨은 폭발할 염려가 없기 때문에 아이들이 좋아하는 풍선을 채우는 용도로 사용된다. 네온 사인에 불을 켤 때도, 반응성이 거의 없는 점을 이용하여 안심하고 전류를 흘려보낼 수 있다. 하지만 제논 Xe, '이방인' 이라는 뜻의 그리스 어 *xeno*에서 유래된 이름의 경우 극단적인 조건에서는, 비활성 기체에서 반응성이 큰 고체로 바뀔 수 있다. 비활성 기체의 화합물이라는 영역은 앞으로도 연구해 볼 가치가 충분하다.

의사들은 성인의 경우, 하루에 요오드를 150 μg 섭취할 것을 권장한다. 요오드는 미역이나 해산물에 풍부하며, 요오드가 첨가된 가정용 소금을 구입하여 섭취할 수도 있다.

화합물

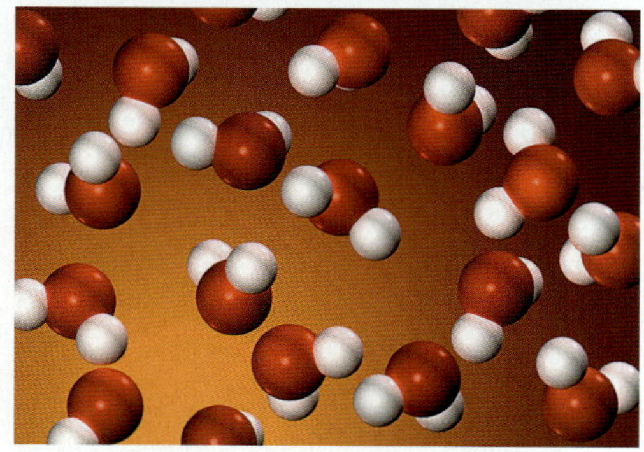

왼쪽 구름은 수증기가 응축되어 만들어진다. 물 분자 속에 있는
수소–산소 결합은 극성 공유 결합의 좋은 예이다.
위 영국의 화학자이자 물리학자인 마이클 패러데이
아래 물 분자를 나타낸 그림. 두 개의 수소 원자가 한 개의 산소
원자와 결합하고 있다.

화학자들은 주기율표에서 이 세상을 이루고 있는 모든 물질을 보고 있
다. 구름 속에 떠 있는 물방울, 아기용 젖병에 쓰이는 플라스틱, 치료약
성분, 그리고 고동치는 심장의 조직까지도, 이 물질들은 모두 주기율표
에 있는 원소들이 서로 결합하여 만들어진다. 1800년대 중반의 과학자
들에게 원자들이 어떻게, 그리고 왜 모여서 화합물을 만드는지는 풀리
지 않는 수수께끼였다. 화학자들은 그 당시 수소와 산소 기체가 2:1의
배율로 결합하여 물H_2O을 만든다는 사실을 알고 있었지만, 그 이유는
알지 못했다. 원소의 결합에 대해 논할 때 '화학적 친화력chemical
affinity'이라는 개념을 사용했지만, 이를 설명할 길이 없었다.

영국의 화학자 마이클 패러데이Michael Faraday, 1791-1867는 화학 체계에
서 양전하와 음전하 사이에 인력이 작용한다는 사실을 밝혀냈다. 원자
내의 전자와 양성자 개념은 화학적 친화력을 설명하는 이론에 힌트가
되었다. 스웨덴의 화학자 스반테 아레니우스Svante Arrhenius, 1859-1927는
산이나 염기 등을 물에 녹이면 전기장의 유무에 상관없이 양전하를 띤
화학종과 음전하를 띤 화학종이 독립적으로 존재한다는 것을 밝혔고,
미국의 화학자 길버트 뉴턴 루이스Gilbert Newton Lewis, 1875-1946는 안정
적인 결합을 위해서는 두 개의 전자가 필요하다고 설명했다. 이런 이론
들이 양자 역학의 새로운 개념들과 만나면서 화학 결합에 대한 광범위
한 이론이 탄생하게 되었다.

이온의 형성

특정 원소를 구성하는 원자는 모두 같은 수의 양성자를 가지지만, 전자의 수는 변할 수 있다. 전자 수가 변하면, 전하를 띠는 화학종, 즉 이온 ion이 생성된다. 마이클 패러데이는 용액에 전압을 가하면 용액 속에 이온이 생성될 수 있다는 것을 보였다. 하지만 스반테 아레니우스가 전압을 가하지 않아도 용액 속에 이온이 존재할 수 있다는 사실을 제시함으로써 패러데이의 이론은 수정되어야만 했다.

왜 전자들이 움직이는가? 원자가 전자를 얻거나 잃는 경우, 그것을 결정하는 요인은 무엇이며 얼마만큼의 전자를 얻거나 잃는가? 이온화에 대한 이런 의문들을 헤쳐 나가는 데 공헌한 사람은 미국의 화학자 길버트 뉴턴 루이스였다. 그는 원자가 가장 바깥쪽 전자 껍질에 전자를 8개 가진 이온을 형성하려는 경향이 있다는 사실에 주목했다. 이 개념을 나타내기 위해, 단순화된 원자 모형으로 육면체 상자를 이용했는데, 육면체의 꼭짓점이 전자를 나타낸다고 보았다. 그는 이 모형에서 상자를 완성하기 위해 얻거나 잃어야 하는 전자의 수가 이온의 종류를 결정한다고 보았다. 예를 들어 7개의 원자가 전자를 가진 염소의 경우 육면체 상자를 완성하기 위해 전자 하나를 얻으려고 할 것이다. 하나의 원자가 전자를 가진 나트륨은 이미 완성되어 있는 안쪽의 상자를 가장 바깥쪽 전자 껍질로 하기 위해 1개의 전자를 버리려고 할 것이다.

전자 껍질과 전자 부껍질

루이스의 모형은 같은 시기에 발전하고 있던 양자 역학과도 잘 들어맞았는데, 루이스의 모형에서 상자는 양자 역학의 전자 껍질과 부껍질에 대응시킬 수 있었다. 주기율표의 가로줄에서 오른쪽 끝으로부터 얼마나 떨어져 있는지를 보면 원자가 전자 부껍질을 채우는 데 얼마만큼의 전자가 필요한지를 알 수 있다. 주기율표의 왼쪽 끝에 있는 나트륨의 경우, 완성된 전자 껍질을 형성하기 위해 하나 있는 전자를 잃으려 할 것이다. 17번째 세로줄에 있는 염소의 경우 껍질을 채우기 위해 전자 하나를 얻으려 할 것이다. 염화 나트륨은 전자 하나를 잃으려고 하는 나트륨과 전자 하나를 얻으려 하는 염소의 경향성이 맞물려 형성된 안정된 형태의 화합물이라고 할 수 있다.

결합 메커니즘

루이스의 모형은 또 하나의 중요한 개념을 설명했는데 바로 2전자 결합이다. 그는 두 개의 상자가 모서리를 대고 만나 결합할 수 있다고 보았는데, 이때 만난 모서리의 두 꼭짓점은 서로 공유된 두 개의 전자를 나타낸다.

루이스의 모형이 처음부터 그대로 받아들여지지는

위 이온 결합 상태의 염화 나트륨
아래 스웨덴의 화학자 스반테 아레니우스는 1903년 노벨 화학상을 받았다.

않았다. 20세기 초에 독일 이론가 베르너 하이젠베르크Werner Heisenberg, 1901-76는 원자 크기의 입자에서 위치와 운동량을 동시에 측정한다는 것은 이론적으로 불가능하다고 주장했다. 원자의 위치를 측정하기 위해서는 원자로부터 빛이 반사되어야 하는데, 빛은 원자의 운동 경로를 바꿀 만한 충분한 에너지를 가지고 있기 때문에 측정하는 것 자체가 운동량에 변화를 줄 것이다. 이 원리가 암시하는 것은 원자 크기의 입자가 완전히 정지해 있을 수는 없다는 것이다. 만약 정지해 있는 것이 가능하다면 위치와 운동량을 동시에 파악할 수 있다는 말이 되기 때문이다.

비록 전자들이 루이스의 모형에서와 같이 육면체의 꼭짓점에 고정되어 있는 것은 아니지만, 하이젠베르크 원리에 의해 전자들은 정지해 있을 수 없다 결합에 있어서 두 개의 전자가 필요하다는 것은 화학 결합의 양자 역학적 모형에 없어서는 안 되는 개념이 되었다. 하지만 이런 결합에 작용하는 메커니즘은 다를 수 있다. 앞에서 예로 든 염화 나트륨처럼, 한 원소에서 다른 원소로 전자가 전이되어 이온과 이온 결합이 생성되는 경우도 있지만, 공유 결합이라고 부르는, 전자를 공유하는 방식으로 결합을 형성하는 것이 더 나은 경우도 있다.

물리학 분야에서의 하이젠베르크의 연구는 루이스의 화학 결합 모형에 영향을 끼쳤다.

일리노이 주의 시카고와 뉴저지 주의 저지시티에서는 1908년에 물을 염소로 소독하기 시작했다. 염소 소독 설비는 콜레라, 장티푸스, 이질, A형 간염 같은 질병들을 예방하는 데에 쓰였으며, 수천 명의 생명을 구했다. 사진은 1911년 미네소타 주의 미니애폴리스에 있었던 설비이다.

이온 결합 화합물

화학자에게는 식용 소금만이 소금인 것은 아니다. 이온을 통해 만들어진 이온 결합 화합물들 역시 염salt이라고 부른다. 예를 들어 황산 마그네슘은 엡섬 솔트Epsom salt라고 흔히 부르며, 질산 칼륨은 초석saltpeter이라고도 한다. 나트륨 섭취를 줄이려는 사람들이 찾는 소위 '저염도' 소금은 염화 칼륨이다. 실질적으로 모든 이온 결합 화합물은 어느 정도 물에 용해되는데, 소금처럼 매우 잘 녹는 것도 있고, 탄산수소 나트륨인 제빵 소다처럼 잘 녹지 않는 것도 있다. 염은 다른 염들을 석출하기 위해 여러 이온이 포함된 용액에 첨가하기도 하는데, 이런 과정을 염석salting out이라고 부르며 비누를 만들 때 사용된다.

양이온과 음이온 원자는 어떤 형태의 이온이 되려고 할까? 원자는 완성된 전자 껍질을 갖기 위해 전자를 얻거나 잃는 경향이 있는데, 이때 움직이는 전자의 수를 최소로 하려 한다. 주기율표 왼쪽에 있는 원소들은 음

위 본질적으로 모든 이온 화합물들은 물에 녹는다.
아래 왼쪽 일반적인 식용 소금은 가용성이 매우 큰데, 이는 다른 물질에 용해되기 쉽다는 것을 의미한다.
아래 오른쪽 비누 공장의 거대한 제조용기(1942)

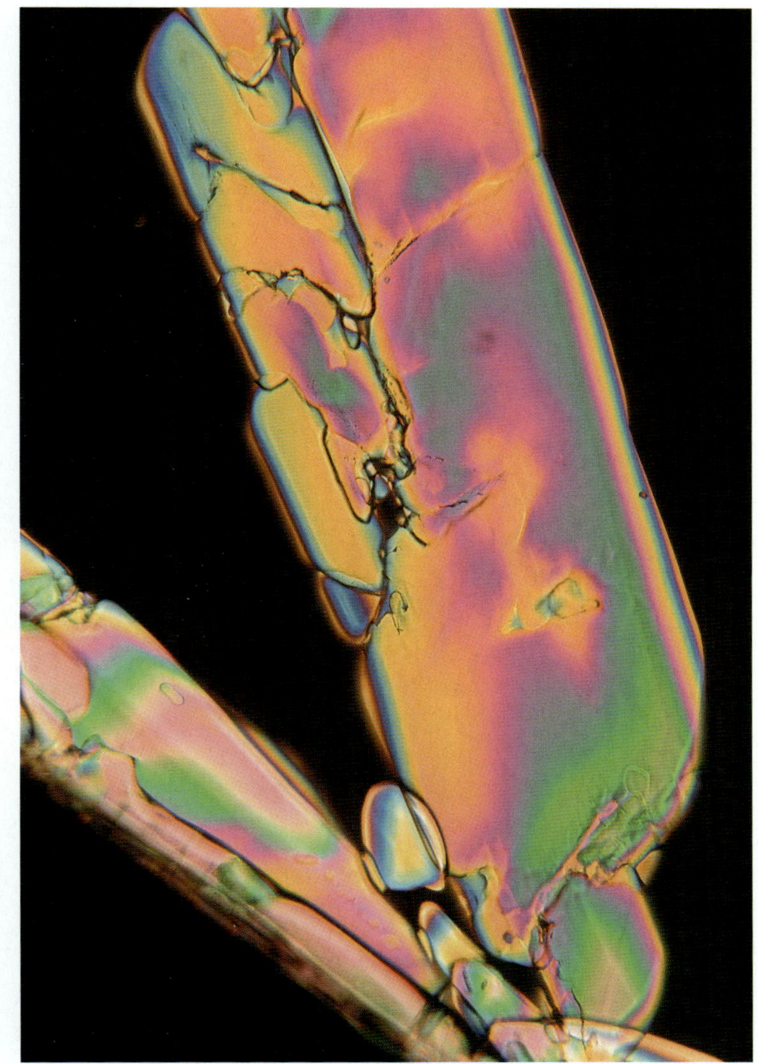

황산 마그네슘 결정. 황산 마그네슘의 수화물 형태를 엡섬 솔트라고 하며 맛이 쓰다. 의학적으로는 하제(下劑)로 사용된다. 피부를 진정시키고, 근육을 이완시키는 기능이 있어 목욕을 할 때 넣기도 한다.

1900년경 펜실베이니아 주 헨리 빌에서 모닥불을 이용해 비누를 만드는 모습

비누 제조의 개척자

비누 만드는 일은 까다롭고, 더럽고, 가끔은 위험하기도 하지만 거친 환경의 북아메리카 국경지역에서는 최소한의 인간적인 생활을 위해 꼭 필요한 것이었다. 비누 제조 기술이 각 집안마다 대대로 전수되었고, 비누 제조자들이 그들에게서 제조 기술을 배워 갔지만, 과정은 화학 그 자체였다. 대체로 여성들이었던 비누 제조자들은 사실상 화학의 선구자들이었다.

비누를 만들 때 가장 먼저 해야 하는 일은 물을 나무 재에 흘려서 매우 강한 수산화 나트륨(NaOH) 용액인 잿물을 만드는 것이다. 도축 과정에서 남은 비계를 잿물에 넣고 아주 진해질 때까지 끓인 후에, 소금을 넣으면 용액에서 비누 성분이 만들어진다. 이것을 굳힌 후에 자르면 비누가 된다. 이렇게 힘든 과정을 통해 얻었기 때문에, 아무리 작은 비누 조각이라도 허투루 쓰는 일이 없었다!

이온보다는 양이온cation을 형성하려는 경향이 훨씬 크다. 이 원소들은 한 개나 두 개의 전자만 잃어도 완성된 전자 껍질을 갖게 된다. 주기율표 오른쪽에 있는 원소들은 음이온anion이 되려는 경향이 훨씬 큰데, 이는 몇 개의 전자를 얻기만 하면 전자 껍질을 채울 수 있기 때문이다. 결과적으로 왼쪽에 있는 원소들은 양이온을 형성하려 하고, 오른쪽에 있는 원소들은 음이온을 형성하려 한다. 양이온은 전기적으로 음이온에 끌리는데, 이들이 만나면 이온 결합이 생기고, 이온 결합을 통해 생긴 물질을 이온 결합 화합물ionic compound이라고 한다.

　그렇다면 같은 쪽에 있는 원소들이 결합한 화합물의 경우는 어떨까? 전자를 놓고 벌이는 줄다리기에서 이기는 것은 어떤 원소일까? 원소들은 이런 상황에서는 평화적인 해결 방법을 선택한다. 전자에 대한 인력이 비슷한 원소들의 경우, 전자를 공유함으로써 화학 결합을 형성한다. 전자 껍질을 완성하기 위해 원자가 전자들을 서로 공유하는 경우, 이런 형태의 결합을 공유 결합covalent bond이라고 한다.

공유 결합 화합물

비금속은 공유 결합을 형성하기 위해 서로를 필요로 한다. 그 이유는 서로 간에 옥텟octet을 만족하기 위해서이다.

주기율표를 보면 염소의 경우, 첫 번째, 두 번째 전자 껍질은 완성되어 있지만, 세 번째 전자 껍질에는 옥텟에서 하나가 부족한 일곱 개의 전자만 있는 것을 알 수 있다. 하지만 두 개의 염소 원자가 결합하여, 각각 한 개의 전자를 내놓아 서로 공유하면, 두 염소 핵은 모두 옥텟을 만족하는 8개의 전자를 가지게 되고, 두 원자가 모두 안정해진다. 수소는 첫 번째 껍질을 두 개의 전자로 채우기 위해 공유할 수 있는 하나의 전자를 찾아야 한다. 수소는 쉽게 첫 번째 전자 껍질을 완성시킬 수 있는데, 이는 지구상의 모든 생명에게 있어서 다행스러운 일이다. 수소 원자 두 개는 각각의 홀전자를 산소 원자와 공유할 수 있고, 그 결과 여섯 개의 전자를 가진 산소는 8개의 전자로 채워진 전자 껍질을, 수소는 두 개의 전자로 채워진 첫 번째 전자 껍질을 가질 수 있게 된다. 이런 과정을 통해 물H_2O이라는 유용한 물질이 탄생하게 된다.

전자 공유 때에 따라 한 쌍의 전자를 공유하는 것만으로는 부족한 경우도 있다. 모두가 완성된 옥텟을 갖추기 위해서, 때때로 둘이나 세 쌍의

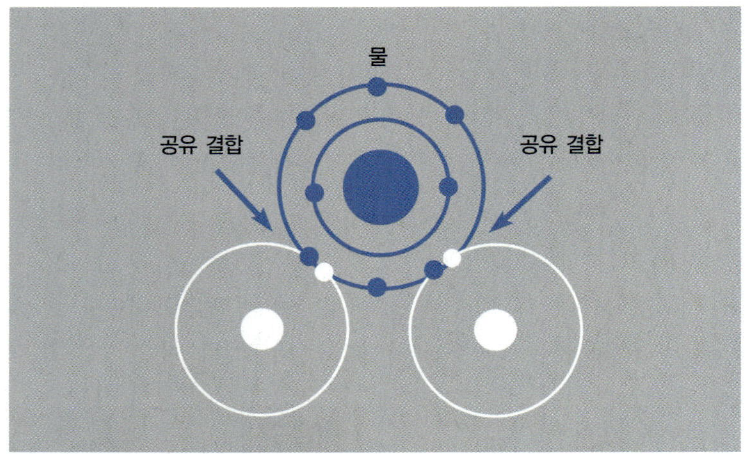

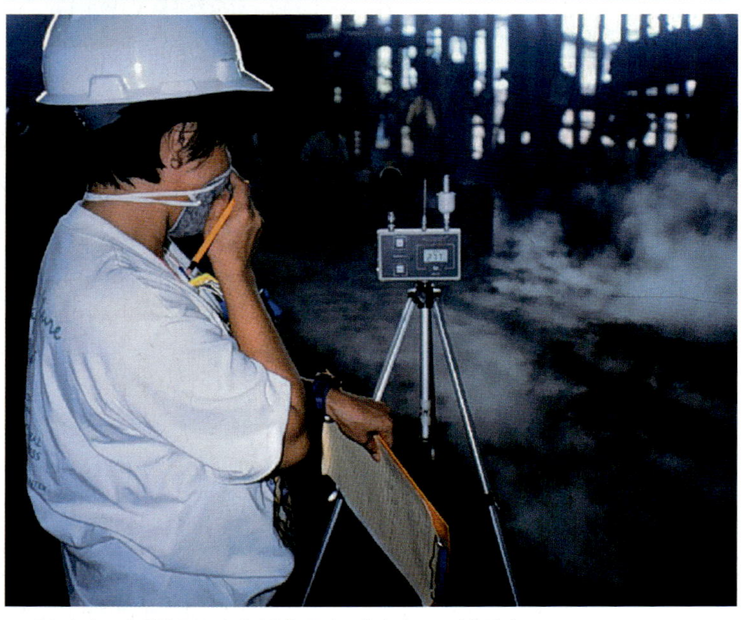

위 탄소와 수소의 화합물인 아세틸렌은 용접토치의 연료로 사용된다.
가운데 물에서 볼 수 있는 수소와 산소 사이의 공유 결합을 보여주는 그림이다.
아래 필리핀 노동부의 감독관이 일산화 탄소 수치와 공기에 떠 있는 분진에서 실리카와 금속 입자 수치를 측정하고 있다. 일산화 탄소 수치가 높으면 몇 분 내에 사람이 죽을 수도 있다.

전자가 공유되기도 한다. 이산화 탄소CO_2의 경우 중심이 되는 탄소는 각각의 산소와 두 쌍의 전자를 공유하는데 이를 이중 결합double bond이라한다. 용접토치의 연료로 쓰는 아세틸렌C_2H_2은 탄소끼리 세 쌍의 전자를공유하여 삼중 결합을 형성한다. 이처럼 비금속들이 보여주는 결합의 다양성에서, 몇몇 족 원소들은 여러 형태의 안정된 결합 방식이 있음을 알수 있다. 예를 들어 탄소와 산소는 이산화 탄소CO_2, 일산화 탄소CO를 만들 수 있다. 또 질소와 산소는 NO_2, N_2O_4, N_2O_5, N_2O나 NO를 만들 수있다.

공유 결합을 통해 만들어진 화합물의 수에 이온 결합 화합물의 수까지더해 보면, 무언가 조직적인 명명법이 필요하다는 것을 금방 알 수 있다.명명법은 모든 화합물을 나타낼 수 있어야 할 뿐만 아니라 중복되는 일이 없어야 한다. 우리가 앞으로 다룰 명명법은 이러한 조건을 만족시키는 형태로 발전되어 왔다.

미국의 화학자 길버트 뉴턴 루이스(1916)

길버트 뉴턴 루이스는 3세 때 글 읽는 법을 배우고, 9세까지 집에서 부모에게 가르침을 받았다. 24세에 하버드 대학에서 화학 박사학위를 받았고, 36세 때까지 MIT에서 교수 생활을 했다. 그 다음 해 MIT를 떠나 버클리의 캘리포니아 주립 대학으로 학교를 옮겼다.

루이스는 화학 물질과 화학 반응의 이론에 관심이 있는 물리화학자였다. 그는 상대성, 물질의 자기적 성질, 인광, 화학 결합의 본질 등 광범위한 주제에 대한 논문들을 발표했다. 그는 또 창의적이고 통찰력이 깊은 이론가인 동시에 유능한 실험가였다. 루이스는 향년 70세에, 자신의 실험실에서 숨을 거두었다고 한다.

액체 질소를 단열 용기에 넣고 있다. 액체 질소는 산업적으로 액체 공기나, 압축을 통해 액화된 공기를 증류해서 얻을 수 있다.

원소의 이름, 기호, 화학식

H₂O라는 기호는 더할 나위 없이 유용하고 중요한 물질인 물을 나타내지만, 화학식 측면에서 보면 매우 단순하다. 산소 분자O_2도 화학식이 간단하지만 인슐린$C_{257}H_{383}N_{65}O_{77}S_6$과 같이 그렇지 않은 경우도 있다. 화학 명명법이나, 화합물에 체계적으로 이름을 붙일 때에는 다음의 두 가지 원리에 기초한다. 먼저, 서로 다른 물질은 같은 이름을 사용해서는 안 되며, 또한 그 고유한 이름은 최대한 간단해야 한다. 이런 조건을 충족하기 위해 탄소와 수소의 공유 결합으로 만들어지는 유기 화합물과, 무기 화합물은 다른 방식으로 명명된다. 유기물의 명명법은 유기 화학의 특성을 살펴보면서 7장에서 다룰 것이다. 무기 화합물을 통해 화학 명명법의 원리를 알아보자.

명명법상으로 무기 화합물은 다시 이온 결합 화합물과 공유 결합 화합물로 나눌 수 있다. 이온 결합 화합물에서는 음이온을 먼저 부르고^{영어} $_{에서는\ 반대}$, 원소의 이름에 '–화ide'를 붙여 이온임을 나타낸다. 양이온은 나중에 부르고, 원소의 이름을 그대로 사용한다. 예로 염화 나트륨을 들 수 있다.

공유 결합의 복잡성
공유 결합 화합물은 동일한 두 원소가 여러 가지의 공유 결합 화합물을 만들 수 있기 때문에 이온 결합 화합물보다 명명법이

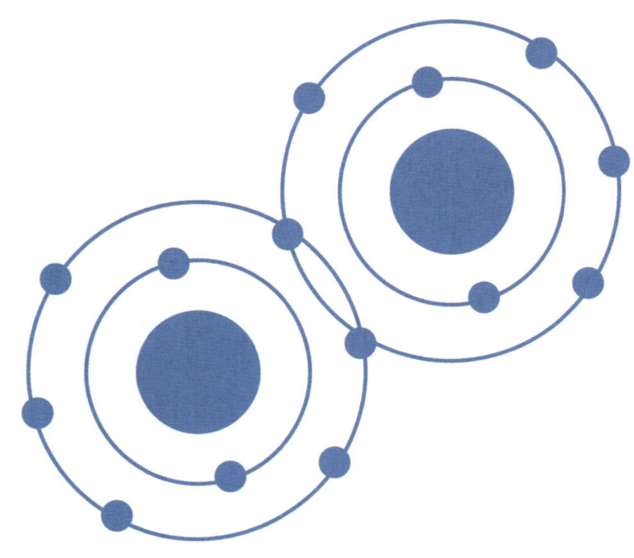

위 많은 가정용 세제에는 암모늄(NH_4^+)이라고 부르는 암모니아 이온이 들어 있다.
아래 산소 원자 두 개의 결합. 산소 분자의 화학식은 O_2로 매우 단순하다.

더 복잡하다. 예를 들어 탄소와 산소는 일산화 탄소와 이산화 탄소를 만들 수 있다. 이 두 화합물의 예를 보면 문제의 해결점을 찾을 수 있다. 공유 결합 화합물에 포함된 특정 원소의 원자 수를 일, 이, 삼, 사$^{mono,\ di,\ tri,}$ $_{tetra}$ 등과 같이 접두사로 나타낸다. 명명법에서 매우 중요한 원칙 중 하나인 단순화의 원칙을 따라 접두사 '일mono'은 생략한다.

수산화 나트륨의 수산화 이온OH^-같이, 한 개의 단위로 취급하는 원자단도 있다. 화합물 안에 이런 원자단이 2개 이상인 경우 괄호 안에 표시하며 아래첨자로 원자단의 개수를 나타낸다. 정원사들이 토양의 알칼리성을 조절할 때 쓰는 $Ca(OH)_2$, 즉 소석회는 명명법 규칙에 의하면 수산화 칼슘$^{calcium\ hydroxide}$이라고 부른다. 일반적으로 한 단위로 취급하는 이온 그룹을 다원자 이온이라고 하는데 여기에는 암모늄 이온NH_4^+, 질산 이온NO_3^-, 탄산수소 이온HCO_3^- 등이 있다. 암모늄 이온은 가정용 세척제

가솔린 자동차의 배기가스는 일산화 탄소(CO), 이산화 탄소(CO_2) 이산화 황(SO_2) 등과 같은 다양한 화합물을 포함하며, 이들은 산성비의 원인이 된다.

에 많이 쓰이고, 질산 이온은 방부제와 화약에 쓰이고 비료에도 많이 쓰인다. 탄산수소 이온은 제빵 소다로 사용되는 탄산수소 나트륨에서 발견할 수 있다.

여기에서 다루어지지 않은 경우들이 많겠지만, 개괄적으로 화학 명명법이 어떻게 완성되는지에 대해 조금이나마 알 수 있을 것이다. 화학식은 결합한 방법 그대로 표현하는 것이지만, 여기서 또 하나의 의문이 생긴다. 애초에 결합은 왜 형성되는 것일까?

왼쪽 차밭에서 일하고 있는 농부. 무기 화합물인 질산염은 비료로 많이 쓰인다.
오른쪽 일반적으로 제빵 소다로 알려진 탄산수소 나트륨($NaHCO_3$)은 제빵, 불끄는 소화 물질, 소화제(消化劑)에 널리 쓰인다.

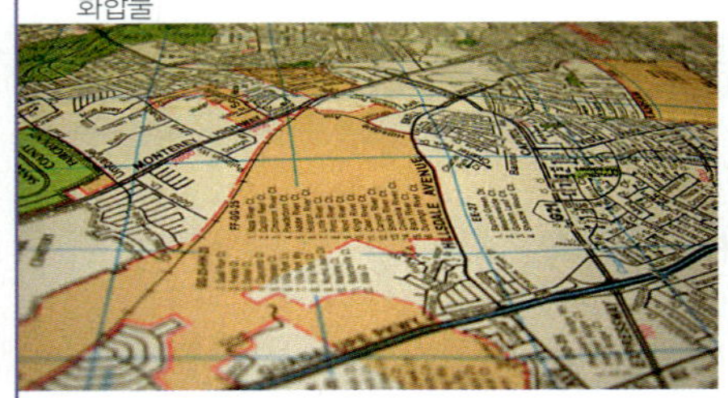

전자와 화학

이온 결합에서는 반대 전하 사이의 인력이 이온들을 서로 잡아당긴다. 공유 결합은 전자쌍을 공유함으로써 이루어지는데, 공유 결합 모형에서는 한 가지 의문점이 생긴다. 음전하를 띤 전자들이 서로를 밀어낸다면, 어떻게 공유 결합에서 전자쌍이 공유될 수 있는가 하는 문제이다.

2전자 결합 원자의 전자구름이 반대 전하를 띤 상대편 원자핵의 인력을 느끼면, 원자가 서로를

향해 다가오게 된다. 적당한 거리에서 음전하를 띤 전자쌍은 두 핵 사이에 정렬하여 전자와 핵 사이의 인력을 최대로 하고, 핵끼리의 반발력을 최소화하게 되는데, 이 거리에서 결합이 형성된다. 인력과 반발력이 서로 균형을 이루는 이 거리를 결합 길이bond length라고 한다.

전하와 전하 사이의 반발력이 결합 길이를 결정하는 데 중요하게 작용한다면, 왜 음전하를 띤 전자 사이의 반발력은 결합을 방해하지 않는 것일까? 전자가 쌍으로 존재하는 것을 설명하기 위해서는 전자 스핀electron spin이라고 하는 개념을 고려해야 한다.

전자 스핀 일단 '전자 스핀'이란, 전자들이 글자 그대로 돌고 있는 것을 의미하는 것은 아니라는 것을 짚고 넘어가야 한다. 자전하는 전자는 움직이는 전하가 되고, 재활용 센터에서 금속을 골라내는 전자석을 만들때 전기를 사용하는 것처럼, 움직이는 전하는 자기장을 형성하게 된다. 전자는 측정 가능한 자기 모멘트를 가지긴 하지만 이러한 자기 모멘트가 전자의 자전에 의해서만 생기는 것이라면, 전자의 자전 속도가 빛의 속도보다 빨라야 한다. 이는 물리적으로 불가능하다.

위 도시의 구조를 보이기 위해 지도가 사용되는 것처럼, 분자와 전자의 작용을 나타내기 위해 분자와 아원자 모형이 사용된다.
가운데 사이클로트론 입자 가속기 중앙에 놓인 아메리슘–243 원자를 보여주는 그림이다. 핵 속의 양성자와 중성자가 전자구름에 둘러싸여 있다. 아메리슘은 인공적으로 만든 금속이다.
아래 오하이오 주 콜럼버스의 한 재활용 센터에서 재활용품들을 분류해서 같은 것끼리 뭉쳐 더미를 만든 다음 가공을 위해 쌓아 두고 있다. 이 시설은 재활용 사업에서 적자를 보고 있지만, 쓰레기를 매립할 공간이 부족하기 때문에 계속 가동되고 있다.

하지만 스핀 개념은 유용하다. 만약 한 전자가 한 방향으로 돌고 있고 다른 전자가 그 반대 방향으로 돌고 있다면, 두 전자의 자기장의 방향은 반대가 되고, 서로를 끌어당길 것이다. 따라서 짝지은 두 전자는 핵 사이에서와 같이 가까운 거리에서 함께 공존하여 결합을 형성할 수 있다.

원자가 껍질 전자쌍 반발이론 도시의 모형으로 지도를 사용하는 것처럼 화학에서도 모형을 사용하지만, 모형이 화학 결합의 모든 것을 설명한다고 할 수는 없다. 도시의 모든 세부 사항이 지도에 포함되면 그 지도는 너무 복잡해 쓸모없게 될 것이다. 전자의 모든 속성과 운동을 하나의 거시적인 모형으로 설명할 수는 없다. 다양한 모형들은 각각의 장점이 있고, 이 장점들을 통해 실제 세계에 대한 이해의 폭이 넓어지는 것이다. 예를 들어 하나의 결합에 두 개의 전자가 필요하다는 것을 나타내는 모형은 물질의 여러 특성을 결정짓는 분자의 삼차원적인 모양을 예상하는 데에 쓰일 수 있다. 결합 전자쌍과 고립 전자쌍의 관계를 삼차원적인 모양과 관련짓는 이론을 원자가 껍질 전자쌍 반발이론Valence Shell Electron Pair Repulsion, 즉 VSEPR이라 한다. 이 이론에 따르면, 결합 내의 전자쌍들은 서로에 의해 안정되어 있지만 각 전자쌍 사이에는 반발력이 있다. 건조한 날의 머리카락 같이, 전자들은 각 전자쌍 사이의 거리를 최대로 하기 위해 넓게 퍼지게 된다. 이런 전자쌍 간의 반발로 인해 분자들의 삼차원적인 모양이 결정된다. 옥텟, 2전자 결합, VSEPR 등과 같이 물질의 많은 특성들을 설명하는 모형들은, 끊임없는 연구를 통해 화학이라는 학문을 만들어 간 실험가들과 이론가들의 위대한 업적이다. 우리가 다루는 원자와 전자들이 전기적, 자기적 상호작용을 통해 끊임없이 운동한다는 사실과 그 입자들의 크기가 상상을 초월할 정도로 작다는 것을 감안하면, 이러한 발전은 놀랄 만한 것이라 할 수 있다.

위 독가스인 오불화 요오드의 분자 모형. 요오드는 주황색, 플루오르는 붉은색으로 나타내었고, 푸른색 부분은 결합에 참여하지 않은 전자쌍이다.

아래 채광회사의 제련공은 원석에서 금속 입자들을 골라낼 때 전자석을 이용한다. 전자석은 전기를 이용해 자기력을 만든다. 자연계의 가장 작은 자석인 전자는 고유 자기장을 가지고 있다.

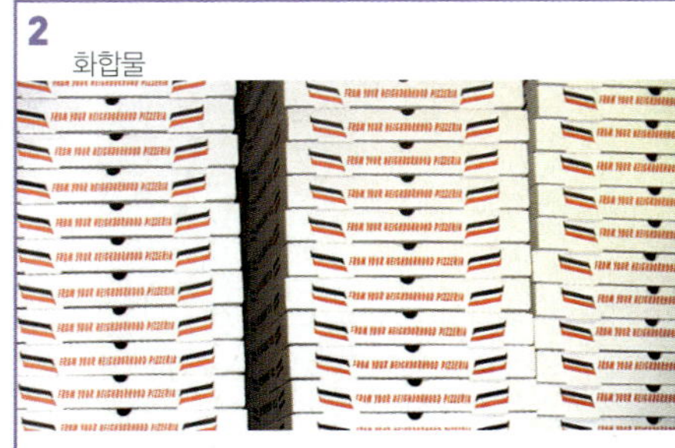

척도에 관하여

원자의 실제 크기는 상상하기 어렵다. 사실 20세기 초에도 원자의 존재에 대한 명확한 증거가 없었기 때문에 여전히 원자 모형의 적절성에 의문을 제기하는 이들이 많았다. 이런 상황에서 전혀 생각하지도 못한 분야에서 그 증거가 발견되었다.

식물학자였던 로버트 브라운Robert Brown, 1773-1858은 물 위에 떠 있는 먼지나 꽃가루가 생명이 깃든 것처럼 떠다니는 것을 보았다. 그는 이런 '브라운 운동'이 모든 시간과 장소에서 일어난다는 것을 관찰하였다. 1900년대 초, 앨버트 아인슈타인Albert Einstein, 1879-1955을 비롯한 물리학계는, 기체가 지속적이고 무작위로 운동하는 입자들로 구성되어 있으며, 온도가 높을수록 그 운동량이 증가한다는 분자 운동론에 관심을 가졌다. 분자 운동론을 이용하여, 아인슈타인은 기체 내 입자들의 무작위적 운동에 의해 기체 입자들이 떠밀리는 것이라 생각하고 일정한 압력과 온도 하에서 주어진 시간 동안 기체 입자가 이동하는 거리를 구할 수 있는 방정식들을 유도했다. 하지만 그 효과를 어떻게 측정할 수 있는지, 또는 측정하는 것이 가능하긴 한 건지 알 수는 없었다.

브라운 운동 다음으로 등장한 사람이 프랑스의 물리화학자 장 바티스트 페랭Jean-Baptiste Perrin, 1870-1942이다. 페랭은 브라운의 꽃가루 운동이 원자 크기의 입자들에 의한 떠밀림의 결과라는 것을 알게 되었다.

브라운 입자들의 움직임은 세탁물 속에 있는 양말로 설명할 수 있다. 천방지축 꼬마들로 꽉 찬 집에 빨래거리가 바닥에 쌓여 있다고 가정해 보자. 아이들이 집안을 뛰어다니면 양말은 무작위로 발길에 차일 것이다. 이쪽에서도 차이고 저쪽에서도 차이고 나면, 하루가 끝날 때쯤 양말은 원래 빨래거리가 쌓여 있던 곳에서 멀리 떨어진 곳에 있게 될 것이다. 이때 양말이 움직인 거리는 통계적으로 집안에 아이들이 몇 명 있는지에 따라 달라질 것이다. 페랭은 브라운 입자의 움직임을 측정할 때, 아인슈타인의 식을 이용하여 일정한 부피의 액체 안에

위 국제표준단위에서 몰은 물질의 양을 나타낸다. 1몰의 달러로는 피자 170억 판을 살 수 있다.
아래 왼쪽 앨버트 아인슈타인
아래 오른쪽 장 바티스트 페랭은 1몰에 들어 있는 입자 수를 의미하는 아보가드로 수를 개발했다.

여러 화학 물질들을 1몰씩 모아 놓은 표본. 모든 물질 1몰은 아보가드로 수만큼의 분자나 원자를 포함한다. 1몰의 무게는 분자의 무게에 따라 결정되며, 분자의 무게는 분자를 이루는 원자의 무게를 통해 계산할 수 있다.

있는 입자의 개수를 구할 수 있었다. 그는 원자 이론 역사에서 혁신적인 이론가인 아메데오 아보가드로 백작Count Amedeo Avogadro, 1776–1856을 기리기 위해, 측정한 수에 "아보가드로 수"라는 이름을 붙였다. 오늘날 우리는 원자 크기의 입자들을 셀 때 아보가드로 수를 표준으로 사용한다. 이는 1몰이라는 양에 포함된 입자의 수를 나타낸다.

몰의 세계 한 다스가 12개를 의미하는 것처럼 몰은 특정한 수를 가리킨다. 다스는 연필이나 달걀의 수를 세기에는 편리하지만 원자 한 다스는 무게나 길이를 재거나 육안으로 보기에 너무나 적은 양이다. 원자를 다룰 때는 훨씬 큰 숫자가 필요한데, 화학자들이 선택한 수가 바로 몰이다. 한 다스가 12개의 물건을 의미하는 반면, 1몰은 그 보다 조금 더 많은 602,213,673,600,000,000,000,000개의 물건을 의미한다. 이 숫자는 6.022×10^{23}으로 표기하는 것이 이해하기 조금 더 쉬울 것이다.

달걀 한 다스는 냉장고 문에 딱 들어갈 만큼이지만, 달걀 1몰은 엠파이어스테이트 빌딩 300채를 합한 것보다 높은 두께로, 전 지구 표면을 덮을 수 있다. 한 다스의 달러로는 피자 한 판을 살 수 있지만, 1몰의 달러로는 170억 판을 사서 태양까지 닿을 높이로 쌓을 수 있다!

왜 이렇게 터무니없이 큰 숫자가 필요할까? 바로 원자의 크기가 너무

도 작기 때문이다. 탄소 원자 1몰은 한 움큼밖에 되지 않는다. 헬륨 몇 몰이라고 해도 욕조 하나를 채울 정도이다. 하지만 원자 수준에서 보면, 이 작은 원자들이 섞이고 결합하여 우리의 몰 크기의 세계를 이루는 중요한 물질들을 만들어 내게 되는 것이다.

이 문장의 마침표와 같은 크기의 물방울에는 물 분자 10조 개가 들어 있다. 이렇게 큰 숫자는 사용하기 불편하기 때문에, 과학자들은 몰이라는 개념을 개발했다. 이를 통해 화학자들은 우리 주위의 원소들을 보다 쉽게 연구할 수 있게 되었다.

물질과 혼합물

생물을 계, 문, 강, 목, 과, 속, 종으로 분류하는 것처럼, 분류라는 작업은 여러 면에서 유용한 경우가 많다. 화학자들도 이와 같은 분류 작업을 한다.

화학자들은 가장 먼저 세계를 에너지와 물질로 나눈다. 아인슈타인의 유명한 방정식 $E = mc^2$의 E와 m이 바로 그것이다. 아인슈타인은 에너지와 물질 사이에 변환이 가능하다고 이야기했지만, 이 방정식에서 빛의 속력을 의미하는 c 덕분에 화학자들은 고민을 덜 수 있다. 화학자들이 비록 열심히 연구에 임하지만 광속으로 움직이는 것은 아니기 때문에, 화학에서는 에너지와 물질을 분리시켜 상호 변환될 수 없는 것으로 취급한다. 그렇기 때문에, 화학의 세계에서는 물질 보존의 법칙과 에너지 보존의 법칙이 항상 성립한다고 할 수 있다.

혼합물과 순물질 물질과 에너지 중 물질은 다시 혼합물mixtures과 순물질pure substances로 나눌 수 있다. 혼합물과 순물질의 차이는 변화에 있다. H_2O와 같은 순물질의 경우, 물질의 근본 성질을 바꾸지 않고는 성분비를 바꿀 수 없다. 물은 수소 2개와 산소 1개의 비율로 결합하는데, 산소 2개당 수소 2개로 결합하면 과산화 수소H_2O_2라는 새로운 물질이 되어 버린다. 반면 혼합물은

위 물은 순물질이다. 이는 수소 2개와 산소 1개의 성분비는 변할 수 없다는 것을 의미한다.
아래 설탕물과 모래와 같은 혼합물은 다양한 성분비를 가질 수 있다. 모래를 이루는 성분 물질의 성분비가 변해도 그 혼합물은 여전히 모래이다.

다양한 성분비를 가질 수 있다. 모래는 규산염, 탄산염, 인산염을 포함한 다양한 무기물의 혼합물이지만 성분비에 따라 검은 모래에서 흰 모래까지 변할 수 있다. 하지만 여전히 모래라는 사실은 변하지 않는다. 설탕물은 설탕과 물을 어떻게 섞느냐에 따라 약간 단맛이 나는 물이 될 수도 있고 아예 시럽이 될 수도 있는데, 이때 설탕과 물의 비율은 무한대로 변화시킬 수 있다.

모래나 설탕물 같은 혼합물은 다시 균일 혼합물homogenous mixtures과 불균일 혼합물heterogeneous mixtures로 나눌 수 있다. 설탕물과 같은 균일 혼합물들은 혼합물 어느 부분에서나 조성비가 일정하다. 즉, 컵 아래쪽에 있는 설탕물과 위쪽에 있는 설탕물의 조성이 서로 같다. 하지만 모래의 경

위 구리 원소(Cu)는 29개의 양성자를 가진다. 구리는 열전도성이 굉장히 높기 때문에 주방기구에 많이 쓰인다.
아래 황산 구리(CuSO₄)는 살균제나 제초제에 널리 쓰인다. 두 사람이 해충의 숙주가 되는 달팽이를 죽이기 위해 황산 구리를 뿌리고 있다.

우, 그 모래가 어느 곳에 있는지에 따라 각각 조성이 다르다. 지구의 자연적인 움직임에 따라 모래도 함께 움직이기 때문에, 지구의 표면에는 비교적 가벼운 원소들이 집중된다. 결과적으로 토양은 불균일 혼합물이 되는 것이다.

같은 방식으로 순물질은 화합물과 원소로 나눌 수 있다. 원소들은 주기율표상에 있는 개별적인 순물질들이다. 각 원소는 정해진 수의 양성자를 가진 원자로 구성된다. 화합물은 2개 이상의 원소가 일정 비율로 결합하여 만들어진다. 예를 들어 구리^{Cu}는 원소지만 제초제로 쓰이는 황산 구리는 화합물이다.

화학적인 것과 물리적인 것 분류를 통해 화학에서 매우 중요한 개념인 물리 변화와 화학 변화의 차이점을 설명할 수 있다. 소독제인 과산화 수소H_2O_2는 수소H_2와 산소O_2로 분해되는데, 이는 화학 변화이다. 생성된 물질들은 특정한 조건 하에 폭발성이 강한 기체인 수소와, 생명에 꼭 필요한 기체인 산소이다. 순물질이 혼합물로부터 분리되었다면 이는 물리 변화인데, 분리되는 과정에서 물질의 화학적 본질이 변하지 않기 때문이다. 예를 들어 설탕물에서 물을 증발시키면 설탕을 다시 얻을 수 있다. 따라서 증발은 물리 변화이다. 다음 장에서는 또 다른 물리 변화를 다룰 것이다. 바로 고체에서 액체, 그리고 액체에서 기체로의 변화이다.

CHAPTER 3

다양한 상태의 물질

왼쪽 물은 고체, 액체, 기체의 세 가지 상태로 존재한다. 물의 기체 상태는 수증기이다.
위 액체 상태의 물은 지구의 70 %를 차지한다.
아래 남극 맥머도(McMurdo) 만의 해빙

독특하게 생긴 나뭇가지나 아름다운 눈송이, 무한대로 이루어지는 DNA의 조합, 수십억이 넘는 생명체의 종 등 세상의 모든 복잡성과 다양성이 모두 원자로부터 비롯된다는 사실이 놀랍게 느껴질 수도 있다. 하지만 지금까지 발견된 원소가 백 가지 이상이라는 것과, 그 원자들의 조합을 통해 만들어 낼 수 있는 화합물의 수를 생각하면 이 복잡성의 원천을 어느 정도는 이해할 수 있을 것이다.

물질의 다양성은 여기서 그치지 않는다. 물질은 기체, 액체, 고체라는 각기 다른 상태로 존재할 수 있다. 우리 생활과 밀접한 물은 기체 상태인 수증기, 액체 상태인 물, 고체 상태인 얼음의 형태로 매일매일 만날 수 있다. 혼합물에서는 서로 다른 물질들이 섞이는 비율에 따라, 눈을 진정시켜 주는 식염수가 될 수도 있고 배추를 절이는 진한 소금물이 될 수도 있다. 합금은 고체와 고체 혼합물이고, 우리가 숨 쉬는 공기는 기체와 기체 혼합물이다. 고체와 액체, 기체는 각각 어떻게 섞이느냐에 따라 시럽, 보드카, 탄산음료 등 다양한 형태의 용액을 만들 수 있다. 각기 다른 상태들이 다양하게 조합되고 무한한 비율로 섞여서, 생물, 무생물을 포함한 모든 우주 만물이 탄생하게 된다.

고체와 액체

고체 상태의 성질은 소금 결정을 자세히 관찰해 보면 이해할 수 있다. 소금의 기본 단위는 이온 결합을 통해 서로 연결되어 있는 나트륨 이온 한 개와 염소 이온 한 개로 이루어진다. 그러나 양전하를 띤 나트륨 이온은 음전하를 띤 염소 이온을 끌어당기고, 그 염소 이온은 또 다른 나트륨 양이온을 끌어당긴다. 이런 과정이 반복되면서 이온 간의 연결을 통해 정육면체 모양의 결정이 만들어진다. 소금 알갱이 하나를 이루기 위해 약 10^{24}개가 넘는 입자들이 결합될 때에도 이런 규칙성은 똑같이 유지된다. 육안으로도 결정의

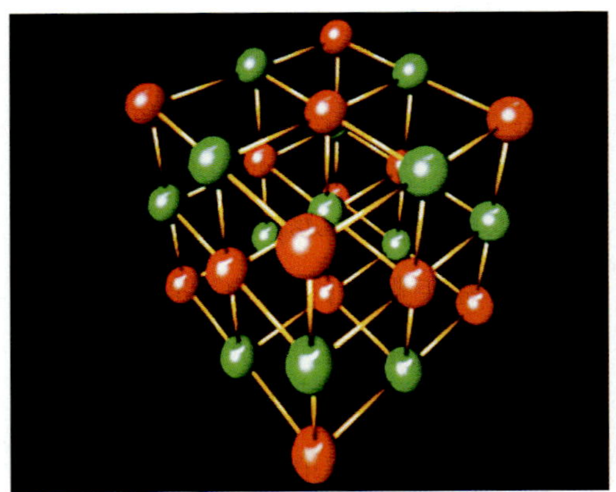

위 천일염 결정
아래 왼쪽 염화 나트륨의 입방체 결정 격자를 보여주는 그림이다. 나트륨 이온은 붉은색, 염소 이온은 녹색으로 나타내었다.
아래 오른쪽 광부가 용기에서 금을 골라내고 있다. 사금을 채취하는 과정은 풀림가공 과정을 설명할 때 이용할 수 있는데, 풀림가공 과정은 가열을 통해 고체 속의 원자의 운동을 촉진시킨 후, 서서히 식히면서 원자가 가장 낮은 에너지 위치를 찾아가게 하는 것이다.

올리브 오일과 발사믹 식초가 분리되고 있다. 합금 에이징 과정에서 금속도 유사한 움직임을 보인다.

낮은 위치인 용기 아래쪽으로 가라앉게 된다. 열이 너무 높으면 금속이 녹아서 액체가 된다. 이럴 경우 핵이 서로 위치를 바꿀 뿐만 아니라, 운동성이 좋아져 금속 자체의 모양을 바꿔 버린다. 사실상 이러한 점이 고체와 액체를 구별 짓는 성질이다. 액체는 담겨 있는 용기에 따라 모양이 바뀌지만, 고체는 그렇지 않다. 충분한 열을 가하면, 순물질을 비롯해 많은 화합물들은 제3의 상태로 변한다. 바로 기체 상태인데, 기체는 용기에 따라 모양이 바뀔 뿐만 아니라 용기의 부피 전체를 차지한다.

날카로운 모서리를 볼 수 있고, 돋보기나 현미경으로 관찰해 보면 세공된 보석과 같은 우아함이 느껴진다.

액체 속의 원자들은 한정된 부피 안에서 자유롭게 움직인다. 비록 용기의 모양에 따라 액체도 같은 모양이 되지만, 그 속의 원자들은 고체와 같이 고정된 위치를 갖지는 않는다.

하지만 이런 규칙적인 모습 때문에 고체 속에서 원자들이 제자리에 단단히 고정되어 있어 전혀 움직임이 없을 것이라고 생각하면 안 된다. 역동적인 산업혁명 과정에서 등장한 분자 운동론은 에너지 전이, 기체의 운동, 화학 반응의 속도, 그리고 원자와 분자가 끊임없이 운동한다는 가정에 기초한 다른 여러 가지 현상들을 설명할 수 있다.

풀림 합금 에이징은 오일–식초 샐러드 드레싱이 분리되는 것과 같이, 합금을 구성하는 금속 혼합물이 서로 멀어지거나 따로 뭉칠 때 일어난다. 물론 고체 합금에서의 진행이 훨씬 느리지만, 열을 가함으로써 촉진시킬 수 있다. 이런 작업을 풀림annealing이라고 한다. 풀림은 에너지가 가장 낮은 위치를 찾아갈 수 있도록 고체 내 원자나 원자단의 운동을 촉진시키기 위해 열을 사용하는 과정을 말한다. 풀림은 사금 채취 과정에도 비유할 수 있다. 사금을 채취할 때는 물 속에서 모래를 흔들면 더 무거운 금 입자는 에너지가 가장

기체와 기체 법칙

기체는 압력, 부피, 온도, 그리고 몰로 측정되는 기체의 양에 따라 성질이 정해진다. 이 성질들은 기체 법칙으로 알려진 규칙 안에서 서로 연관되어 변화한다. 주사기에 들어 있는 기체 시료처럼, 일정한 온도에서 일정한 양을 가진 상태를 생각해 보자. 피스톤을 눌러서 기체 시료에 압력을 가하면 공기의 부피가 줄어든다. 압력이 제거되면 피스톤이 다시 나오면서 부피가 증가한다. 이러한 관계를, 압력과 부피의 관계를 밝혔던 과학자 로버트 보일Robert Boyle, 1627-91의 이름을 따서 보일의 법칙이라고 부른다.

대기 상태를 측정하는 기계들. 하늘에 떠 있는 기구는 대기의 압력, 온도, 습도 등을 측정할 수 있는 장치를 갖추었다. 배경에 보이는 다른 기계들은 지상에서 온도, 상대 습도, 압력, 강수량 등을 측정한다.

위 1783년 12월 1일 파리로부터 날아온 세계 최초의 수소가스기구가 착륙하는 모습을 그린 그림. 이 당시의 수소가스기구를 이용한 실험은 기체의 본질을 더 깊이 이해할 수 있는 계기가 되었다. **아래** 로버트 보일. 보일의 법칙에 의하면, 일정 온도에서 일정량의 이상 기체의 부피는 압력에 반비례한다.

샤를의 법칙과 아보가드로의 법칙

대기의 압력은 날씨에 따라 변할 수 있다. 대기압을 측정하는 기압계의 수은주 높이가 낮아지면 날씨가 나빠질 것으로 예상할 수 있다. 하지만 맑은 날에는 압력이 거의 일정하게 유지된다. 이런 경우에는 마개가 잠긴 빈 플라스틱 음료수 병을, 일정한 압력에서 일정한 양의 기체를 가진 계로 생각할 수 있다. 만약 빈 음료수 병을 재활용하기 전에 뜨거운 물로 헹구고 곧바로 마개를 꽉 잠그면, 병이 저절로 찌그러지는 것을 볼 수 있다. 만약 병을 뜨거운 물로 헹군 다음 냉동실에 넣고 재빨리 마개를 잠그면, 병은 큰 소리를 내며 아주 빨리 찌그러지면서 깨져버릴 것이다. 병이 찌그러지며 깨지는 이유는 차가운 공기의 부피가 뜨거운 공기의 부피보다 훨씬 작기 때문인데, 이것은 자크 샤를Jacques Charles, 1746-1823의 이름을 딴 샤를의 법칙의 예이다.

일정한 온도와 압력에서 부피가 기체의 양에 비례하여 증가한다는 사실은 풍선을 불어 보면 쉽게 알 수 있다. 풍선을 부는 동안 방 안의 온도와 압력이 일정하다고 가정하면, 풍선의 부피가 커지는 원인은 풍선에 불어넣는 공기의 양밖에 없다. 같은 온도와 압력에서 같은 부피의 기체에 들어 있는 입자의 수가 같다고 가정함으로써, 아메데오 아보가드로는 산소 기체의 미스터리를 풀게 되었다. 아보가드로는 산소 기체가 2개의 원자로 구성된 분자, 즉 2원자 분자라고 주장했는데, 이는 돌턴의 원자론에서 물질의 기본 입자로 여겼던 원자에 대하여 분자라는 새로운 입자가 존재한다는 증거를 보인 것이었다. 아보가드로의 업적을 기려 기체의 부피와 양 사이의 관계를 아보가드로의 법칙이라고 부르게 되었다. 장 페랭이 1몰 안에 포함된 입자의 수를 아보가드로 수라고 명명한 것도 아보가드로가 죽은 후의 일이다.

이상 기체 법칙 보일의 법칙과 샤를의 법칙, 아보가드로의 법칙을 유도하기 위해서는 기체 변수 중 두 개에만 변화를 주고 두 개는 일정하게 유지되어야 한다. 이런 접근 방법이 이해하기 쉽긴 하지만 실질적으로 기체의 상태는 온도, 압력, 부피와 양이 동시에 변하는 경향이 있다. 이상 기체 법칙이라는 하나의 방정식으로 4가지 변수를 모두 연결시키는 것이 가능하긴 하지만 기상 예측 같은 실제적인 상황에서는 여전히 어려운 점이 있다. 일반적인 지상의 온도와 압력에서,

온도와 압력이 일정한 방 안에서, 풍선의 크기를 증가시키는 요인은 풍선 안에 불어넣는 기체의 양뿐이다. 이상 기체의 성질은 압력, 부피, 온도의 세 가지 변수로 나타낼 수 있다.

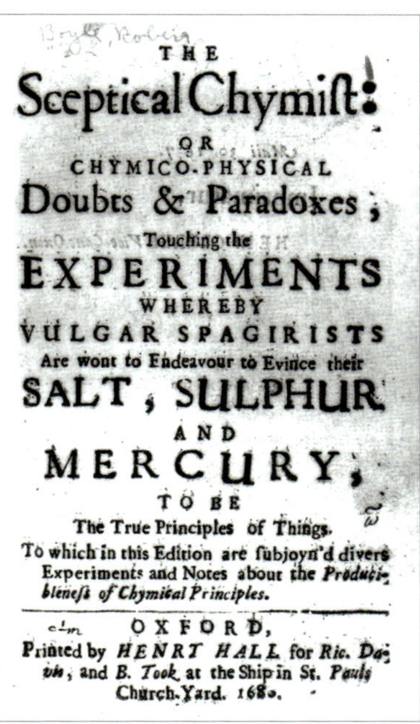

위 프랑스의 화학자, 물리학자이자 기구 조종사였던 자크 샤를. 샤를의 법칙에 의하면, 일정 압력에서 일정량의 기체의 부피는 온도에 비례한다.
아래 로버트 보일의 저서 《회의적인 화학자(The Skeptic Chymist)》의 표지

대기의 기체들은 속도가 느리고, 서로 간의 거리가 아주 가깝기 때문에, 기체의 성질과 유체의 성질을 동시에 가지는 경우가 많다. 이상 기체 모형은 기체의 온도가 높고 압력이 매우 낮을 때 잘 적용된다. 압력의 경우는 실질적으로 무한히 낮출 수 있지만, 기체에 열을 가하는 데에는 한계가 있다. 기체에 열을 너무 가하면 폭발해 버리기 때문이다.

가장 흔한 물질의 상태, 플라즈마

기체에 충분한 열을 가하면, 원자 간의 충돌 에너지가 커져서 기체가 이온화된다. 즉, 핵이 전자를 잃게 되면서 에너지가 아주 높은 전하를 띤 입자들의 집합체인 플라즈마가 생긴다. 플라즈마는 로켓 배기가스, 분젠버너, 아크용접기 등에서 나오는데, 플라즈마의 특징 중에 하나는 전기 전도성을 가진다는 것이다. 고전압에 의해 만들어지는 플라즈마는 네온사인, 나트륨등, 형광등에서 빛을 내는 데 쓰이는데, 여기서 플라즈마의 두 번째 독특한 성질인 백열성불꽃 없이 타는 성질을 볼 수 있다. 충돌이나 이온화가 일어날 때, 전자는 바닥상태 에너지보다 높은 에너지의 오비탈에 있게 된다. 전자가 에너지가 낮은 오비탈로 다시 내려갈 때, 에너지는 빛의 형태로 방출된다.

평면 플라즈마 디스플레이는 네온이나 제논 기체가 들어 있는 미세한 셀들이 바둑판식으로 배열되어 있다. 셀에 색을 내기 위해 전극에 고전압을 가하는데, 이 고전압에 의해 기체가 플라즈마 상태로 변하게 된다. 플라즈마가 빛을 방출하면, 이 빛에 의해 차례로 형광 물질들이 들뜬 상태가 되면서 화면에 색이 나타난다.

번개와 불꽃 플라즈마는 번개에서 방출된 열과 같은 극단적인 상황이나, 물질의 일부가 이온화

위, 가운데 물질의 네 번째 상태인 플라즈마는 영국의 물리학자 윌리엄 크룩스 경이 1879년에 발견했다. 그 이후로 플라즈마는 기술 발전의 원동력이 되었고, 네온사인과 텔레비전 화면 등에 사용되고 있다.
아래 아크용접기. 이런 종류의 용접기에 쓰이는 토치는 플라즈마를 미세한 구멍이 뚫린 노즐에 강제로 통과시켜서 아크를 압축하는 전극을 포함한다. 플라즈마는 높은 속도와 온도로 이 기구를 빠져나오는데, 이 기술은 다른 용접 방법에 비해 많이 사용된다.

된 불꽃처럼 보다 일반적인 상황에서 자연적으로 발생할 수도 있다. 하지만 플라즈마는 지구상에서 흔하게 볼 수 있는 물질의 상태는 아니다. 이와 달리 우주에서는 물질이 기본적으로 대부분 플라즈마 상태로 존재한다고 한다. 예를 들어 별은 대부분 플라즈마로 구성되어 있고 성운도 실상 별과 별 사이에 있는 기체와 플라즈마 구름이다.

플라즈마가 자연적으로 발생하는 또 다른 경우는 태양으로부터 플라즈마가 사방으로 방출되는 현상인 태양풍이다. 태양풍의 증거는 태양풍의 입자들이 대기권에서 이온화 현상을 일으켜 생기는 북극광에서 찾을 수 있다. 지구 자기장은 이렇게 에너지가 높은 입자들이 지구로 들어오는 것을 자연적으로 차단하는 역할을 한다. 한스 외르스테드 Hans Orsted, 1777–1851와 마이클 패러데이가 증명했듯이, 전기장과 자기장은 상호작용을 한다. 움직이는 전기장은 전기장에 수직인 자기장을 만들어 내고, 움직이는 자기장은 전기장을 휘어지게 만든다. 태양으로부터 방출된 플라즈마는 지구의 휘어진 자기장, 즉 자기권을 따라 움직이면서 지구에 직접적인 영향을 미치지 않게 된다. 이런 보호 장치가 없다면, 지구의 모든 생명체는 태양풍으로 인해 순식간에 전멸하게 될 것이다.

우리의 별, 지구를 지키는 것

하지만 지구 보호막 밖으로 나가지 않는 한 걱정할 필요는 없다. 요즘 지구의 생태학적 건강 상태에 대해, 그리고 크나큰 기후 변화가 있을 경우 인간이 얼마나 오랫동안 하나의 종species으로서 생존할 수 있는가에 대한 논의가 활발하게 이루어고 있다. 어떤 사람들은 다른 은하계의 행성을 '지구화' 하여 이주하는 것이 해결 방법이라고 주장한다. 하지만 이런 대모험을 감행할 때 일어나는 실질적인 문제들이 눈에 뻔히 보이기 때문에, 이 방법은 실현되는 것이 매우 어려워 보인다는 의견이 대부분이다. 먼저 후보 행성은 적절한 온도가 유지되어야 한다. 뿐만 아니라 식물이 살 수 있는 토양이 있어야 한다. 식물은 광합성을 통해 산소가 포함된 대기를 만들어야

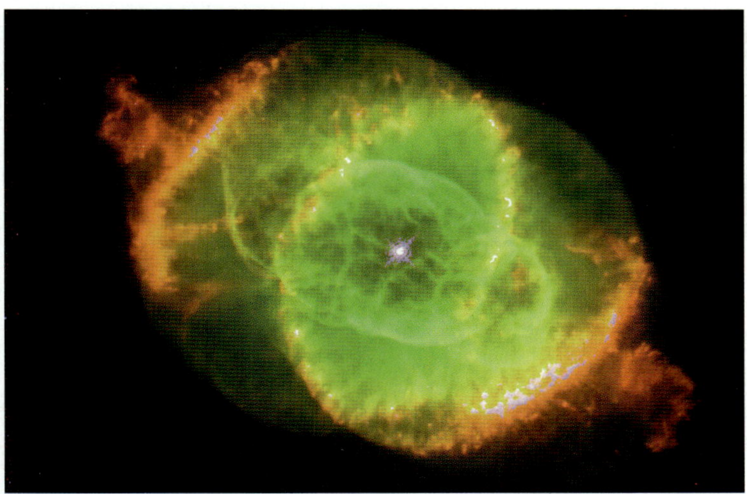

위 고양이눈 성운. 별 내부와 별들 사이에 있는 플라즈마는 우주의 대부분을 구성한다.
아래 북극광 현상은 태양풍에 의해 일어난다. 태양풍은 태양과 다른 별들에서 분출되는 전하를 띤 입자들의 흐름(플라즈마)이다.

하고, 만들어진 대기를 잡고 있을 만큼 충분히 강한 중력장이 있어야 하며 동시에 이주민들을 태양풍으로부터 보호할 수 있는 자기권도 갖추고 있어야 한다. 이런 엄청난 문제를 해결하기 위해서는 어마어마한 양의 연구와 혁신, 기술이 필요할 것이다. 이런 점에서 볼 때 다른 행성으로 이주하는 데 들일 노력을, 우리의 지구를 살리기 위해 사용하는 것이 훨씬 나은 선택이라고 할 수 있다.

필수 화합물, 물

어떻게 지구상에 생명이라는 것, 스스로 유기적으로 결합하여 생장하고 대를 이어 존재하는 형태의 물질이 나타나게 되었을까? 생명의 탄생을 가능케 한 조건과 화학적 작용은 무엇일까? 이런 의문들은 여전히 우주의 근본적인 미스터리로 남아 있다. 하지만 생명에 필요한 조건에 대해서는 많은 부분을 알게 되었다. 그 중 하나가 바로 물이다.

물과 생명 물H_2O은 간단한 분자 같아 보이지만, 조금만 살펴보면 생명과 인간의 모든 활동에 있어 얼마나 중요한지 알 수 있다. 인간은 물 없이는 며칠밖에 살지 못하고, 다른 생명체 중에는 몇 시간, 혹은 몇 분밖에 살지 못하는 것들도 있다. 물이 생명체에 있어 이렇게 중요한 것은 도대체 물의 어떤 특성 때문일까?

먼저 물의 구조적 특성을 통해 이해할 수 있는 부분이 있다. 물 분자는 전자쌍들 사이의 반발 때문에 산소가 중심에 있고, 양쪽에 수소가 결합되어 있는 V자 모양을 하고 있다. 이런 모양 때문에 다른 구조에서는 가질 수 없는 특성을 지닌다. 물이 가열되면 각 분자의 운동이 빨라지고, 여러 방향으로 운동하게 된다. 방 안을 더 빠른 속도로 날아다니게 되며, V자 형태 때문에 진동할 수도 있고, 회전할 수도 있다. 이런 다양한 방

위 물은 모든 생명체에 있어 필수적이다.
아래 가스레인지 위의 물이 가열되면, 냄비 아래쪽에 있는 뜨거운 물이 위로 올라가면서 위쪽에 있는 물을 데우는데, 이런 과정을 대류라고 한다.

식의 운동이 가능하기 때문에 물 분자는 큰 온도 변화 없이 많은 양의 열에너지를 흡수할 수 있다. 예를 들어 맑은 날에 수영장 물의 온도와 풀장 밖 시멘트 바닥의 온도를 비교해 보면, 태양으로부터 같은 양의 열이 전달되었는데도 시멘트 바닥의 온도는, 사람들이 물 속으로 뛰어들고 싶은 생각이 들 만큼 뜨거워진다.

태양에서 방출되는 열 때문에 한여름의 주차장(왼쪽)은 견디기 힘들 정도로 뜨거워지는 반면, 수영장(오른쪽)의 온도는 그리 많이 오르지 않는다.

온도 변화에 대한 저항력이 큰 물의 특성이 생명체에 있어 왜 중요할까? 약 2/3가 물로 구성되어 있는 사람의 몸은 물의 단열 능력이 없다면 여름을 날 수 없을 것이며, 겨울이 어느 정도 따뜻하다 하더라도 쉽게 살아남을 수는 없을 것이다. 병이 들었을 때, 단지 몇 도만 체온이 올라가도 심각한 증상들이 나타나는 것을 보면, 사람의 몸에서 일어나는 화학 작용이 얼마나 복잡하고 섬세한지 알 수 있다. 그러나 인간은 물이 가진 이 신비한 능력 덕분에 사하라 사막이나 북극의 극단적인 기후 속에서도 살아남을 수 있다.

고체, 액체, 기체 상태 지구상의 생명 순환에 있어 물의 세 가지 상태는 모두가 중요하다. 물이 얼어서 고체 상태가 될 때는, 바위에 금이 갈 정도로 강한 힘으로 팽창한다. 이렇게 물에 의해 침식된 바위는 먹이 사슬의 첫 번째 고리인 식물의 영양소 공급원이 된다. 물의 기체 상태는 물의 순환 과정 중 해양에서 육지로 물이 이동하기 위해 거쳐야 하는 핵심적인 과정이다. 물의 액체 상태는 고체와 액체, 기체를 용해시킬 수 있는데, 액체 상태인 사람의 피에 영양소가 잘 용해되기 때문에 세포가 살 수 있다. 또한 물이 산소 기체를 용해시킬 수 있기 때문에 물고기들이 호

흡을 할 수 있다. 하지만 그렇다고 해서 모든 것이 물에 녹지는 않는다. 지방과 기름은 물에 녹지 않아 서로 분리되는데, 이 역시도 생명에게 있어서는 매우 중요하다. 세포벽을 형성하는 지방은 물에 의해 서로 응집하는데, 이는 물 표면에 떨어진 기름방울이 서로 뭉치는 것과 같은 현상이다. 기름방울과도 같은 세포 안의, 그 옛날 생명이 탄생했던 바다와 같은 소금기 있는 용액 속에서 생명 활동이 일어난다.

모든 물에는 기체가 용해되어 있다. 바닷물에 산소가 용해되어 있기 때문에 식물과 동물들이 살 수 있다.

용액

물고기가 호흡하고, 인간의 혈구가 이동할 수 있는 물은 전체적으로 균일한 혼합물인 용액의 한 종류이다. 용액은 용매와 하나 이상의 용질로 구성된다. 용매는 용액 중 가장 양이 많으면서 다른 물질을 녹이는 물질이고, 용질은 용매에 녹아 있는 물질을 말한다. 우리가 숨 쉬는 공기는 산소, 질소, 아르곤을 비롯한 여러 기체로 이루어진 용액이다. 이 경우에 양이 가장 많은 성분인 질소는 용매가 되고, 산소는 용질이 된다. 합금도 고체 용액으로 생각할 수 있다. 소금물은 물이 용매인 수용액의 한 예이다. 용액에 있어 가장 중요한 요소 중 하나는 용액 속에 들어 있는 용질의 양을 나타내는 농도이다. 농도는 용액의 용도와 특징에 큰 영향을 미친다.

총괄성

고농도의 소금물은 박테리아를 죽이는 효과가 있기 때문에, 구강 세척제로 사용할 수 있다. 하지만 눈의 섬세한 조직을 세척할 때는 인공 눈물처럼 농도가 낮은 소금물이 필요하다. 시중의 인공 눈물은 등장성等張性 식염수이거나, 생리학적으로 정확한 농도로 만들어진다. 왜냐하면 농도가 다르면 인체의 기능을 심각하게 방해하기 때문이다. 이런 방해가 일어나는 이유는 총괄성colligative properties이라고 하는 용액의 흥미로운 성질과 관련이 있는데, 총괄성은 용매와 용

위 삼투 현상은 생체 조직을 통해 물이 들고 나는 것을 조절한다. 목욕 후에 일시적으로 피부에 주름이 잡히는 것도 같은 원리에 의한 것이다.
아래 인공 눈물은 자연 눈물과 같은 농도를 가진 묽은 식염수로 만든다.

질 입자의 총괄적인 효과에 기초한 용액의 성질이다.

총괄성에는 어는점 내림과 끓는점 오름, 삼투 현상이 있다. 어는점 내림freezing point depression은 용액이 순수한 용매보다 더 낮은 온도에서 어는 현상이고, 끓는점 오름boiling point elevation은 용액이 용매보다 더 높은 온도에서 끓는 현상을 말한다. 삼투 현상osmosis은 농도가 더 높은 용액으로 용매가 이동하는 것을 말한다.

어는점 내림

어는점 내림은 부동액의 작용 원리와 관련이 있다. 자동차 엔진의 냉각 장치는 물을 이용하여 과열을 방지하는데, 순수한 물을 사용하면 겨울에 물이 얼면서 팽창해 냉각 장치가 터져 버릴 수 있다. 이때 부동액을 첨가하면, 물의 어는점을 낮추기 때문에 냉각 장치가 어는 것을 막을 수 있다. 흥미롭게도 부동액은 과열 방지 효과도 낼 수 있는데,

엔진 냉각제라고도 부르는 부동액은 추운 지역에서는 엔진이 어는 것을 막아 주고, 더운 지역에서는 과열되는 것을 막아 준다.

이는 용액이 순수한 용매보다 더 높은 온도에서 끓기 때문이다. 결국 부동액 하나로 두 가지의 보호 효과를 낼 수 있는 것이다.

용매와 용질 "learning by osmosis"라는 미국의 속담은 어떤 정보가 특별한 노력 없이도 기억 속으로 자연스럽게 흘러들어 가는 과정을 표현한 것이다. 실상 노력 없이 배울 수 있는 것은 없겠지만, 용매는 삼투 현상에 의해 저절로 흘러들어 갈 수 있다. 용매는 통과할 수 있지만 용질은 통과할 수 없는 반투성 막을 통해, 용매는 용질 농도가 낮은 곳에서 높은 곳으로 흐른다.

예를 들어 삼투 현상은 피클이 절여지는 과정과 같다. 오이를 진한 소금물에 담그면, 물은 상대적으로 농도가 낮은 오이 세포 안에서 진한 소금물 쪽으로 흘러나온다. 또 뜨거운 탕 안에 몸을 담그면 피부가 쭈글쭈글해지는 것도 삼투 현상 때문이다. 이것은 몸 안의 물이 빠져나가기 때문이 아니라, 농도가 낮은 목욕물이 농도가 높은 피부 세포로 들어오기 때문이다. 물에 불은 피부는 저절로 접혀 주름을 만들게 된다. 인체에 더 심각한 경우를 들자면, 체액에서 농도 균형이 깨지면, 삼투압으로 인해 고혈압, 체액 축적과 같이 잠재적인 위험을 가진 증상들이 나타날 수 있다. 이 외에도 삼투 현상에 의해 인체의 노폐물이 농축되고, 독소가 제거된다.

이렇게 용액의 중요성을 알고 나면, 새로운 의문이 생겨난다. 용액은 처음에 어떻게 형성될까? 답을 찾기 위해서는, 다시 한 번 전자에 대해 알아보고, 전자들이 어떻게 퍼져 있는지를 살펴보아야 한다.

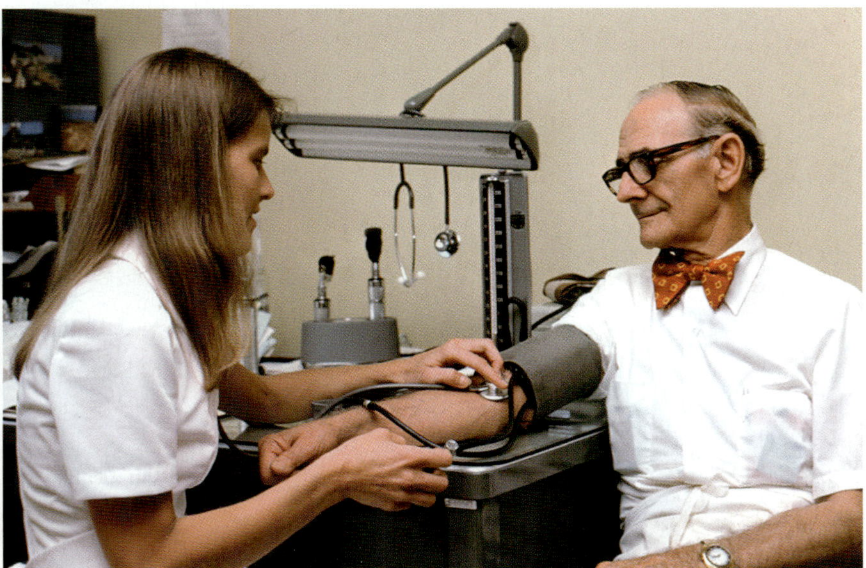

왼쪽 피클은 삼투 현상을 이용해 만든다. 진한 소금물에 담근 오이 속의 물이 밖으로 빠져나온다.
오른쪽 체액의 불균형으로 인한 삼투압은 고혈압과 같은 위험한 증상을 초래한다.

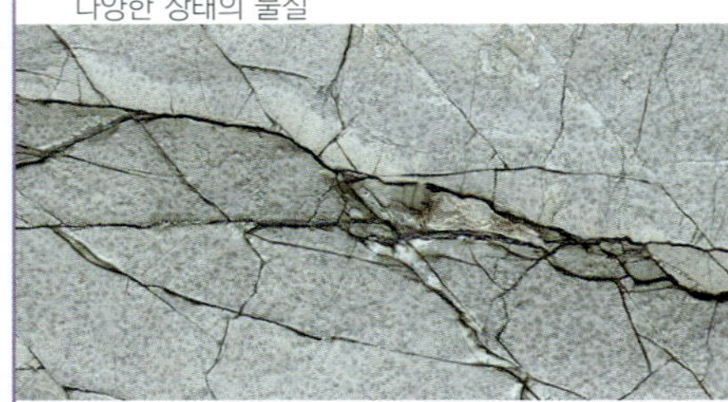

모든 것을 결정하는 전자

오비탈을 당구공 모형과 같이 공간 속의 정해진 영역이라고 가정하는 것이 편하기는 하지만 오비탈은 사실 모양이 변하는 구름에 더 가깝다. 산들바람에도 구름의 모양이 변하듯이, 오비탈 내에 있는 전자들도 내부적, 외부적 전기장에 반응하여 변할 수 있다.

물 분자의 모양은 V자 형태이기 때문에, 전자 분포가 균일한 구형을 이루지 못한다. 이 때문에 물은 내부 전기장을 형성하게 된다. 또한 산소의 전기 음성도가 수소보다 크기 때문에 분자 내의 전자들을 수소보다 더 강하게 끌어당긴다. 전자 공유에서 나타나는 이런 불균형에 의해 물 분자는 한쪽이 다른 쪽에 비해 음전하가 강한 쌍극자가 된다. 두 개의 자석처럼 한 쌍극자의 양전하 쪽은 다른 쌍극자의 음전하 쪽에 이끌리는데, 이런 쌍극자 사이의 인력은 물이 응결될 수 있는 힘으로 작용한다. 분자 사이에 존재하는 인력이나 반발력을 분자간 힘이라고 부른다. 이런 분자 간 인력이 없다면, 모든 분자들은 영원히 기체 상태로 존재할 수밖에 없을 것이다.

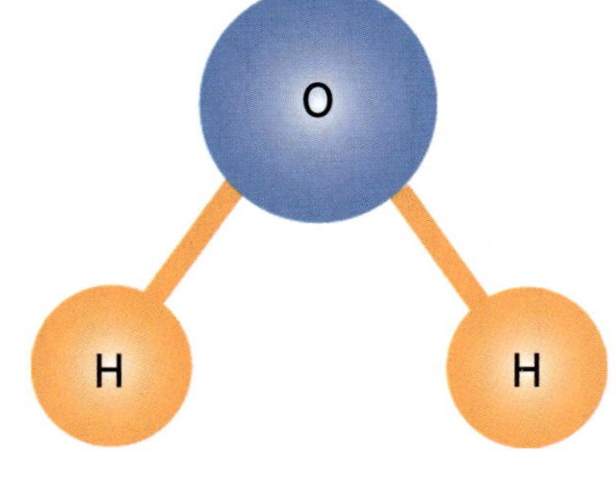

응결 물은 쌍극자 때문에 비교적 쉽게 응결하지만 쌍극자가 없는 분자들도 응결할 수 있다. 액체 질소는 동일한 두 개의 핵 사이에 전자가 불균등하게 분포될 수 없기 때문에, 영구 쌍극자를 가질 수 없다. 그러나 순간적으로 전자밀도가 한쪽으로 쏠릴 수 있고, 이런 쏠림이 이웃한 분자에도 전자의 쏠림을 일으킬 수 있다. 분산력dispersion force이라고 부르는, 이와 같은 일시적인 쌍극자-쌍극자 간의 인력이 존재하기 때문에, 온도만 충분히 낮춘다면 헬륨도 액화시킬 수 있다.

위 바위틈에서 만들어지는 얼음은 팽창하면서 바위를 부스러뜨린다.
가운데 물 분자(H_2O)
아래 구름은 수증기가 응결하여 만들어진다. 물 분자의 쌍극자-쌍극자 간 인력 때문에 응결 현상이 나타난다.

질소(N_2) 분자는 두 개의 핵이 동일하기 때문에 분산력이라는 일시적인 인력에 의해서만 액화될 수 있다. 이 힘은 유발 쌍극자에 의한 것이다.

수소 결합 물은 분자 내에 존재하는 영구 쌍극자 때문에 온도를 극단적으로 낮추지 않아도 액화될 수 있다. 하지만 물에도 특별하고 강한 분자 간 인력이 존재하는데 이것이 바로 수소 결합 hydrogen bonding이다. 수소 결합은 물 분자의 수소 원자와 다른 물 분자의 산소 원자 사이의 인력이다. 크기가 작고, 전기 음성도가 큰 원소를 가진 다른 분자들도 수소 결합을 할 수 있지만, 물은 독특한 V자 형태에서 양쪽 수소를 통해 수소 결합을 할 수 있기 때문에 몇 가지 특별한 성질이 나타난다. 그 중 하나는, 대부분의 다른 액체들은 얼 때 부피가 줄어드는 반면, 물은 얼 때 부피가 늘어난다. 이런 팽창 때문에 얼음이 물 위에 뜰 수 있고, 바위에 틈을 만들어 흙으로 부서지게 할 수 있다. 공터에 쌓인 건축 자재를 이용해 집과 같이 열린 구조를 만들면 공간을 더 많이 차지하는 것처럼, 물이 얼 때 물 분자 속의 수소와 산소가 수소 결합을 최대로 할 수 있도록 정렬되기 때문에 부피가 증가하게 된다. 물이 많은 다른 화합물들을 녹일 수 있는 것도 수소 결합 때문이다. 예를 들어 염화 나트륨식용 소금은 나트륨 양이온과 염소 음이온으로 구성되어 있는데, 물의 쌍극자 중 양전하 쪽이 음이온에, 음전하 쪽이 양이온에 이끌리게 된다. 그 결과 물 분자는 이온 사이에 들어가 둘을 갈라놓게 되고, 물 분자 사이의 수소 결합이 이온 주위를 일종의 새장과 같이 둘러싸 이온들이 다시 결합하는 것을 막아 준다.

쌍극자와 분산력 쌍극자, 분산력, 수소 결합은 전자구름을 모이게 한다. 그리고 전자들이 충분한 에너지를 가질 만큼 가까워지면, 전자구름이 병합되고 새로운 형태로 변신하여 새로운 분자를 만들어 낸다. 이렇게 새로운 물질이 만들어지는 것은 화학 반응의 핵심으로, 이 주제에 대해 다음 장에서 다루게 될 것이다.

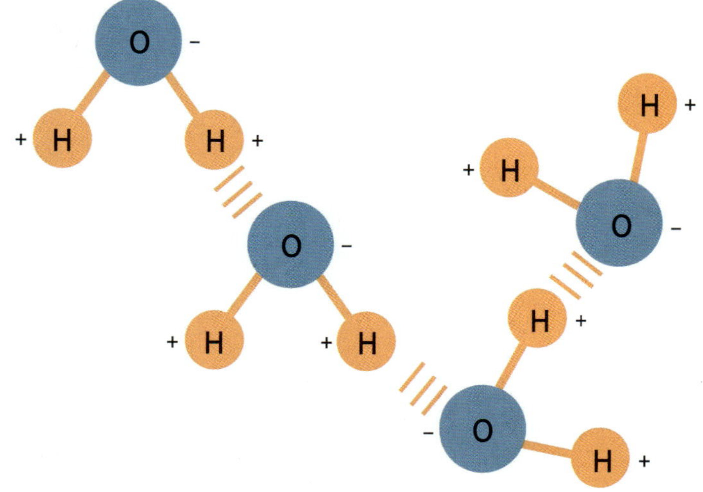

수소 결합은 한 분자의 수소 원자와, 다른 분자의 전기 음성도가 큰 원자 사이에 작용하는 인력이다. 이 결합은 분자 내에서가 아니라 분자 사이에서 일어난다는 점에서 다른 화학 결합(이온 결합이나 공유 결합)과 차이가 있다. 수소 결합은 물의 성질에 큰 영향을 끼치고 단백질과 핵산에 있어 매우 중요하다. 수소 결합은 DNA의 이중 나선을 유지시키는 역할을 하기도 한다.

화학 변화

우리의 생활은 화학 물질과 화학 반응으로 둘러싸여 있고, 우리의 몸도 이들로 이루어져 있다. 화학 반응들은 전지에서 전기를 만들어 휴대용 CD플레이어를 작동시키고, 우리가 호흡할 수 있게 하며, 항생제를 합성하고, 맛있는 음식을 준비할 수 있게 한다. 이런 반응들 중 어떤 것들은 반응이 일어나는 것을 눈으로 확인할 수도 있고, 때론 놀라움을 불러일으키기도 한다. 예를 들어 폭죽이 터질 때 산화제와 환원제 사이의 반응은 밝은 빛과 색, 폭음을 만들어 낸다. 캘리포니아 모노Mono 호에 있는 거대한 석회암 튜퍼탑tufa towers이 형성되는 것과 같은 화학적 변화는 수십 년, 심지어 수 세기에 걸쳐 천천히 일어난다. 이 장에서는 분자의 반응이 어떻게 물질을 재배열시키는지, 연소와 분해가 어떻게 분자 결합을 변화시키는지에 대해 자세히 살펴보고, 또한 산과 염기의 성질에 대해서도 논의해 볼 것이다. 물리적 세상이 분자 작용에 따라 어떻게 조절되는지 더 잘 이해하기 위해, 먼저 원자가 서로 접근할 때 어떤 일이 일어나는지 살펴보자.

왼쪽 샬레 안에서 벨루소프-자보틴스키(Belousov-Zhanbo-tinsky) 반응이 진행 중이다. 이 고전적인 화학 반응은 용액 내의 화합물이 반응하면서 시간에 따라 진동하는 역동적인 동심원과 패턴을 만들어 낸다.
위 가스관에서 나온 메테인 분자들이 공기 중의 산소 분자와 반응하여 가스레인지 불꽃의 열과 빛을 생성한다.
아래 우주왕복선의 고체 로켓 추진제가 강력한 연소 반응에 의해 동체를 이륙시키고 있다. 연소 반응에서 생긴 산화 알루미늄은 흰 연기의 형태로, 우주선의 발사과정 동안 발사대를 온통 뒤덮는다.

화학 반응

너무 단순화시켜 맞지 않는 면이 있긴 하지만, 화학 결합chemical bond은 자석 사이의 상호작용에 비유할 수 있다. 서로 반대인 두 자극이 가까이 있으면 인력이 작용하여 '자기적 결합'이 형성된다. 하지만 화학 결합은 인력의 결과만은 아니다. 두 원자가 서로에게 접근할 때, 한 원자의 전자들은 다른 원자의 양성자에 이끌리지만 반발력도 생긴다. 음전하를 띤 전자구름은 서로를 밀어내고, 양전하를 띤 핵도 가까이 있으면 반발력을 느끼게 된다. 이런 힘들이 균형을 이루도록 원자들이 배열되면, 화학 결합이 형성된다. 하지만 자석과는 달리, 핵끼리 글자 그대로 붙는 것이 아니라, 가장 안정한 핵간 거리를 결정하는 복잡한 힘의 균형에 의해 서로 떨어져 있는데, 이 거리를 결합 길이라고 한다.

하지만 이런 안정한 상태가 쉽게 유지되지는 않는다. 핵은 평형 결합 길이 근처에서 앞뒤로 진동하는데, 적절한 양의 에너지를 받으면 진동하는 핵은 평형에서 벗어나 결합이 깨지게 된다. 만약 주변에 다른 핵이 있고, 조건이 적절하면, 새로운 결합이 생성될 수도 있다. 기존의 결합이 깨지고, 새로운 결합을 형성하는 것이 바로 화학 반응chemical reactions이다. 많은 양성자들과 전자들 사이의 복잡한 상호작용 때문에, 주어진 반응이 일어날지 어떨지 예측하기 위해서는 이론뿐

위 자동차 엔진에서 가솔린과 산소가 연소하면 실린더 내의 공기를 팽창시켜 자동차를 앞으로 전진시키는 에너지를 만들어 낸다.
아래 불은 연소의 결과이다. 연소는 고온에서 산소가 나무나 가솔린 같이 가연성이 높은 물질과 반응할 때 일어나는 화학 반응이다. 화학 반응을 통해 생긴 에너지는 빛과 열로 방출된다.

만 아니라 풍부한 경험이 필요하다. 공통적인 특징으로 화학 반응을 분류하면서, 화학자들은 화학 반응의 기본 원리를 더 깊이 이해하고, 반응을 예측할 수도 있게 되었다.

생성물과 반응물 화학 반응이 어떻게 새로운 물질을 만들어 내는지 알기 위해서는 반응물과 생성물의 성질을 비교해 보면 된다. 예를 들어 가솔린과 산소의 반응에서 반응물은 가연성이 매우 높은 가솔린과 산소의 혼합물이지만, 생성물은 불을 끌 때 유용한 물과 이산화 탄소인 것을 볼 수 있다. 나트륨과 염소의 반응에서 반응물은 반응성이 매우 높은 나트륨 금속과 독성이 강한 염소 기체이지만, 생성물은 먹을 수 있는 소금이다. 화학 반응을 통해 생명을 위협하는 물질이 생명에 꼭 필요한 물질로

바뀌는 등 많은 변화가 일어나지만, 변하지 않는 원리가 하나 있다. 이는 바로 질량의 보존이다.

물질의 재배열 질량 보존은 화학 반응 과정에서 물질이 새로 만들어지거나 사라지는 것이 아니라, 재배열된다는 사실을 가르쳐 준다. 반응물이 생성물로 재배열되는 것을 보여주는 화학 반응식은 이런 원리에 기초하고 있다. 화학 반응식은 식 양쪽의 질량이 같은 균형 반응식이어야 한다. 예를 들면 고체 황 원자 하나가 산소 분자 하나와 반응하여 이산화 황을 만들 때,

$$S + O_2 \rightarrow SO_2$$

이 식은 황 원자가 반응물 쪽에도 하나, 생성물 쪽에도 하나가 있는 균형 반응식임을 알 수 있다. 산소의 경우 반응물 쪽에는 분자의 형태로 산소 원자가 두 개 있는데, 생성물 쪽에도 SO_2이산화 황의 형태로 두 개의 산소 원자가 있는 것을 볼 수 있다. 수소와 산소가 반응하여 물을 생성할 때처럼, 반응물의 비가 1:1이 아닐 때는 화학식 앞에 계수를 표기한다.

$$2H_2 + O_2 \rightarrow 2H_2O$$

균형 반응식에서, 두 개의 수소 분자가 하나의 산소 분자와 결합하므로, 식 왼쪽에는 총 네 개의 수소 원자와 두 개의 산소 원자가 있는 것을 볼 수 있다. 이들은 물 분자 두 개를 생성하는데, 각 물 분자는 수소 원자 두 개와 산소 원자 하나로 이루어지므로, 식 오른쪽에도 총 네 개의 수소

황가루가 산소와 반응해 이산화 황을 만들 때 청록색 빛이 난다. 이산화 황은 악취가 나고 타지 않는 기체로, 산성비의 원인이 된다.

원자와 두 개의 산소 원자가 있다. 따라서 식 왼쪽과 오른쪽의 수소와 산소의 질량이 같고, 전체 질량은 보존된다.

위에서 본 두 가지 예는, 하나의 생성물을 생성하기 때문에 화합 반응에 속한다. 화학 반응에 대한 이러한 분류 작업은, 생물학이나 인류학과 마찬가지로 자연에 질서를 부여하기 위한 과정이다. 하지만 자연이 쉽게 반기를 든다는 점도 기억해야 한다. 여러 범주에 속하는 반응도 있고, 어떤 범주에도 완벽하게 들어맞지 않는 반응들도 있다. 그럼에도 균형 반응식들을 분류하는 것은 화학 반응을 이해하는 데에 많은 도움이 된다. 다음 장에서는 이에 대해 다룰 것이다.

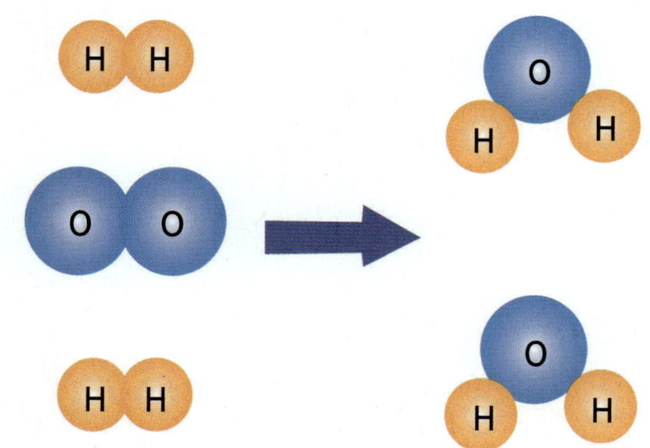

수소 원자 네 개와 산소 원자 두 개가 반응하여 물 분자 두 개를 생성하는 것을 나타낸 그림이다. 분자들이 변했지만, 반응 전후의 원자 수는 같다.

화합 반응

　두 개 이상의 반응물이 하나의 생성물을 만드는 화학 반응은 화합 반응-synthesis reactions 으로 분류된다. 앞에서 본 이산화 황과 물의 합성이 이에 속한다. 이산화 황SO_2은 공기 중의 산소와 반응하여 삼산화 황SO_3을 생성하고, 물H_2O과 반응하여 황산H_2SO_4을 생성하는데, 이 반응들도 화합 반응에 속한다. 10장에서 산성비를 다룰 때도 이런 화합 반응을 다룰 것이다.

유기 합성　황은 인체 내에서 중요한 역할을 하고 의약 화학에서도 사용되기 때문에, 유기 합성 organic synthesis이라는 화합 반응의 또 다른 범주에서 매우 중요하게 여겨진다. 황을 포함하는 항균성 설파제를 합성하는 것과 같은 유기 합성은, 역사를 바꿀 정도로 영향력이 컸다. 독일의 생물화학자 게르하르트 요하네스 폴 도마크Gerhard Johannes Paul Domagk, 1895-1964는 연쇄상 구균 감염에 탁월한 효능이 있는 최초의 설파제인 프론토실Prontosil을 발견했다. 도마크는 연쇄상 구균에 감염되어 목숨이 위태로웠던 자기 딸에게 이 약을 투여했다. 딸은 약을 투여 받은 후 병이 나았고, 설파제는 제2차 세계 대전에서도 무수한 생명을 구하게 되었다. 유기 합성에 대해서는 7장에서 더 자세히 알아볼 것이다.

침전 반응　용액 속에서 고체 생성물이나 침전을 만드는 화학 반응을 침

위 자연에서 탄산 칼슘은 달걀껍질, 조개껍질, 석회암 등에서 발견되고, 분필, 제산제와 같은 소비재도 탄산 칼슘을 포함하고 있다.
아래 이탈리아 포추올리(Pozzuoli)의 화산 지대에서 유황을 유리 용기에 모으고 있다. 황산과 같은 진한 산은 비료, 염료, 접착제 등을 만들 때 많이 쓰인다.

탄산 이온이 풍부한 캘리포니아 모노 호의 물과, 칼슘이 풍부한 호수 밑에서 솟아나는 샘물이 수 세기에 걸쳐 반응하여, 튜퍼탑을 만들었다. 튜퍼탑은 물에 녹지 않는 탄산 칼슘(석회암) 기둥으로 10 m도 넘게 자랄 수 있다.

전 반응precipitation reactions이라고 한다. 이런 화합의 예는 물속에 녹아 있는 칼슘 이온과 탄소 이온 사이의 반응이다. 자연의 거의 모든 물들은 센물에 속하는데, 센물에는 공통적으로 많은 양의 칼슘 이온과 마그네슘 이온들이 들어 있다. 칼슘 이온은 대기 중의 이산화 탄소가 녹아 만들어진 탄산 이온과 반응하여 스케일scale을 형성한다. 스케일은 불용성 탄산

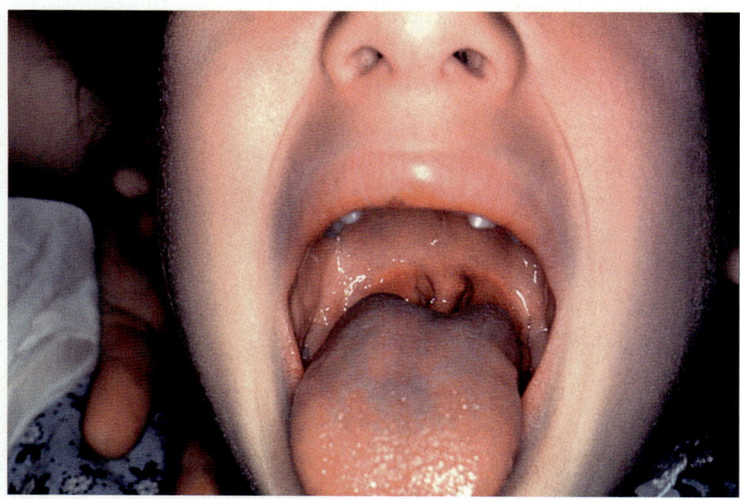

황을 포함한 의약품은 1930년대 초에 게르하르트 요하네스 폴 도마크에 의해 처음 발견된 이후로, 오늘날에도 연쇄상 구균, 진균 감염 및 요로 감염과 같은 세균 감염증을 치료하는 데 널리 사용되고 있다.

칼슘으로, 수도관이나 주방기구, 접시 등에 남는 하얀 침전물이다. 스케일이 다른 물질과 쉽게 반응하지 않는다는 사실은 탄산 칼슘의 다른 형태인 분필을 보면 알 수 있다. 분필을 사용한 후 손을 씻어 보면 분필이 물에 잘 녹지 않는다는 사실을 알 것이다. 수도관이나 난방기에 있는 탄산 칼슘 침전물은 계속 쌓이게 되면 결국 물의 흐름을 막아 큰 사고를 불러일으킬 수도 있다. 하지만 아이러니하게도, 수도관에 해가 되는 칼슘 이온과 마그네슘 이온들이 사실 우리 몸에는 굉장히 좋다. 수저나 공구에 하얗게 남는 스케일은 경수 연화기로 없앨 수 있다. 경수 연화기는 물 속의 칼슘 이온과 결합하고 대신 연화기에 결합되어 있던 나트륨 이온이 물 속에 녹아들어 간다.

모든 화학 반응이 모두 느린 것은 아니다. 산화환원 반응은 분자 내 결합을 공격하는 연소와 분해 반응을 촉진시켜, 역동적이고 많은 열을 방출하는 폭발을 발생시킬 수 있다.

연소와 분해

연소와 분해는 두 경우 모두 새로 만들어지는 결합보다 깨지는 결합이 더 많다는 점에서 유사하기 때문에 함께 다룰 것이다. 대부분의 연소와 분해 반응은 매우 격렬한데, 이는 에너지와 엔트로피라는 두 개의 엔진이 반응을 촉진하기 때문이다. 결합을 형성할 때 에너지의 역할은 우리가 직관적으로 느끼는 그대로이다. 반응은 주변에 에너지를 방출하는 방향을 선호한다. 불이나 폭발과 같이 에너지를 방출하는 반응은 우리 주위에서 흔히 일어나고, 실제로 화학 반응이라고 하면 우리는 이런 경우를 먼저 떠올리게 된다. 할리우드 영화에서도 화학 실험실은 언제나 부글부글 끓고 있는 비커들과 연기가 모락모락 나는 플라스크가 가득한 모습으로 그려진다. 하지만 타르타르 크림과 제빵 소다의 반응처럼 에너지를 공급받아야 하는 화학 반응도 있다. 타르타르 크림과 제빵 소다를 물에 따로 녹인 후 실온과 같아지도록 가만히 놓아둔

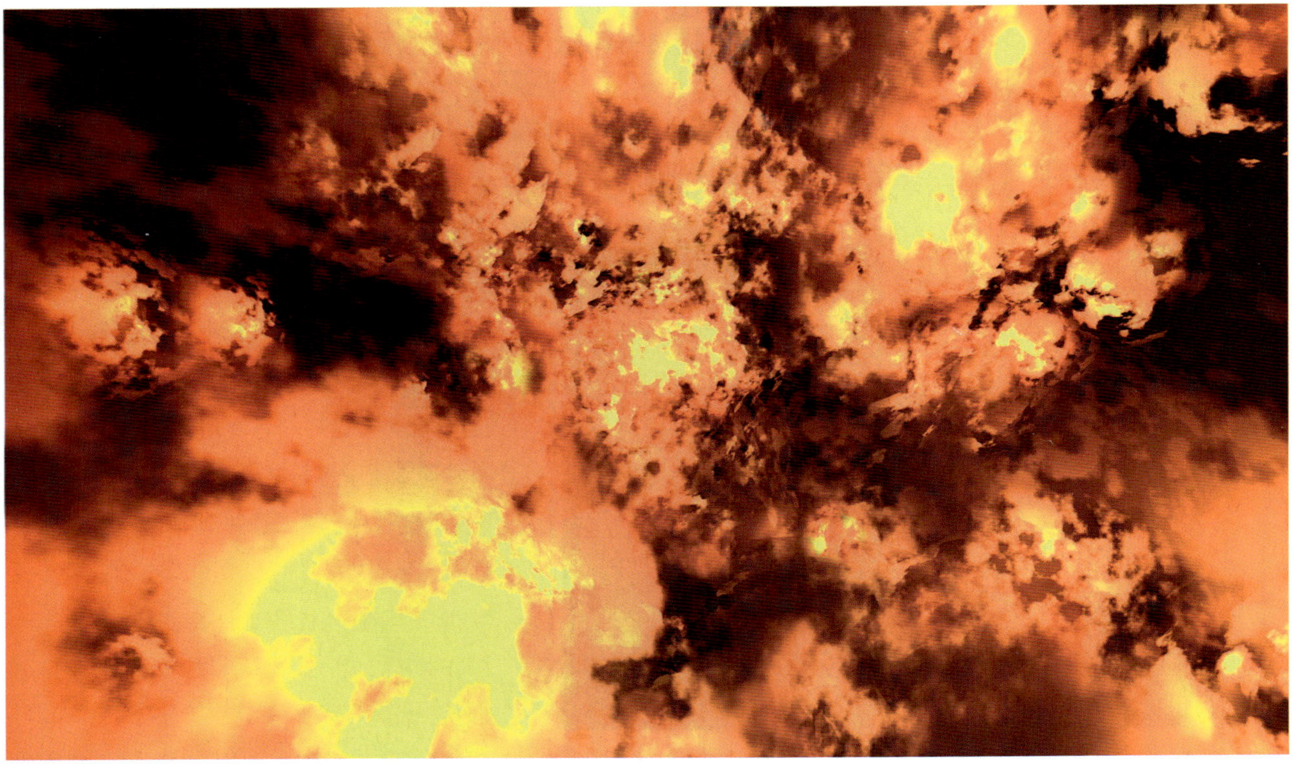

위 불꽃놀이는 연소 반응의 멋진 예이다. 폭죽은 산화제와 환원제, 착색제, 결합제, 조절 장치로 이루어져 있다.
아래 폭발은 빠르고 격렬하게 에너지를 방출하며, 열과 함께 여러 연소 기체들을 생성한다.

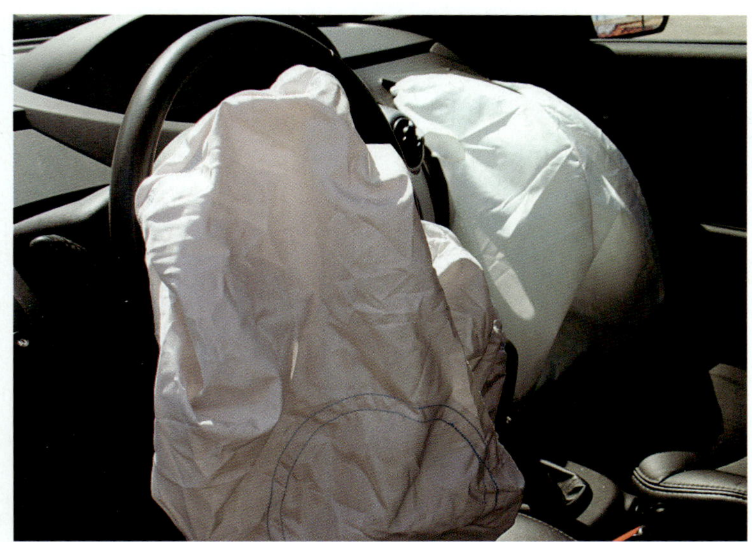

자동차 앞에 있는 충돌 센서가 작동하면, 핸들 안에 있는 팽창기가 전기 스파크를 일으켜서 아자이드화 나트륨을 발화시키게 된다. 아자이드화 나트륨의 분해는 굉장히 빠른 속도로 질소 기체를 생성하여 에어백을 0.03초 내에 부풀어 오르게 한다.

다. 그런 다음 이것을 비닐봉투에 같이 넣어 손목을 감싸면, 손목이 차가워지는 것을 확실히 느낄 수 있다. 이런 현상이 일어나는 이유는 반응이 일어나면서 열을 손목으로부터 빼앗아 가기 때문이다. 따라서 반응이 효과적으로 일어나기 위해서는 에너지 외에 고려해야 할 것이 있음을 알 수 있는데, 이것이 바로 엔트로피이다.

엔트로피

엔트로피entropy는 무질서도가 최대인 상태로 되려는 자연의 경향성이다. 예를 들어 바다에 소금 한 숟가락을 뿌리면, 이 소금을 다시 모을 수 있는 방법은 없다. 소금 입자들은 따로 흩어져 결코 다시 모이지 않는다. 향수 냄새는 코 속에 남아 있지 않고 저절로 흩어진다. 엔트로피는 통계학적으로 설명할 수 있다. 질서정연한 상태보다 무질서한 상태로 존재할 확률이 훨씬 크다. 예를 들어 카드를 잘 섞은 후 4명의 사람들에게 각각 13장의 카드를 나눠 줄 때, 어떤 사람의 카드 무늬가 모두 같을 확률은 거의 0.0000000000001로 0이라고도 할 수 있다. 반면 이 경우를 제외한, 패가 나눠질 경우의 수는 0.999999999999로 1에 가깝다. 후자가 전자에 비해 확률이 훨씬 높다. 실제로 분자 크기의 입자들을 가지고 따질 경우, 13장의 카드가 아닌 수 몰 개의 분자들을 고려해야 하는데, 질서정연한 배열이 일어날 경우의 수는 이보다도 훨씬 작고, 결과적으로 무질서한 배열이 일어날 가능성이 훨씬 높아진다. 이런 이유로 폭발이나 분해, 연소와 같이 무질서도가 커지는 반응이 일어날 가능성이 높은 것

이다. 에너지 측면과 엔트로피 측면에서 모두 유리한 반응은 일어날 가능성이 가장 크다고 할 수 있다.

이쯤에서 짚고 넘어가야 할 것은, 반응이 일어날 것이라고 예측되었다고 해서, 반드시 일어나는 것은 아니라는 것이다 적어도 측정할 수 있는 시간 범위 내에서. 이러한 반응 속도의 미묘함은 다음 장에서 다룰 것이다. 여기서는 자발적으로 일어나며 적은 에너지를 필요로 하는 분해 반응에 대해 알아보자.

반응이 일어나기 위해 필요한 에너지가 적은 분해 반응에는 화약의 연소, 수소와 산소의 폭발적인 반응, 그리고 에어백에 사용되는 아자이드화 나트륨NaN_3이 질소 기체N_2로 바뀌는 반응 등이 있다. 일단 반응이 시작되면 아자이드화 나트륨의 분해는 20분의 1초 만에 에어백을 채울 수 있을 정도로 빠르게 일어나고, 이렇게 빠른 속도로 에어백이 채워지기 때문에, 위급한 상황에서 많은 인명을 구할 수 있다. 내연 기관에 동력을 제공하는 산소와 수소의 반응이 매우 폭발적이므로 상대적으로 생명을 구할 수 있는 아자이드화 나트륨의 반응도 그만큼 중요하다고 할 수 있다.

탄화 수소는 탄소와 수소로 이루어진 화합물이다. 가솔린은 주로 탄화 수소로 구성되어 있는데, 연소 과정에서 산소와 만나 이산화 탄소, 물과 열을 생성한다. 자동차 엔진에서는 그을음과 일산화 탄소와 같은 불완전 연소 생성물도 형성되지만, 충분한 산소를 공급하고 조건을 맞추면 연소가 깨끗하게 일어나고, 이때 방출되는 에너지는 최대가 된다. 산소는 완전 연소를 가능하게 하는데, 이것은 가솔린의 연소가 산화 반응이기 때문이다. 산화 반응은 짝을 지어 일어나는 화학 반응 중 하나로 이에 대해서 다음 장에서 살펴볼 것이다.

산화와 환원

산화환원 반응은 화학자들이 많이 쓰는 혼성어이다. 이 단어는 환원이라는 용어와 산화라는 용어를 '산화환원redox' 이라는 단어로 조합한 것인데, 이것은 산화와 환원이 짝을 지어 일어나는 반응이기 때문이다. 다시 말해 환원 없이는 산화도 있을 수 없고, 산화 없이는 환원도 있을 수 없다. 산화 반응은 전자를 잃고, 환원 반응은 전자를 얻는 게 필요하다. 그래서 환원 없는 산화는 전자가 흐르지 않는 일종의 열린회로가 된다. 구리 이온과 철 사이의 고전적인 산화환원 반응을 살펴보자.

$$Fe + Cu^{2+} \rightarrow Cu + Fe^{2+}$$

이 반응은 고대인들에게 알려져 있었고, 이 반응을 통해 일반적인 금속을 금으로 바꿀 수 있다고 믿게 되었다. 철이 구리 이온이 포함된 용액을 만나면 위에서 본 반응식처럼 철 금속이 이온으로 녹아들어 가고, 구리 이온은 금속으로 석출된다. 연금술사들은, 남아 있는 고체 상태의 철 위에 구리가 도금되어 노란 빛으로 반짝이는 현상을 변성變性이라 하고, 이것을 한 원소를 다른 원소로 바꾸는 것이 가능하다는 증거로 생각했다. 만약 구리 성분이 풍부한 개울에서 철로 된 냄비를 씻을 때 이런 현상이 자연적으로 일어난다면, 연금술사들이 말하는 변성 개념은 좀 더 논리적인 이론으로 보일 것이다. 하지만 좀 더 깊이 살펴보면, 이 반응은 산화환원 반응임을 알 수 있다. 왜냐하면 구리 이온이 금속 구리가 되기 위해서는 전자 두 개를 얻어야 하기 때문이다.

$$Cu^{2+} + 2e^- \rightarrow Cu$$

이때 전자를 공급하는 것이 철이며, 이 과정에서 철은 물에 녹는 이온이 된다.

$$Fe \rightarrow Fe^{2+} + 2e^-$$

철은 위와 같은 반쪽반응에서 전자 두 개를 잃기 때문에 산화되는 것이다.

흔히 이를 기억하기 쉽게 "사자왕 리오LEO가 그르GER하고 운다LEO the lions says GER"라고 한다. 전자를 잃으면 산화 반응, 전자를 얻으면 환원 반응Lose Electrons in Oxidation, Gain Electrons in Reduction이라는 뜻인데, 이 용어들에는 역사적 어원이 있다. 철 원석에 포함된 산화 철과 숯의 탄소 사이의 반응을 살펴보자.

위 철이 산소와 반응하면 산화 철이 생긴다. 즉, 철의 산화 반응으로 인해 녹이 슨다.

아래 현대 화학은 19세기 그림에서 묘사된 것처럼 연금술의 원시 과학 활동에 기초를 두고 있다.

'pH' 라는 용어는 낯설면서도 한편으론 친숙하다. 수족관에서 수중 생물들이 잘 살기 위해서는 pH가 알맞은 값으로 유지되어야 한다. 파란색 수국이 아니라 분홍색 수국을 원한다면 마찬가지로 토양의 pH를 잘 조절해야 한다. 화장품 광고에서 "pH 균형"이 맞는 제품이라고 홍보하는 경우가 있는데, 신중한 소비자라면 'pH가 정확히 뭘 말하는 거지?' 라고 한번쯤 고민해 보았을 것이다.

pH는 용액의 산성도를 나타내는 값인데, 독특한 척도를 가진다. 용액 속에 있는 산의 농도가 높아질수록, pH 값은 더 작아진다. 예를 들어 우리가 이미 산성이라는 것을 알고 있는 레몬 주스의 경우, pH 값이 2.3 정도이다. 반면 쓴맛에서 알 수 있듯이 염기성을 띤 비누의 pH는 10 정도를 나타낸다. 산의 양을 pH 척도로 측정하여 파악하는 것은 소리를 데시벨 척도로 파악하

메일라드 반응(또는 갈변화 반응이라고도 한다)은 고기를 150–260 ℃에서 요리할 때 일어난다. 이 과정에서 고기 표면에 있던 당과 단백질 분자들이 반응하여 우리가 느끼는 고기의 맛과 색을 띠게 된다.

는 것과 마찬가지 이유이다. 소리의 크기나 산성도가 10배 단위로 변할 때마다 데시벨과 pH는 1씩 변한다. 이런 척도를 대수척도logarithmic scale 라고 하는데, 이를 이용하면 몇 십에서 몇 백만까지 10의 배수로 변화가 크게 나타나는 값들을 한 번에 나타낼 수 있다.

pH 7은 중성인데, 순수한 물의 pH에 해당하는 값이다. 그러나 피부는 약간 산성을 띠기 때문에 화장품의 경우 pH 균형을 맞추는 것이 필요한 것이다. 수족관의 경우, 동물의 배설물이 분해될 때 생기는 물질 중 하나인 암모니아가 염기성이기 때문에 pH 수치를 잘 관리해야 한다. 수영장에서도 pH 수치는 매우 중요하다. 수영장 물이 지나치게 염기성을 띠면, 물 순환 장치를 막는 침전물이나 부착물이 많아질 수 있기 때문이다. 차아염소산 나트륨은 가정에서 표백제로 많이 쓰는 산화제인데 탁월한 항균성, 항녹조성, 항진균성 때문에 수영장에서도 많이 쓴다. 하지만 차아염소산 나트륨도 자연적으로 조금씩 분해되기 때문에, 그 수치를 잘 관리해야 한다.

물론 우리 주변에는 수영장 말고도 화학 반응이 일어나는 곳들은 수없이 많다. 청소나 자동차 관리, 잔디 관리, 배관 공사 또한 모두 화학 반응을 포함하고 있다. 요리와 신진대사에서도 마찬가지이다. 특히 요리와 신진대사는 앞으로 다룰 새로운 개념인 에너지와도 큰 연관성이 있다. 원하는 요리를 얻기 위해서는 에너지를 투입해야 하고, 신진대사 결과 방출되는 에너지로 우리는 체온을 유지하고 살아갈 수 있다. 다음 장에서 우리가 다룰 주제는 바로 화학 반응에서 에너지가 하는 역할이다.

전기를 작동시키는 강철 축을 회전시키는데, 발전기는 보통 날개 뒤에 내장되어 설치되어 있다.

대부분의 발전기는 일반적으로 자석을 회전시켜 전자기장을 만들고 이를 통해 전기를 생산한다. 이 전자기장은 풍차에서 만들어져 큰 발전소로 가거나 가정용 배터리 시스템에 저장되기도 하고, 직접 집안의 전기 기구에서 이용되기도 한다. 풍력 발전의 전망이 밝음에도 불구하고 최근에 논란이 되고 있는데, 그 이유는 많은 지역 공동체들이 경관을 망친다며 풍력 터빈 설치에 반대하기 때문이다. 현재 풍력 발전은 세계 에너지 공급량의 1 %만을 차지하고 있다. 하지만 몇몇 나라들은 풍력 에너지 시스템을 빠르게 정착시켰는데, 덴마크의 경우 전체 전기의 25 %를 풍력 발전으로 충당하고 있다.

독일의 노인부르크 포름 발트(Neunburg vorm Wald)에 있는 태양 발전 수소공급소에서 시범 운행용 자동차에 액체 수소 연료를 주입하고 있다. 흰색 저장 탱크(오른쪽)는 물을 전기 분해해서 얻은 수소를 저장하는데, 이때 필요한 전력은 광전지판(왼쪽)을 통해 얻는다.

생물 연료

루돌프 디젤Rudolf Diesel, 1858–1913은 1900년 파리에서 열린 세계 박람회에 신종 엔진을 선보였다. 이 엔진은 연료를 태우기 위해 불꽃을 이용하지 않고, 강한 압력을 가해 땅콩기름만으로 만든 연료를 점화했다. 야채로 만든 연료는, 해외 수입에 의존하거나 석유를 정제하는 대신 사용자가 직접 연료를 재배할 수 있기 때문에 그 당시에도 무척 유용했을 것이다. 현대적 디젤 엔진은 모두 식물성 기름을 연소시킬 수 있기 때문에, 전 세계가 대체 연료를 찾고 있는 지금, 식물성 기름에 대한 연구가 활발하게 진행되고 있다. 이 기술을 신봉하는 일부 사람들은 식당에서 사용했던 식물성 기름을 구해서 집에서 정제하여 연료로 쓰기도 한다. 에탄올ethanol도 주목받는 연료이다. 에탄올은 옥수수와 같은 곡식에서 얻어지는 화합물로 에틸알코올이라고도 하며, 위스키 같은 주류에 들어 있다. 그러나 최근의 연구결과들은, 옥수수를 재배하고 비료를 주고, 옥수수를 에탄올로 바꾸는 과정에서 사용되는 화석 연료 양이 에탄올을 통해 얻을 수 있는 에너지보다 더 많다고 주장한다. 미국의 '플렉스카flex-fuel vehicle'는 이미 에탄올을 연료로 쓸 수 있도록 만들어졌지만, 실용화되기에는 해결해야 할 문제들이 너무 많다. 그 중 하나로, 에탄올을 취급하기 위해서는 휘발유 중심의 미국 주유소 체계를 전면적으로 재조정해야 하는 문제점을 들 수 있다.

오늘날 풍력 발전의 비용은 석탄을 이용한 발전과 비슷하고, 유럽에서는 풍력 터빈을 이용한 발전 용량이 매년 약 10 %씩 증가하고 있다.

• 그리드 인터티(grid intertie) : 개인이 태양광발전 등을 통해 자체적으로 전력을 생산하여 기존 전력망에 전기를 공급할 수 있는 장치를 말한다(옮긴이).

원자 속으로

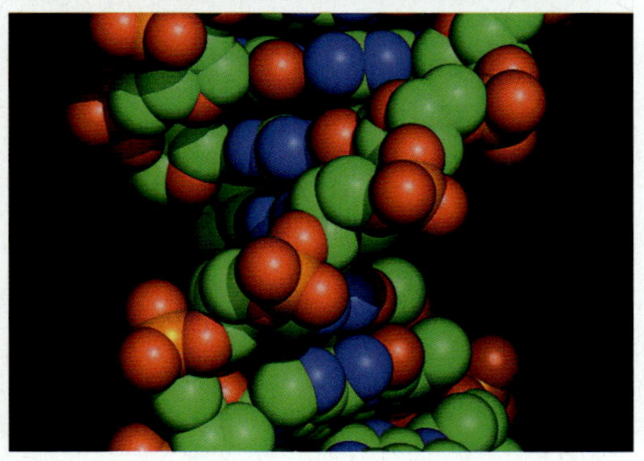

왼쪽 태양계 축소 모형처럼, 원자는 (양전하를 띤) 양성자와 (전하가 없는) 중성자로 이루어진 핵 주위를 돌고 있는 (음전하를 띤) 전자로 이루어져 있다.
위 수소 폭탄이 폭발할 때 피어오르는 버섯구름은 원자 에너지의 엄청난 파괴력을 나타내는 대표적인 상징이 되었다. 1950년대에 이루어졌던, 대외적으로 알려지지 않은 미국의 핵무기 실험과 관련된 사진이다.
아래 지금은 친숙해진 DNA의 이중 나선 그림이다. 각 구는 하나의 원자를 나타낸다.

원자는 그것 자체가 하나의 작은 우주이다. 마치 아주 작은 태양 주위를 전하를 가진 행성들이 둘러싼 것처럼, 중심이 궤도 운동을 하는 입자로 둘러싸여 있기 때문이다. 결합과 분해를 반복하면서, 원자와 그 구성 성분들은 끊임없이 새로운 성질과 특징을 띠게 된다. 인류에게 있어 원자를 이해하는 것은 지구와 그 너머의 은하를 이해하는 첫 관문이었다. 불안정한 원자의 붕괴를 통해, 우리는 수십억 년 전에 광물과 화석에 새겨진 세월을 읽을 수 있다. 이런 작업은 우리가 사는 행성의 역사를 더 깊이 이해할 수 있게 한다. 원자의 핵을 다루는 기술을 통해, 병의 위치를 밝혀 주는 빛이 될 수 있는 방사성 의약품을 개발하게 되었고, 또한 새로운 에너지원에 대한 희망도 열어 주었다. 우리 심장과 뇌를 구성하는 원소들은 저 너머 우주에서 탄생했다. 하지만 지식에는 그에 상응하는 책임이 따른다. 우주 속에 있는 모든 생명의 근간을 형성하는 원자들이, 또한 생명을 전멸시키는 도구로 이용될 수도 있다.

동위 원소

모든 원소는 일정한 원자량과 함께, 정해진 수의 양성자와 중성자, 전자를 가지고 있다. 하지만 원소는 경우에 따라서 다른 형태를 가지기도 한다. 원자는 특정한 목적에 따라서, 또는 특정한 반응에 참여하기 위해 아원자 입자를 얻거나 잃기도 한다. 일반적으로 동위 원소isotope는 같은 원소가 다른 크기로 존재하는 것을 말하는데, 크기에서 오는 차이 때문에 동위 원소는 다른 성질을 갖게 되고, 유용하게 이용될 수 있다.

같지만 다른 원소 특정 원소와 그 동위원소는 분명히 같은 원소이지만 중성자의 수가 다르다. 원소는 원자 번호, 또는 양성자 수를 통해 구별

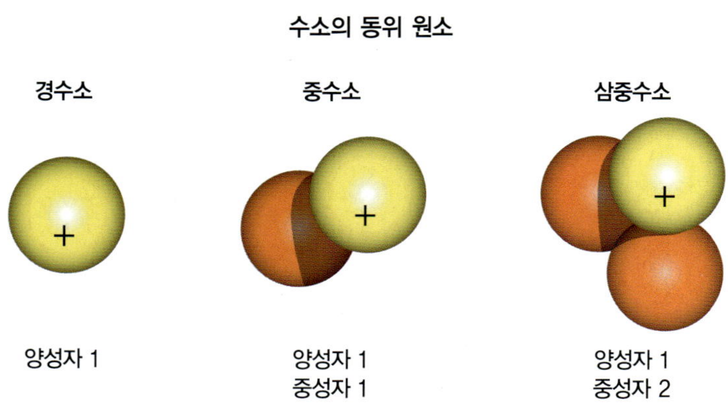

되기 때문에 원소가 중성자를 얻거나 잃어도 원소 자체가 변하는 것은 아니다. 하지만 동위 원소가 되면 원자량이 변하기 때문에 원소의 특성이 변하게 된다. 원소가 전자를 얻거나 잃어서 이온을 형성해도, 원자의 질량에는 큰 변화가 없는 반면, 크기가 훨씬 큰 중성자를 얻거나 잃게 되

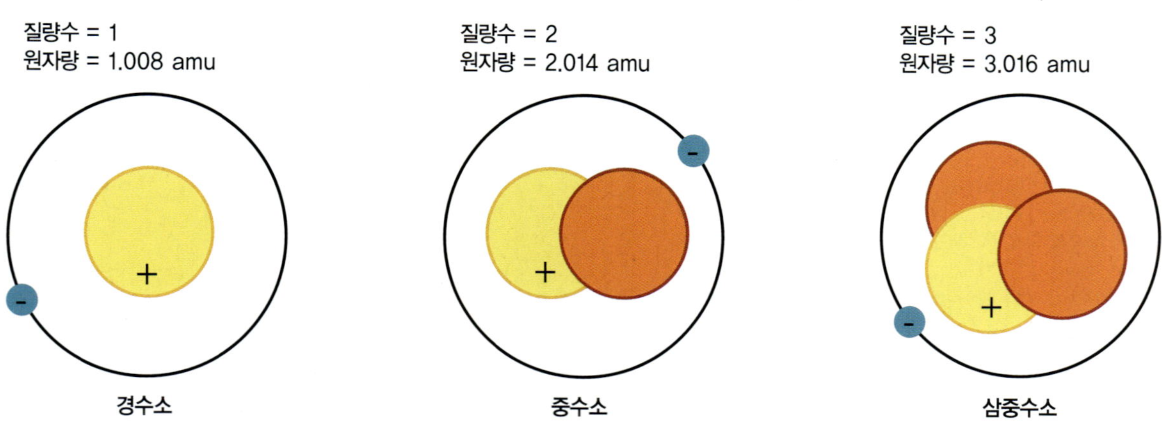

위 방사성 동위 원소를 통해 이 작은 화석의 연대를 측정할 수 있다.
가운데 동위 원소는 양성자의 수는 같지만 중성자의 수가 다른 원소이다. 수소는 양성자 하나와 결합한 중성자의 수가 0개, 1개, 2개인 세 가지 형태의 동위 원소가 있다.
아래 수소와 그 동위 원소를 비교한 이 그림에서 볼 수 있듯이, 원자의 무게는 중성자가 추가될 때마다 변한다. 따라서 동위 원소는 서로 다른 원자량을 가진다.

면 새로운 성질을 갖게 된다.

특정 원소의 각 동위 원소는 원자량이 다르기 때문에, 주기율표상에 표기되는 원자량은 그 원소에 존재하는 서로 다른 동위 원소가 가지는 원자량의 평균 값이다.

탄소−14는 이 장의 뒷부분에서 다룰 탄소 연대 측정법에서 쓰이기 때문에, 많은 사람들에게 친숙한 동위 원소이다. 여기서 '14'는 탄소의 동위 원소가 가지고 있는 핵자양성자와 중성자의 총칭의 수를 나타낸다. 주기율표를 보면 탄소의 원자 번호와 원자량은 각각 6과 12인 것을 알 수 있다. 이를 통해 탄소−14의 경우 일반적인 탄소보다 중성자를 2개 더 가지고 있다는 것을 알 수 있다.

같은 원소의 서로 다른 동위 원소는 화학적으로 똑같이 행동하지만 무거운 동위 원소들이 상대적으로 더 느리게 반응하는 경향이 있다. 동위 원소는 대부분 안정되어 있는데, 핵 속에서는 활발한 활동이 일어나고 있는 경우가 많다. 같은 것끼리 밀어내는 정전기력에 의해 양성자들이 서로 밀쳐내 버리지 않도록, 중성자들은 양성자들을 적당히 분리시켜 정전기적 반발력을 줄이고 핵을 안정화시킨다. 하지만 중성자 수가 너무 많으면 핵이 불안정해져서, 더 작은 조각들로 핵을 분열시킬 수도 있다. 양성자와 중성자의 비율은 핵의 안정성에 영향을 끼치는데, 양성자에 비해 중성자가 너무 많거나 적으면 동위 원소가 자연 붕괴하게 된다. 자연 붕괴가 일어날 때 동위 원소는 방사성을 띠게 되며, 이를 방사성 동위 원소radioisotope라고 한다.

동위 원소의 쓰임새

많은 원소의 동위 원소가 자연적으로 존재하지만 실험실에서 원소에 중성자를 충돌시켜 새로운 동위 원소를 만들어 낼 수도 있다. 동위 원소와 방사성 동위 원소는 핵의학에서 원자력 발전까지, 다양한 분야의 핵화학에서 쓰인다. 안정된 상태든 아니든, 동위 원소는 쉽게 확인이 되고, 같은 원소의 다른 원자들과 구별할 수 있다. 동위 원소는 원자량이 다르기 때문에 질량분석기를 통해 주어진 화학 원소의 다양한 동위 원소들을 구별할 수 있다. 이런 특징 때문에 동위 원소는 화학 반응에서 이상적인 표지나 추적자로 사용된다. 이 기술을 동위 원소 표지법isotopic labeling이라고 한다. 비유하자면, 무수히 많은 염소 원자들이 있는 가운데, 어떤 한 원자만 유독 번쩍이는 붉은색 무도회용 구두를 신어 눈에 띄는 것과 비슷하다. 안정된 동위 원소가 쓰이는 예로는, 약학에서 특정한 약물이 몸속에서 분해되는 과정을 연구할 때 이용되는 것을 들 수 있다. 또한 다양한 형태의 분광학에서 동위 원소를 사용하는 것은 화석과 지구의 연대를 측정하는 것과 마찬 가지로, 서로 다른 동위 원소가 가지는 성질의 차이 때문이다.

미국 지질 조사 단체에 소속된 한 과학자가 탄소−14 분석을 하기 위해 기체 표본을 모으고 있다. 탄소−14 분석법은 다양한 환경에서의 기체 흐름을 연구하기 위해 사용된다.

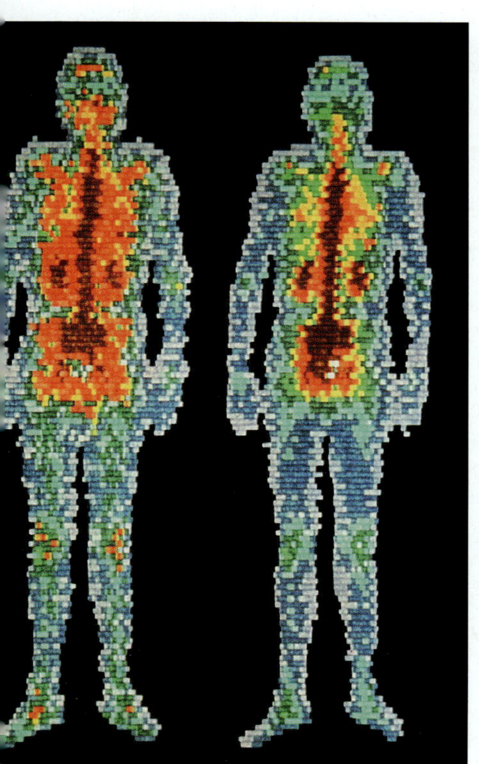

몸 안에 방사성 동위 원소를 주사하여 건강에 문제가 있는지를 확인할 수 있다. 이 사람은 뼈에 잘 끌리는 동위 원소를 주입 받았는데, 그림에 그의 골격이, 특히 척추와 골반이 강조되어 나타난다.

방사능

방사능은 아마 원자력 시대에 와서 가장 오해를 받는 개념 중 하나일 것이다. 영화에서 받은 인상 때문에 사람들은 방사능에 조금이라도 노출되면 도마뱀을 거대 괴수로 만들어 도시를 파괴하고, 평범한 고등학생이 거미줄을 뿜어내는 슈퍼히어로가 되거나, 인류를 위협할 힘을 가지게 될 것이라는 환상을 가지게 되었다. 하지만 방사능과 관련된 흥미로운 현상들은 일상 속에서 더 많이 발견된다. 어떤 원자들은 우리 눈앞에서 항상 붕괴되고 있는데, 이 과정은 대체로 그리 과격한 반응이 아니다.

방사능은 원래부터 불안정한 원소들이 붕괴되는 경향을 말한다. 이 원소들이 붕괴할 때, 핵에서 입자들이 방출되는데, 그 결과 핵에서는 영구적인 변화가 일어난다. 이런 무작위적이고 자연적인 현상을 붕괴decay라고 부르고, 원소는 방사성 붕괴를 한다고 말한다.

붕괴 결과 생기는 방사선은 보통 이온화를 시킬 만큼 에너지가 크지 않기 때문에 비교적 무해하다. 방사선은 우리 주위 어디에나 존재한다. 바위에서도 나오고, 우주에서도 우리를 향해 끊임없이 내리쬐고 있다. 식탁에 놓인 접시를 만들고 장식할 때 사용한 원료 때문에 접시에서도 방사선이 나온다. 우리가 먹는 음식도 땅에서 길러졌기 때문에 방사성을 띤다. 비행기를 타고 지구 대기권의 보호막 위로 올라가면 더 많은 우주 방사선에 노출된다. 심지어 방사성과 전혀 관련 없어 보이는 우유도, 가이거 계측기의 눈금을 올라가게 할 것이다. 지구상의 모든 생명은 방사능을 염두에 두고 진화해 왔다. 우리의 유전암호는 방사능에 대해 잘 알고 있고, 수천 년에 걸쳐 어느 정도의 방사능은 안전하게 받아들일 수 있도록 적응해 왔다.

방사능은 1896년에 프랑스 물리학자 앙투안-앙리 베크렐Antoine-Henri Becquerel, 1852-1908이 처음 발견했다. 그는 실험에 쓰이는 감광성 물질이 원인 모를 빛에 의해 까맣게 변하는 현상에 의문을 갖기 시작했다. 많은 과학자들이 이 이상한 현상에 대해 연구를 했는데, 그 중 주목할 만한 사람이 바로 핵물리학의 아버지로 불리는 어니스트 러더퍼드Ernest Rutherford, 1871-1937이다. 그는 핵이 자연적으로 붕괴될 때, 3가지의 입자들이 방출되는 것을 관찰하고 그 입자들에 알파, 베타, 감마라는 이름을 붙였다.

알파alpha 입자는 양성자 2개와 중성자 2개로 구성되어 있는데, 근본적으로는 헬륨 원자이다. 알파 입자는 양전하를 띠며 속력이 느리고, 너무 무거워서 종이 한 장도 투과하지 못한

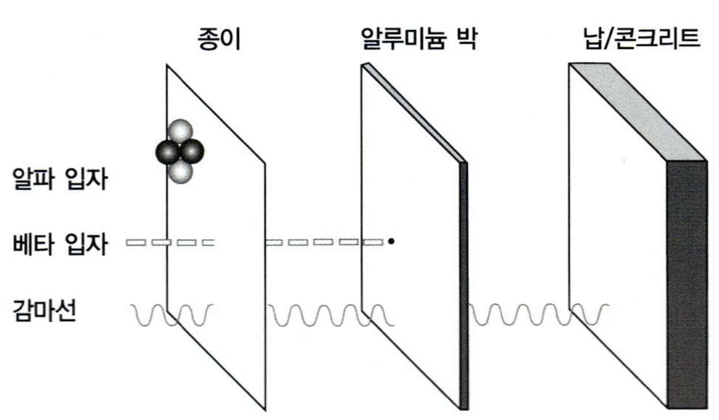

위 위험한 방사능 물질 저장 용기에 반드시 들어 있는 경고 표시 때문에, 많은 사람들은 방사능을 해롭고, 무서운 물질로 생각하게 되었다.
아래 붕괴되는 핵에서 방출되는 세 입자 중에 가장 무거운 알파 입자는 종이로 막을 수 있고, 베타 입자는 알루미늄으로, 감마선은 납으로 막을 수 있다.

다. 이에 반해 베타beta 입자는 더 가볍고 더 빠르다. 질량이 양성자의 1/2,000밖에 되지 않지만, 에너지가 엄청나게 많은 전자이다. 베타 입자들은 음전하를 띠고, 알루미늄 판을 투과하지는 못한다. 감마선gamma은 입자와 파동 양쪽의 성질을 가지고 있다. 전하는 중성이며 두꺼운 납판을 제외한 대부분의 물질을 투과할 수 있다.

방사성 동위 원소가 붕괴하는 정도는 예측이 가능하다. 각 동위 원소는 고유한 반감기를 갖는데, 이는 원자수가 원래의 수의 절반으로 줄어드는 데 걸리는 시간을 말한다. 만약 어떤 원소의 반감기가 3시간이라면, 3시간 안에 물질의 절반만 남고 나머지는 다른 물질로 변하게 된다

는 뜻이다. 6시간 안에는 다시 절반이 붕괴해 본래 원자의 1/4만 남게 되고, 같은 방식으로 붕괴가 계속 진행된다. 하지만 방사성 동위 원소의 양이 계속 줄어도 절대 사라지지는 않는다.

방사능의 유용함

방사능의 발견은 인간의 삶을 완전히 바꿔 놓았다. 원자를 조작하는 법을 알게 되고, 생물이나 무생물을 투과하는 우라늄이나 플루토늄 같은 원소들을 사용하게 된 순간부터, 동시에 인간은 지구에 대한 커다란 책임을 짊어지게 되었다.

어떤 면에서, 방사능은 좋은 쪽으로 활용될 수도 있다. 오늘날 방사능은 의약, 제조업, 보안, 식량 생산, 살균 등에 쓰이고 있고, 다른 과학 분야에서도 많이 사용된다. 하지만 다른 한편으로, 지나치게 많은 양의 방사능은 현재 기술로 치유할 수 없는 수준으로 인체의 유전 물질을 파괴한다. 특히 알파 입자들은 생체 세포에서 전자를 빼앗아 가 DNA에게 잘못된 정보를 전달하게 한다. 따라서 많은 양의 방사능 물질을 다룰 때는 최대한 신중을 기해야 한다.

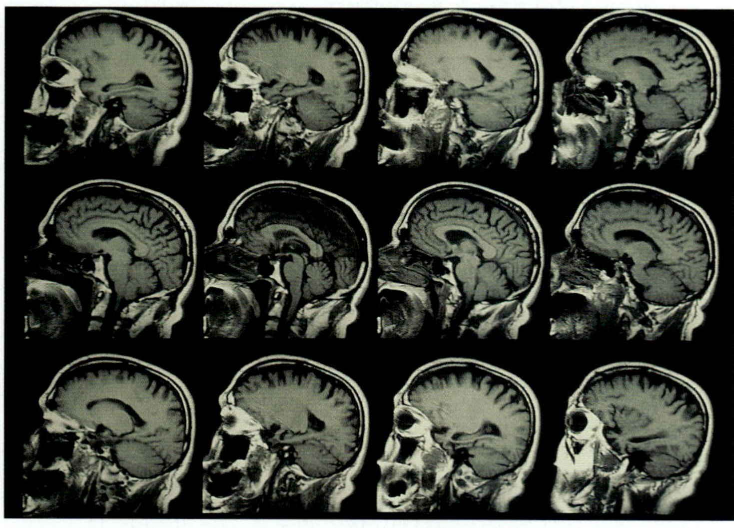

엑스선과 기타 영상화 기술들은, 원자와 동위 원소를 통해 질병과 상처를 진단하고 치료하는 기술의 발전을 보여주는 좋은 예이다.

알파, 베타, 감마 이야기

과학사적으로 가장 중요한 개념 중 하나인 빅뱅 이론 뒤에는 유명한 일화가 있다. 밀도가 높고 뜨거운 상태에서 우주가 시작되었다는 이 이론은, 1948년에 당시 박사과정에 있던 젊은 미국인 랄프 알퍼(Ralph Alpher)에 의해 쓰였다. 당시 그의 논문 지도 교수이자 공동 저자는 러시아 물리학자 조지 가모(George Gamow)였다. 알퍼가 논문을 완성했을 때, 가모는 연구에 전혀 참여한 바가 없는 한스 베테(Hans Bethe)의 이름을 논문에 같이 올리자고 제안했다. 천성적으로 장난기가 많았던 가모는, 베테의 이름을 같이 올리면 논문이 발표될 때 저자 이름이 알파벳순으로 표기되어 "알퍼, 베테, 가모"로 나올 것이라 예상했다. 방사성 자연 붕괴로 인해 방출되는 입자들의 이름이 그리스 알파벳의 첫 세 글자인 "알파, 베타, 감마"에서 유래된 것을 이용하여, 첫머리에 논문 내용을 짐작할 수 있도록 한 언어유희였다.

빅뱅 이론의 선구자인 조지 가모. 1948년에 처음 발표된 빅뱅 이론은 아직까지도 과학자들에 의해 수정되고 있다.

원자력 에너지

커다란 굴뚝에서 끊임없이 증기를 내뿜는 원자력 발전소는 현대 세계에서 언제나 논쟁의 중심이 되어온 아이콘이다. 원자력 에너지는 엄청난 양의 에너지를 만들어 낼 수 있기 때문에 널리 이용되고 있지만, 한편으론 방사성 폐기물 때문에 비난의 대상이 되기도 한다. 원자력 발전의

위 증기를 내뿜는 굴뚝은 전 세계 원자력 발전소에서 쉽게 볼 수 있는 풍경이다.
아래 1945년 8월 9일에 일본 나가사키에 투하된 폭탄으로 인해 생긴 버섯구름을 하늘에서 관찰한 모습이다. 나가사키는 핵폭탄이 투하된 두 번째이자 마지막 지역이 되었다. 나가사키는 폭탄으로 완전히 파괴되었고 이는 원자력 에너지가 가진 엄청난 힘을 보여주는 증거가 되었다.

배경이 되는 과학은 2차 세계 대전으로 거슬러 올라간다. 당시 로버트 오펜하이머Robert Oppenheimer, 1904–67가 이끌었던 작은 물리학자 집단이 맨해튼 프로젝트에 참여하여 세계 최초의 핵무기를 개발하기 시작했다. 그들은 결국 폭탄 3개를 만들어 냈고, 폭발로 이어졌다. 첫 번째는 뉴멕시코 부근에서 시험 폭파되었고, 1945년 8월에는 히로시마와 나가사키에 떨어졌다. 보다 평화적인 측면에서 본다면, 맨해튼 프로젝트에 참가했던 엔리코 페르미Enrico Fermi와 레오 질라드Leo Szilard는 1942년 시카고 대학에서 최초로 조절가능한 자기증식형 핵 연쇄 반응현대적 반응로의 선구을 개발했다고 할 수 있다.

전쟁이 끝난 후, 효율적으로 전기를 생산하는 방법의 일환으로 많은 나라에서 원자력 과학을 연구하였다. 과학자들은 농축 우라늄 원자U–235 하나에 중성자 하나를 충돌시키면, 석탄에 있는 탄소 원자 하나를 태울 때 발생하는 열보다 1,000만 배 더 많은 열이 발생하는 사실을 발견했다. 이 반응은 핵분열nuclear fission이라고 하는데, 이것은 우라늄 원자가 분열하여 더 작은 핵으로 나누어지면서 열과 중성자를 방출하고, 이 중성자는 다시 다른 우라늄 핵을 분열시키면서 추가적으로 에너지를 발생시키기 때문이다. 현대의 원자력 발전소에서는 이런 형태의 핵분열 연쇄 반응을 통해 열을 발생시켜 물을 끓이고, 그 증기로 터빈을 돌리게 된다. 핵분열은 태양이 4개의 수소 원자를 1개의 헬륨 원자로 융합시켜 에너지를 만들어 내는 핵융합nuclear fusion과는 성격이 다른 핵반응이다.

지구 온난화에 대한 해결책? 원자력 발전은 세계 에너지 생산량의 7 % 정도만을 차지하지만 나라에 따라 중요성에 차이가 있다. 예를 들어 프랑스는 80 %의 에너지를 원자력 발전으로 생산하고, 일본은 30 %, 미국은 20 % 정도를 생산한다. 세계에는 약 557개의 원자로가 있고, 그중

1986년에 일어난 체르노빌 원전사고의 영향은 오늘날까지 이어지고 있는데, 당시의 생존자들에게 직접적인 영향을 주었을 뿐만 아니라, 전 세계적으로 원자력 에너지의 사용과 이를 통한 발전 방식에 변화를 가져왔다. 체르노빌 사고는 선한 의도로 사용한 원자력이 끔찍한 재앙을 가져올 수도 있음을 환기시킨다.

400개 정도가 가동 중이다. 1979년 미국의 스리마일Three Mile 섬과 1986년 구소련의 체르노빌Chernobyl에서 일어난 원자력 발전소 사고 때문에, 원자력 에너지에 대한 불신이 생겨나고, 몇몇 나라에서는 원자력 발전을 중단하기로 결정하기도 했다. 하지만 지구 온난화에 대한 관심이 증가함에 따라, 지구 온난화의 주원인이라고 생각되는 이산화 탄소를 생산하지 않는 원자력 발전에 대한 관심이 다시금 높아지고 있다.

원자력 에너지에 반대하는 주된 이유는 방사능이 대기로 방출되는 사고의 가능성이 있기 때문이다. 원자력 발전소에서는, 우라늄 연료 소자들을 철제관에 넣은 후 밀폐하여 연료봉을 만들고, 이를 이용하여 핵분열 반응을 하는데, 이때 엄청난 열을 방출하며 물을 끓이게 된다. 몇 년을 주기로 사용한 연료봉은 새것으로 교체해야 하는데, 비록 사용한 연료봉이라도 계속 방사능을 내뿜기 때문에 사람들이 없는 격리된 곳에 보관해야 한다. 방사능의 반감기를 이용하여 계산하면, 사용된 연료봉은 10년 안에 방사능 수치가 1/1,000로 줄어든다. 500년이 지나면 석탄이나 화강암과 같은 광물들보다 더 적은 방사능을 방출한다. 하지만 핵연료에 따라서는 연료봉이 10만 년 간 위험할 정도로 방사성이 높은 경우도 있다.

방사성 폐기물의 저장과 취급, 관리의 문제는 우리 세대뿐만 아니라 다음 세대에 걸쳐 무거운 짐으로 이어진다. 방사성 폐기물은 사람이 활동하는 지역에서 멀리 떨어진 곳에 보관하는 것이 가장 이상적일 것이다. 많은 나라들은 이 문제를 해결하기 위해 고심하고 있다. 수십 년에 걸친 과학적 연구와 정치적 논의를 통해, 미국은 네바다의 유카Yucca 산에 지하 저장고를 만들어 폐기물을 보관하기로 결정했지만, 여전히 반대 여론이 거세고 해결해야 할 법적인 문제 때문에 이 계획은 계속 보류 중이다. 원자력 에너지를 지지하는 사람들은 위험에 비해 얻을 수 있는 이득이 더 크며, 비용이 많이 들긴 하지만 다른 대체 에너지에 비해서는 훨씬 생산 비용이 싸다고 주장한다. 반대하는 사람들은 참사가 일어날 가능성이 너무 높으며, 노동집약적인 특성 때문에 비용 대비 효율이 낮다고 주장한다.

방사성 연대 측정법

원자는 많은 면에서 사람과 유사하게 행동한다. 일반적으로 원자는 안정성을 추구하는데, 불안정한 상태를 야기하는 환경에서는 항상 좀 더 안정한 상태가 되려고 한다. 대부분의 동위 원소는 안정된 상태를 유지하지만 그렇지 않은 것들도 있다. 탄소-13은 비교적 안정하지만 핵에 중성자가 하나 더 추가되면 방사성을 띠는 탄소-14가 된다. 그러나 우라늄의 경우에는 모든 동위 원소가 방사성을 띤다. 이러한 원소의 불안정한 형태는 그 상태로는 영원히 지속될 수 없기 때문에 자연 붕괴하는데, 이때 붕괴되는 속도는 원소마다 특정한 값을 가진다.

각 동위 원소의 붕괴 속도를 이용해, 그 동위 원소를 포함하고 있는 바위나 광물, 화석과 같은 물질의 연대를 측정하는 과정을 방사성 연대 측정법radiometric dating이라 한다. 자연계에 존재하는 이러한 동위 원소들은 그것이 형성된 때부터 줄곧 지구를 구성하는 기본 성분이 되어 왔다. 안정한 상태를 추구하는 과정에서, 방사성 '부모 원소' 들은 붕괴하여 보다 안정한 '자식 원소' 가 된다. 어떤 표본에 있는 부모 원자의 수와 자식 원자의 수를 합하면, 물질이 처음에 가지고 있던 원자의 수를 알 수 있다. 이를 측정하고 나면, 원래 존재했던 부모 원자의 수와 현재 남아 있는 부모 원자의 수를 통해 물질의 대략적인 연대를 알 수 있다. 방사성 동위 원소의 양이 원래의 절반으로 감소하는 데 걸리는 시간인 반감기는 일정하기 때문에 처음에 존재하던 부모 원자와 현재 남아 있는 부모 원자의 비를 구할 때에도 사용할 수 있다.

방사성 연대 측정법 중 많이 사용되는 것은 탄소-14의 반감기를 이용해 유기 식물이나 동물 화석의 연대를 측정하는 방사성 탄소 연대 측정법이다. 탄소-14가 자연 붕괴하면 질소-14가 되며, 탄소-14의 반감기는 약 5,730년이다. 탄소-14의 반감기가 짧기 때문에 약 5만 년 이상 된 화석에는 방사성 탄소 연대 측정법을 쓸 수 없다. 왜냐하면 남아 있는 탄소-14의 양이 너무 적기 때문이다. 사용하는 방사성 동위 원소의 반감기가 짧을수록, 측정할 수 있는 연대의 범위도 좁아진다. 5만 년이 굉장히 긴

위 5만 년 이상 된 화석들의 연대는 우라늄-235나 칼륨-40과 같은 방사성 동위 원소의 일정한 붕괴 속도를 이용하여 측정할 수 있다.
아래 탄소-14는 질소-14 원자로 서서히 붕괴하는데, 그 과정에서 베타 입자를 방출한다. 유기적 생명체에는 탄소-14가 존재하기 때문에 이를 통해, 5만 년 정도 되는 화석까지 연대를 측정할 수 있다.

질량 분석기는 입자를 이온화시켜서 질량을 측정함으로써 표본의 화학적 구성을 알아낼 수 있다. 이와 같은 정교한 장치를 통해 과학자들은 우리 주위의 자연과 자연의 과거에 대해 보다 많은 것들을 발견할 수 있게 되었다.

시간 같이 보이지만, 그보다 더 긴 시간, 예를 들면 중생대 동안에 용암을 내뿜었던 화산의 연대 등을 측정하고자 하는 과학자들에게 탄소 연대 측정법은 거의 쓸모가 없다.

우라늄의 경우에는 상황이 달라진다. 우라늄의 일반적인 두 가지 동위 원소는 몇 십억 년 된 물질의 연대를 측정하는 데 사용할 수 있다. 우라늄이 납으로 붕괴하기 때문에 이 측정법을 우라늄—납 방사성 연대 측정법이라 한다. 우라늄—238은 납—206으로 붕괴하는데, 반감기는 44억 7천만 년이나 된다. 우라늄—235는 납—207로 붕괴하는데, 이 과정의 반감기는 7억 4백만 년이다. 이 동위 원소들은 납으로 붕괴하기 때문에, 어떤 바위나 광물 표본상의 우라늄과 납의 비율을 통해 연대를 측정할 수 있다. 방사성 연대 측정법은 지구의 나이를 측정하는 데에도 사용할 수 있는데, 그 결과는 대략 46억 년으로 나타난다. 화석이나 바위, 광물과 행성의 연대를 측정하는 것 외에도 방사성 연대 측정법은 중요한 지질학적 사건이 일어난 시기를 추정하는 데에도 쓰인다. 이런 방법들은 빙하나 화산의 활동 시기를 결정하는 데 도움이 된다. 방사성 연대 측정법에 질량 분광기를 함께 사용하면 훨씬 적은 양의 동위 원소도 측정할 수 있다.

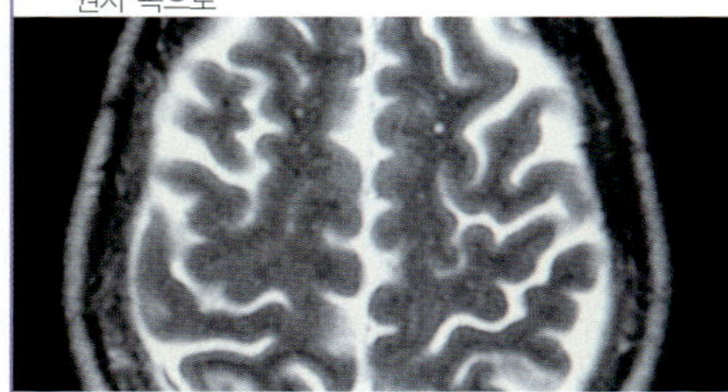

핵의학

내과 의사들에게 가장 난감한 상황 중 하나는, 환자의 병의 원인을 알 수 없는 경우이다. 이런 상황에서는 수술을 통해 환자의 몸 안을 직접 들여다보는 것이 좋지만, 의사들은 원인을 찾기 위한 시술로 환자의 몸에 불필요한 부담을 주는 것 또한 원하지 않는다. 이런 이유로 현대 의학에서는 엑스선, MRI, CAT 스캔, 초음파 등과 같은 비침투성 시각화 기술을 도입하고 있다. 이러한 기술들이 발달하고는 있지만, 자세한 정보를 충분히 제공하지 못하는 경우도 많다. 신장과 같이 몸의 특정 부위에서 일어나는 일에 대해 자세한 정보를 얻기에는 촬영된 영상의 해상도나 선명도가 너무 낮기 때문이다. 이런 경우, 의사들은 핵의학을 통해 문제를 해결할 수 있다.

핵의학에서는 방사성 약품을 '추적자' 로 이용하여 환자의 인체 내부를 들여다본다. 양전자 단층촬영법positron emission tomography, 즉 PET 스캔에서는 환자가 약을 직접 삼키거나 주사를 통해 약물을 주입하는데, 이 약은 환부로 흘러들어 가거나 환부에서 흡수된다. 약에는 반감기가 짧은 불안정한 핵을 가진 원자인 방사성 핵종이 들어 있다. 방사성 의약품들은 붕괴하면서 양전자반전자를 방출하고, 이 양전자가 인체 세포 안에 있는 전자와 반응하여 환자 몸 밖으로 감마선을 내보낸다. 컴퓨터는 감마선의 분포에 근거하여 방사성 핵종의 분포를 3차원 영상으로 재구성한다.

생명의 과정을 목격하다 감마선은 감마선 카메라에 의해 감지되어 컴퓨터로 해독되고, 의사가 쉽게 볼 수 있도록 3차원 영상으로 조합된다. 의사들은 영상을 통해 종양을 볼 수 있고, 피의 흐름을 나쁘게 하는 막힌 부분을 찾거나, 심지어는 혈관에 난 작은 상처를 찾기도 한다. 특정 병이나 분비 기관, 장기는 특정한 원소에 이끌리는 성질이 있기 때문에, 추적자를 통해서 많은 것을 알 수 있다. 예를 들어 종양은 인산을 잘 끌어당기는 성질이 있다. 종양이 있

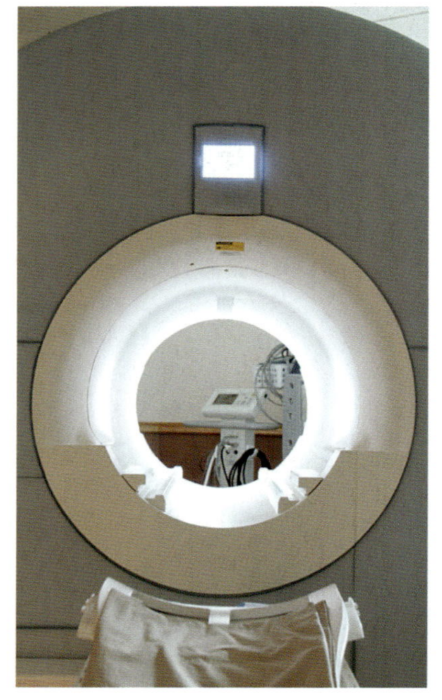

위 뇌 맥관의 MRI/MRA 영상. 지난 10년 간 뇌영상화 기술은 크게 발전하였고, 과학자들은 계속해서 새로운 기법을 개발하고 있다.
아래 인체 내부의 영상을 찍을 수 있는 MRI와 같은 장비는 복잡한 기술이지만 완벽한 것은 아니다. 이를 대신해 의사들은 병의 원인을 찾기 위해 방사성 입자들을 사용하기도 한다.

는 것으로 추정되는 부위에 인의 동위 원소를 주입하면, 그 원소가 악성 부위에 흡수되어 밝게 나타난다. 심장질환이 있는 환자의 경우, 의사는 불안정한 탈륨의 동위 원소를 사용할 수 있는데, 약물이 방사성 신호를 방출하면 의사는 심장에 연결된 모든 혈관을 통한 약물의 움직임을 기록할 수 있다.

하지만 PET 스캔에도 몇 가지 단점이 있다. PET 스캔은 비용이 비싸

고, 검사를 받을 수 있는 곳도 제한되어 있다. 약물의 수명이 짧기 때문에, 시각화 설비가 동위 원소를 만드는 입자 가속기와 가까이 있어야 한다. 다른 방식의 검사법들은 비교적 수명이 긴 동위 원소들을 사용하고, 동위 원소를 만드는 시설과 가까울 필요가 없기 때문에 상대적으로 비용이 적게 든다.

신약의 안전성 방사성 약물을 섭취하는 것이 얼마나 안전한가? 감수하는 위험에 비해 얻는 이득이 더 큰가? 과학자들과 의사들은 직접 마시거나, 환자 몸에 주사된 동위 원소가 조금은 해로울 수 있다는 데에 동의한다. 하지만 약물의 방사성은 몇 분, 몇 시간 또는 하루 정도의 짧은 시간 동안만 유지되고, 그 이후에는 자연적으로 붕괴되거나 환자의 몸에서 노폐물로 배출된다. 사실상 현대인들은 방사성 의약품이 방출하는 것보다 훨씬 강한 방사능을 매일 일상 속에서 받고 있다.

하지만 의학 단체들은 진단 과정에서 엑스선이나 감마선이 끼칠 수 있는 잠재적 위험에 대해 끊임없이 논쟁하고 있다. 물론, 이러한 방사선들을 반복해서 사용하면 그 피해가 누적되어 위험할 수 있다. 하지만 실제로는 이런 진단 기술을 같은 환자에게 반복적으로 사용하지는 않는다. 의사가 그렇게 하려고 해도, 환자의 보험회사에서 비싼 비용 때문에 사용에 제약을 가할 것이 틀림없다.

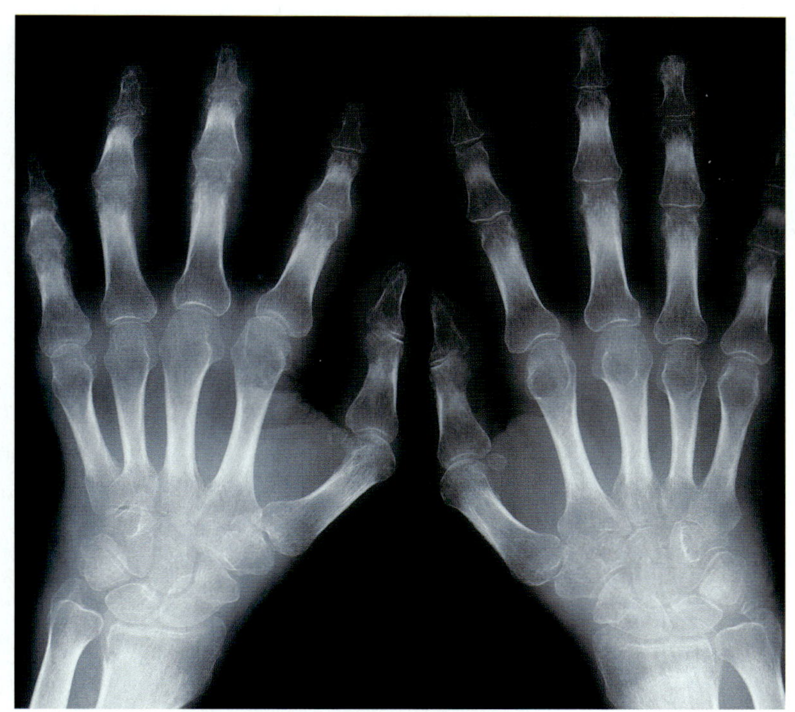

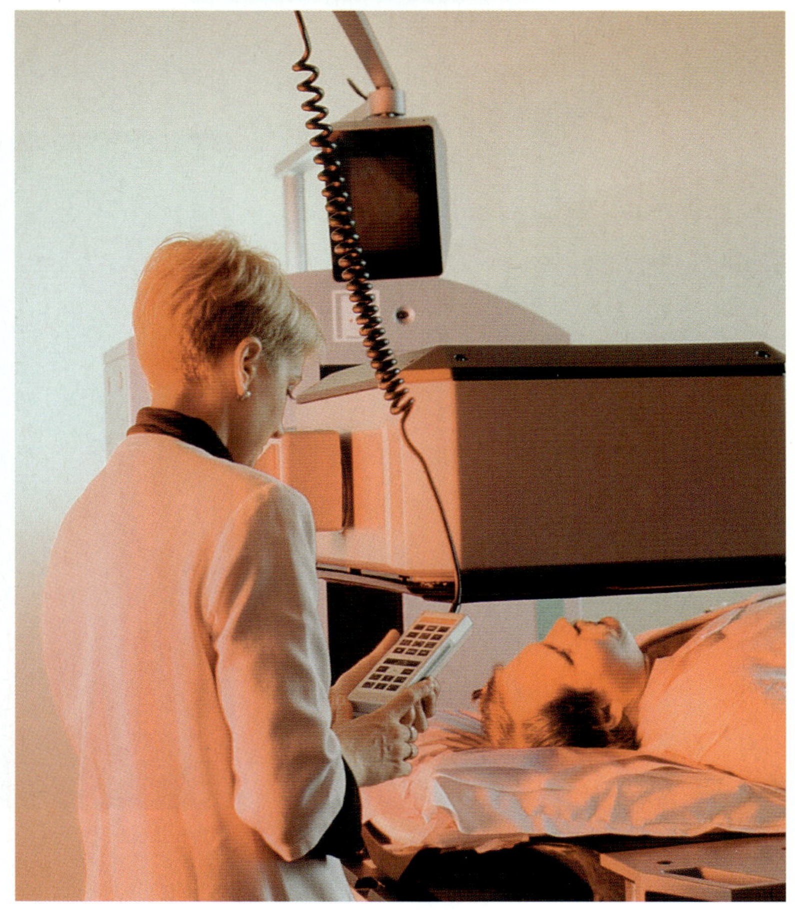

위 사람 손을 엑스선으로 촬영한 영상. 엑스선은 뼈 사진을 찍을 때 매우 유용하지만 다른 상해나 질병에는 그다지 유용하지 않다. 또한 잘못 사용할 경우 환자에게 해를 끼칠 수 있다. **아래** 감마 스캔을 사용하면 인체 내에 있는 종양을 찾을 수 있다. 기계는 종양이 있는 부분에 흡수되어 축적된, 방사성 '추적자'의 영상을 보여준다.

입자 가속기

수명이 매우 짧은 아원자 입자들의 행동을 연구하기 위해서는 어떤 방법을 이용할 수 있을까? 물질의 근본이 되는 구성 성분들에 대해 우리가 알고 있는 많은 것들은 입자 가속기를 통해 얻어졌다. 흔히들 '원자 분쇄기atom smasher' 라고 부르는 이 장비는, 전기장을 이용해 입자를 가속시키고, 가속된 입자를 연구하고자 하는 목표물에 강하게 충돌시킨다. 연구 목적 외에도, 입자 가속기는 의료, 상업, 군사적 용도로 동위 원소를 만들기도 한다.

전형적인 가속기 실험은 원인 물질에 레이저를 쏘아 그 안에 있는 입자를 들뜨게 한다. 이 과정에서 물질은 전자나 양성자 같은 아원자 입자를 방출하며 붕괴되는데, 붕괴된 입자는 터널을 따라 움직이면서 전자기장에 의해 가속된다. 이때 터널이 직선이면 입자가 그대로 목표물과 부딪히면서 박살이 나는데, 이럴 경우 에너지가 크지 않다. 하지만 터널이 원형이면, 입자는 경주용 자동차가 트랙을 돌면서 속력을 얻는 것처럼 터널을 회전하며 에너지가 커지다가, 충분한 에너지를 가졌을 때 목표물과 충돌하게 된다. 매우 강력한 가속기에서는, 두 입자가 서로 정면으로 충돌하여 훨씬 더 큰 충돌 에너지를 만들어 낸다. 이 충돌의 잔해가 퍼져 나가는 모습에서, 물리학자들은 물질의 가장 작은 구성 성분의 움직임을 연구하거나, 완전히 새로운 원소나 동위 원소를 창조할 수 있다. 충돌 과정은 민감한 빛 감지기를 통해 기록되어 분석된다.

입자 가속기는 전 세계 실험실에서 쓰이고 있다. 입자 가속기는 쿼크quark나 렙톤lepton, 하드론hardron, 보손boson 등과 같은 입자들을 발견하는 데에 기여했다. 어떤 가속기는 양성자와 같은 한 가지 입자만 연구한다. 각 가속기들은 공학적 접근 방식이나 연구 목적에 따라 모양이 제각기 다르다. 크기도 실험대에 올라갈 만큼 작을 수도 있고, 작은 도시만 한 것들도 있다. 세계에서 가장 큰 가속기는 스위스 제네바의 CERN 실험

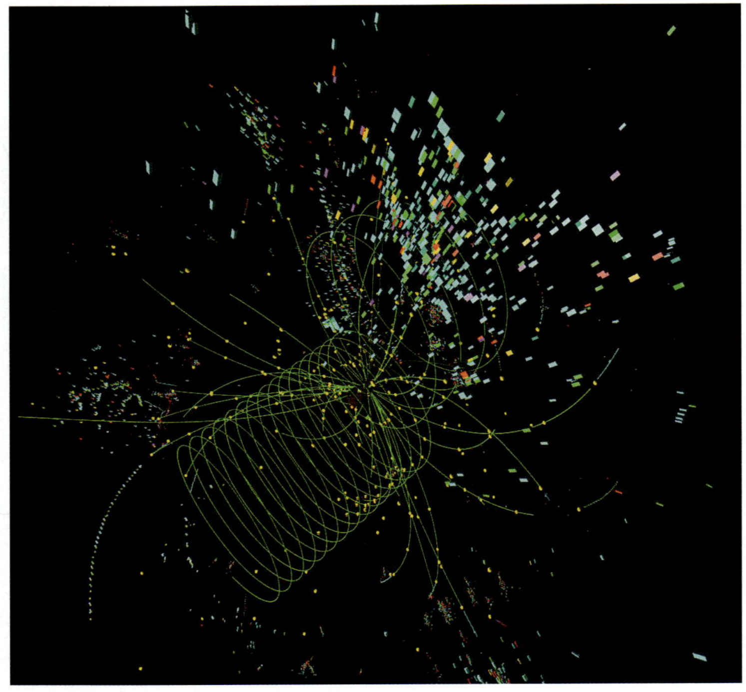

위 TV는 영상을 구현하기 위해 간단한 형태의 입자 가속기를 이용한다.
아래 2개의 Z 보손 입자를 만들어 내는 입자 충돌 시뮬레이션. 시뮬레이션은 과학자들로 하여금 사건의 결과를 예측하고, 성공 여부를 가늠하며, 보다 깊은 통찰력을 얻을 수 있게 한다.

실에 있는 거대 강입자 충돌기Large Hadron Collider이다. 이것은 지하에 설치된 원형 가속기로, 원주가 27 km에 달한다.

원자의 입자들을 연구하기 위해 고안된 초기의 기기들은 목적상 모두 가속기에 속하지만 당시에는 가속기라는 이름으로 불리지 않았다. 그러나 최초의 원형 가속기는 1929년에 미국의 물리학자 어니스트 로렌스Ernest Lawrence, 1901-58가 고안한 '사이클로트론cyclotron'이라고 인정하고 있다. 그는 크기가 10 cm 정도 되는 간단한 장치를 만들었는데, 이 장치에는 D자 모양의 자석 두 개가 쌍으로 설치되어 있다. 이 장치에 2,000 V의 전기를 가하면, 터널 안의 입자들은 8만 eV의 운동 에너지로 원을 그리면서 돌다가 터널 외곽에 있는 목표물과 충돌하게 된다.

현대의 거대 입자 가속기들은 비용을 절감하고, 실험 중에 발생하는 방사능이 외부로 새나가지 않도록 하기 위해 주로 지하에 설치된다. 일리노이 바타비아Batavia에 있는 페르미 연구소의 원형 가속기는 지하에 설치되어 있는데 그 면적이 27,000 km²에 이른다. '세계에서 가장 에너지가 강한 입자 물리 연구소'라 할 수 있는 페르미 연구소의 가속기는, 입자들을 둘레 6.5 km의 원형 지하 터널을 통해 1초에 50,000번 정도를 회전시켜 로렌스가 최초로 개발했던 기기보다 천만 배 많은 에너지를 얻을 수 있다. 우리들의 발아래에서 이런 최첨단의 과학이 벌어지고 있다는 사실이 믿기지 않을뿐더러, 이곳에서 과학자들이 탑 쿼크top quark, 보텀 쿼크bottom quark, 타우 중성미자tau neutrino와 같은 새로운 입자를 발견했다는 것은 상상도 못할 일이다. 지상은 예전의 자연적인 상태로 복원되어 토착 식물과 동물들이 서식하고 있으며, 지하의 연구소에서는 연구가 계속되고 있다.

많은 연구팀들이 자신의 연구 목적에 맞는 현대적 가속기로 실험을 해 보기 위해 대기자 명단에 이름을 올리는데, 수년 전에 미리 예약을 하는 경우도 있다. 과학자들은 컴퓨터 모니터가 가득한 밀실에서 실험들을 보면서 시간을 보낸다. 하지만 과학자들만 입자 가속기를 사용하는 것은 아니다. 가정의 거실에도 입자 가속기가 있다. 바로 텔레비전이다! TV 화면 뒤에 있는 형광 물질에 전자들을 쏘면, 색깔 있는 빛을 내는 작은 점이 나타난다. 우리 눈은 모든 이 '픽셀pixel'들을 움직이는 영상의 부분으로 인식하게 된다.

일리노이 바타비아의 페르미 국립 가속기 연구소(Fermilab) MP9실. 사진에서 보이는 국제 선형 가속기(International Linear Collider, ILC) 저온 유지 장치는 현재 개발 중에 있으며, 언젠가는 엄청난 속도로 전자와 양전자를 충돌시킬 것이다.

61	62	63	64	65	66	67
Pm	**Sm**	**Eu**	**Gd**	**Tb**	**Dy**	**Ho**
Promethium (145)	Samarium 150.36	Europium 151.964	Gadolinium 157.25	Terbium 158.9253	Dysprosium 162.5	Holmium 164.930
93	94	95	96	97	98	99
Np	**Pu**	**Am**	**Cm**	**Bk**	**Cf**	**Es**
Neptunium (237)	Plutonium (244)	Americium (243)	Curium (247)	Berkelium (247)	Californium (251)	Einsteinium (252)

원소 주기율표는 지금까지 발견된 모든 원소와 그 원자 번호, 원소 기호, 이름과 원자량을 정리해 놓은 표이다. 새롭게 발견된 원소는 주기율표에 추가된다.

주기율표에 들어온 것을 환영합니다!

고등학교에서는 마치 의식처럼 주기율표를 암기하거나, 적어도 주기율표에 있는 원소들과 친숙해져야 한다. 하지만 매년 이 일은 어려워진다. 그 이유는 입자 가속기를 통해, 과학자들이 새로운 원소를 발견, 아니 창조해 내고 있기 때문이다. 2006년에 러시아와 미국 과학자들이 모여, 지금까지 발견된 원소 중 가장 무거운 원소를 발견했다고 발표했다. 이 원소는 118번으로 주기율표에 올라갔다. 원소의 임시명은 우눈옥튬(ununoctium)으로, 아주 잠깐 동안 존재하며, 다른 물질에 결합되는 일도 없다. 실제로 이 원소는 1/1,000초 안에 붕괴된다. 어쩌면 당신이 이 책을 읽고 있는 동안에도 주기율표는 또 다시 변했을지도 모른다.

네 가지 힘

자연재해를 포함해서, 자연에서 일어나는 사건들은 흔히들 자연의 섭리나 자연의 힘이 발휘된 것이라고 말한다. 지진이나 태풍과 같이 파괴적인 자연 현상들은 예측하기 어렵고 통제하기도 쉽지 않은, 어떤 거대한 힘이 우리의 삶을 지배한다는 사실을 깨닫게 한다. 하지만 진정한 자연의 힘은, 자연재해와 같은 특수한 현상에만 국한된 것이 아니라, 미시 세계와 거시 세계에 걸쳐 항상 작용하고 있으며 파괴적이기만 한 것이 아니라 오히려 우주 전체를 조화롭게 유지시켜 주고 있다.

자연계에 존재하는 네 가지 힘 자연에는 네 가지 주요한 힘이 존재한다. 이 힘들이 없다면 모든 물질, 모든 존재의 기본이 되는 원자도 존재하지 않았을 것이다. 네 가지 힘은 육안으로 볼 수 없는 원자의 상호작용을 지배할 뿐만 아니라 행성과 별, 태양 간의 관계에도 막대한 영향을 끼친다. 여러 가지 형태의 힘들에 대해 제대로 이해하기 위해 먼저 '힘'의 개념에 대해 생각해 보자. 누군가에게 무언가를 하게끔 '힘'을 쓴다는 것은, 그에게 압력을 가함으로써, 그 대상자가 내려야 할 결정이나 취해야 할 행동에 영향력을 행사하는 것이다. 네 가지 힘이 모든 물질에 작용하는 것은 아니다. 중력은 모든 입자에 영향을 미치지만, 전자기력은 전하를 띤 입자에만 작용한다. 강력 또는 강한 상호작용은 쿼크에게 작용하고, 약력 또는 약한 상호작용은 모든 물질 입자에 작용한다. 서로 다른 힘은 서로 다른 영향력을 나타낸다는 점에서 영향력을 통해 힘을 이해할 수도 있다. 힘이나 영향력은 물질이 어떻게 행동할지를 결정한다. 각 힘은 특정한 입자와 관련되는데, 이 입자들은 일종의 사절단과 같이 힘이 영향력을 행사할 수 있는 범위까지 그 힘을 매개하는 역할을 한다. 이 입자들을 통틀어 게이지 보손 gauge boson 이라고 한다.

전자기력 전자기력 electromagnetic force 의 개념은 앞에서 언급한 것처럼, '반대끼리 끌린다'는 말로 쉽게 설명할 수 있다. 물론 그 역도 성립하는데, 비슷한 것끼리는 서로 밀어낸다. 양이온은 용액 내에서 음이온에게 이끌리지만, 다른 양이온들과는 서로 밀어낸다. 전자기력은 빛을 구성하는 입자이기도 한 광자 photon 를 매개로 하여 형성된다.

강한 핵력 강한 핵력 strong nuclear force 은 네 가지의 힘 중에서 가장 강한 힘이다. 이 힘은 글루온 gluon 이라는 입자를 매개로 형성된다. 강한 핵력을 통해 핵은 형태를 유지하고, 안정한 상태의 핵에서 전자기력의 효과를 상쇄시키는 역할을 한다. 이 힘이 없다면 양성자들끼리 서로 반발하여, 핵은 분열되고 말 것이다.

약한 핵력 약한 핵력 weak nuclear force 은 W나 Z 보손, 또는 약한 게이지 보손을 매개로 형성된다. 이 힘은 탄소−14나 우라늄−235, 칼륨−40 등과 같은 방사성 동위 원소의 베타 붕괴를 설명할 수 있다. 예를 들어 우라늄−235가 방사성 자연 붕괴를 일으켜서 납−207이 되면, 우라늄 방사성 동위 원소의 중성자는 양성자로 붕괴하게 된다.

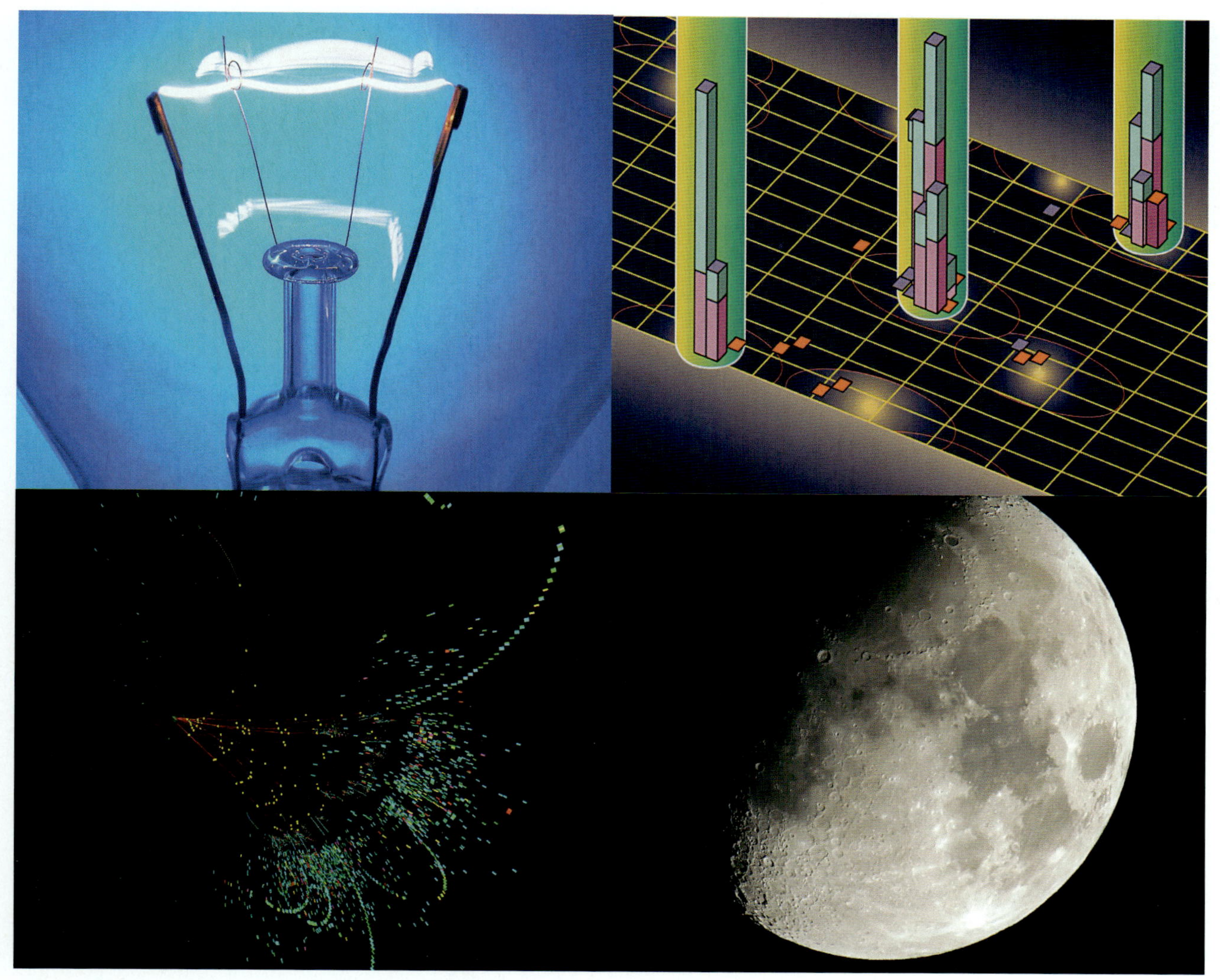

왼쪽페이지 위 우리의 모든 행동은 우주를 지배하는 힘들의 영향을 받는다. 원반을 던질 때도 마찬가지이다.
위 왼쪽 빛을 내는 전구는 전자기력의 작용을 보여주는 일상적인 예이다.
위 오른쪽 양성자를 구성하는 쿼크와 글루온을, 양성자 · 반양성자 충돌실험연구단체 CDF(Collider Detector at Fermilab)에서 검출하여 재구성한 그림
아래 왼쪽 약한 핵력을 매개하는 힉스 입자(Higgs particle)와 Z 보손의 생성을 모사한 그림
아래 오른쪽 달의 중력의 영향은 지구의 주기적인 조석의 차이를 통해 알 수 있다.

중력 아이작 뉴턴Isaac Newton, 1642–1727이 사과나무 아래서 떨어지는 사과에 맞았을 때, 그는 모든 사람들이 수천 년 동안 보아 왔던 현상에 대해 이미 알고 있던 지식을 적용하여 중력 개념을 도출해 내었다. 중력gravitational force은 네 가지 힘 중에서 가장 약하지만 우리 생활 속에서 가장 쉽게 느낄 수 있는 힘이다. 원반을 던졌을 때 원반이 올라갔다가 떨어지면서 그리는 호라던지, 식탁 가장자리에 있던 유리잔이 흔들리다가 바닥에 떨어지는 일 등은 모두 중력에 의한 것이다. 다른 힘에 비해 상대적으로 약한 중력이 다른 강한 힘들을 상쇄시킬 수 있는 이유는 중력의 가산성additive property과 중력이 작용하는 범위 때문이다. 질량을 가진 모든 물체는 중력의 영향을 받고, 중력이 작용하는 범위는 실질적으로 한계가 없다고 할 수 있다. 중력은 원반과 유리잔에만 작용하는 것이 아니라, 태양과 지구 사이에도 작용한다. 중력은 중력자graviton를 매개로 작용한다는 이론이 제기되었지만, 아직 입증된 상태는 아니다.

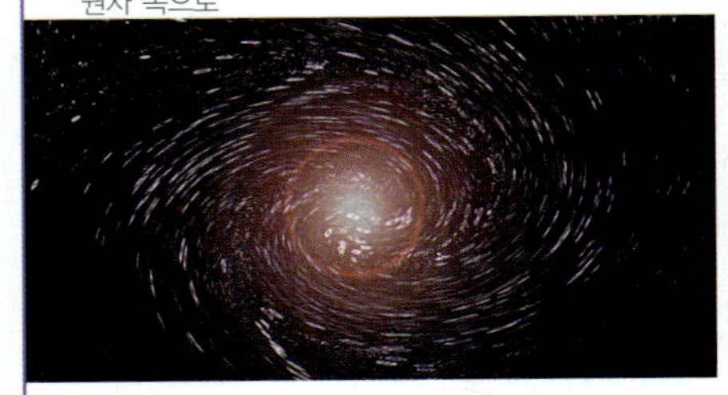

원소의 형성

광대한 우주의 깊고 어두운 심연 속에서, 모든 존재를 구성하는 원소들이 생성된다. 불타는 용광로 속에서 철이 녹을 때 전혀 새로운 모양과 성질을 갖듯이, 별은 새로운 원소들이 만들어지는 용광로와 같은 곳이다. 이 원소들은 우리가 숨 쉬는 공기를 비롯해 우리를 둘러싼 모든 물질들, 그리고 우리의 몸 자체를 구성한다. 우리 몸의 유기 분자를 구성하는 탄소, 혈관을 타고 적혈구에 의해 운반되는 산소처럼, 우리 몸을 구성하는 원소들은 모두 별에서 시작된 것이다.

모든 것이 빅뱅에서 시작되다 빅뱅 이론에 의하면, 최초의 폭발 직후에 많은 일들이 일어났다. 원자 입자들은 100억 °C라는 엄청난 열 속에서 우주를 떠다녔다. 수소와 헬륨, 소량의 리튬이 이때 만들어진 최초의 원소들로 추정되며, 수소와 헬륨은 현재에도 우주의 대부분을 구성하는 원소들이다. 수소는 우주 전체에 걸쳐 발견되는 물질의 대부분을 차지한다고 알려져 있다.

하지만 여전히 설명되지 않은 많은 원소들이 남아 있다. 수소와 헬륨을 제외한 대부분의 원소들은 핵합성nucleosynthesis이라는 과정을 통해 별에서 생성되었다고 하는 가설이 널리 받아들여지고 있다. 핵합성은 글자 그대로 핵이 합성되는 것이다. 별의 핵합성이라는 개념은 노벨상 수상

자인 한스 베테Hans Bethe의 연구에 의해 크게 주목을 받았다. 베테의 연구는 1939년 〈별에서의 에너지 생산*Energy Production in Stars*〉이라는 제목으로 발표한 논문이 유명하다. 이 논문은 주로 수소가 융합하여 헬륨을 만들 때 일어나는 열핵 반응에 초점을 맞추었다. 베테 이후 수십 년 간 그의 이론은 버브릿지

위 사진과 같은 은하계들은 수십억 개의 별들로 이루어져 있다.

아래 20세기의 물리학자 윌리엄 파울러의 사진. 그의 연구는 우주에서 발견되는 원소들의 생성에 별이 어떤 역할을 했는지에 대한 우리의 이해의 폭을 넓혀 주었다.

부부Margaret and Geoffrey Burbridge와 윌리엄 파울러William Fowler와 프레드 호일Fred Hoyle을 포함한 많은 과학자들에 의해 발전되었고, 이들의 연구는 1957년에 〈별에서의 원소 합성*Synthesis of the Elements in Stars*〉이라는 논문으로 발표되었다. 베테의 논문이 발표되기 이전부터 이미 시작되었던 이 분야에 대한 연구는 계속하여 재조명되고, 발전되고 있다. 지금까지 과학자들이 우주에 대해 많은 것을 알아내었지만, 암흑 물질dark matter이라든가 암흑 에너지dark energy와 같이 우주를 구성하는 많은 부분들은 여전히 미지의 상태로 남아 있다.

뜨거운 별 태양도 별이라서 끊임없이 핵융합이나 핵합성을 하고 있다. 태양의 중심핵에서는 수소 원자들이 헬륨으로 융합되면서 상상을 초월하는 에너지가 방출된다. 수소의 핵융합 과정에서 에너지가 방출되긴 하지만 핵융합은 적어도 약 500만 °C 정도의 온도에서 일어나야 한다. 이 반응은 수소가 있는, 모든 다른 별들에서도 일어난다. 별에서 수소가 다 소모되고 나면, 별은 헬륨을 융합, 혹은 '태우기' 시작한다. 이러한 과정

허블 우주 망원경(Hubble Space Telescope)으로 관찰한 게성운(Crab Nebula)의 모습. 이 성운은 폭발한 별의 잔해로, 자연에서 발견되는 가장 무거운 원소들이 이곳에서 기원했을 것으로 예측된다.

은 상대적으로 더 무거운 질소나 산소 같은 원소를 만들어 낼 수 있으며, 수소의 핵융합과 마찬가지로 많은 양의 에너지를 방출하는 발열 반응이다. 하지만 철보다 무거운 원소를 형성하기 위한 핵융합 과정은 방출되는 에너지보다 융합을 위해 필요한 에너지가 더 많은 흡열 반응이다. 산소보다 무거운 원소를 만들기 위해서는 태양보다 훨씬 큰 별이어야 한다. 사실 우주에 있는 수많은 거성巨星들과 비교하면, 태양은 작은 편이라고도 할 수 있다. 하지만 별들은 영원히 존재할 수는 없다. 별들이 폭발하는 이유는, 탄소나 질소, 니켈 등과 같은 원소들을 이미 만들 수 있는 만큼 만들어서 연료가 바닥났기 때문이라고 여겨진다. 말 그대로 연료를 소진해 버린 것이다. 10^{28} 메가톤급 폭탄과 같은 이런 폭발하는 별을 초신성supernova이라고 하는데, 초신성의 폭발 결과 여러 종류의 무거운 원소들이 형성된다고 과학자들은 믿고 있다.

유명한 화학자들

니콜라 테슬라 Nikola Tesla, 1856–1943
세르비아의 발명가이자 전기공학자. 테슬라는 전기와 자기장을 이용한 실험에서, 교류 전류를 통해 전기를 발전하는 방법을 개발했다. 현대 사회에 혁신을 불러일으킨 교류 방식은, 처음에는 잘 받아들여지지 않았지만, 오늘날에는 대부분의 발전 방식이 교류를 이용한다.

마이클 패러데이 Micheal Faraday, 1791–1867
영국의 화학자이자 자기성 연구의 선구자. 패러데이는 가장 뛰어난 실험가로 알려져 있다. 자석이 도선 내에서 회전할 때 전류를 만들어 낸다는 전자기 회전을 발견했다. 또한 열전도 이론의 기반을 다졌고, 전기 분해 제2법칙을 창안했으며, 발전기를 비롯한 과학적 도구들을 발명했다.

제임스 왓슨과 프란시스 크릭
James Watson, 1928– & Francis Crick, 1916–2004

미국과 영국의 DNA 연구자들. 왓슨과 크릭은 DNA의 이중 나선 구조를 알아내었고, 그 결과를 1953년 논문으로 발표했다. 그들은 3차원 모델을 통해, 유전 물질이 어떻게 복제되며, 다음 세대에 전달되는지를 최초로 보였다.

DNA 구조를 연구한 제임스 왓슨

로잘린드 프랭클린 Rosalind Franklin, 1920–58
영국의 화학자. 프랭클린의 DNA 엑스선 회절 사진은 왓슨과 크릭의 연구에 큰 영향을 끼쳤다. 하지만 DNA 연구와 관련해 노벨상을 타지 못했는데, 노벨상이 수여된 1962년은 이미 그녀가 세상을 떠난 후였기 때문이다.

마리 퀴리와 피에르 퀴리
Marie Curie, 1867–1964 & Pierre Curie, 1859–1906
프랑스의 과학자 부부인 두 사람은 방사성 분야의 선구자였다. 퀴리 부부는 라듐과 폴로늄을 발견하고 이름을 직접 붙인 장본인들이다. 폴란드에서 태어난 마리는 최초로 노벨상을 화학과 물리라는 각기 다른 부문에서 두 번 수상한 사람이며, 유일하게 노벨상을 두 번 수상한 여성이기도 하다.

노벨상 2회 수상자인 마리 퀴리

어니스트 러더퍼드 Ernest Rutherford, 1871–1937
뉴질랜드 출신의 핵물리학자. 핵물리학의 아버지라고 불리는 러더퍼드는, 원자가 핵과 그 주변에서 궤도를 도는 전자의 구름으로 구성되었다는 오비탈 이론을 최초로 주장한 사람이다. 알파, 베타, 감마선에 이름을 붙인 사람이기도 하다.

라이너스 폴링 Linus Pauling, 1901–94
미국의 화학자. 20세기 최고의 화학자로 칭송 받는 인물로, 화학에 양자 역학의 원리를 적용하였다. 폴링은 노벨상을 두 번 수상하였는데, 화학 결합의 본질에 대한 연구로 노벨 화학상을, 반핵 운동에 앞장섰던 공로로 노벨 평화상을 수상하였다.

20세기 미국 화학자 라이너스 폴링

조셉 프리스틀리 Joseph Priestly, 1733–1804
영국의 화학자. 산소를 발견한 사람으로 알려져 있다. 그가 산소라는 원소를 처음으로 발견한 것은 아니지만, 발견을 최초로 발표한 사람이다. 하지만 프리스틀리는 물론, 산소를 발견한 또 다른 사람 칼 빌헬름 셸레(Carl Wilhelm Scheele)도, 그들이 발견한 것이 새로운 화학 원소라는 것을 알지 못했다. 프리스틀리는 그가 발견한 물질을 '플로지스톤 제거 공기(de-phlogisticated air)' 라고 불렀다.

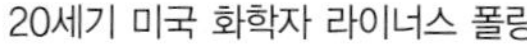

알프레드 노벨 Alfred Nobel, 1833–96

스웨덴 화학자이자 다이너마이트 발명가. 그가 니트로글리세린을 발명한 것은 아니지만, 이를 이용해 폭약을 상업적으로 생산하는 효율적인 방법을 고안했다. '죽음의 상인'이라는 불명예를 벗기 위하여 그는 전 재산을 기부하여 노벨상을 설립하였다. 노벨상을 수상한다는 것은 문학, 과학, 경제, 평화 각 분야에서 이룬 성취에 대한 가장 큰 명예를 얻는 것이라 할 수 있다.

앙투안 라부아지에 Antoine Lavoisier, 1743–94

프랑스의 화학자. 화학 반응이 일어날 때 질량이 증가하지도, 감소하지도 않는다는 사실을 밝혔다. 또한 연소와 환원 반응에서 산소의 역할을 증명했다. '산성을 만드는'이라는 뜻의 그리스어에서 착안해 "산소(oxygen)"라는 이름을 지었다. 사업가이자 회계사이기도 했던 그는, 근대 화학의 아버지로 알려져 있다. 프랑스 혁명의 공포정치 시기에 단두대에서 참수당했다.

앙투안 라부아지에는 근대 화학의 기초를 닦았다.

로버트 보일 Robert Boyle, 1627–91

아일랜드의 화학자이자 자연 이론가, 철학자. 공기의 본질에 대한 연구와 집필을 하였다. 그의 연구는 후에 보일의 법칙으로 알려졌는데, 이는 일정한 온도에서 기체의 부피는 압력에 반비례한다는 이론이다.

아메데오 아보가드로 Amedeo Avogadro, 1776–1856

이탈리아의 화학자. 기체는 그 종류에 상관없이, 같은 온도와 압력에서 부피가 같으면 같은 수의 분자를 포함한다는 사실을 밝혔다. 이 수는 아보가드로 수로 알려져 있으며 6.022×10^{23}이다. 이 상수는 기체의 분자량을 결정하는 데 사용된다.

분자의 질량에 대한 이론으로 알려진 아메데오 아보가드로

드미트리 멘델레예프 Dmitri Mendeleev, 1834–1907

러시아의 화학자. 원소의 특성을 연구했고, 원소의 유사성과 차이점을 통해 이들을 분류하는 체계를 고안했다. 이를 통해 그는 최초의 원소 주기율표를 만들었고, 아직 발견되지 않은 원소들을 고려해 표에 빈칸을 남겨 놓았다.

닐스 보어 Niels Bohr, 1885–1962

덴마크의 물리학자. 원자물리학에 공헌한 바가 크다. 작고 양전하를 띤 핵이 음전하를 띤 전자로 둘러싸여 있는 원자 모형을 개발했다. 이때 전자는 불연속적인 에너지를 가진 궤도를 따라 움직이고 있으며, 정전기적인 힘에 의해 핵과 연결되어 있다.

존 돌턴 John Dalton, 1766–1844

영국의 화학자. 돌턴의 법칙은 그의 이름에서 유래되었으며, 균일한 기체 혼합물의 총 압력은 혼합물 내의 각 기체의 부분압력을 합한 것과 같다는 것이다. 색맹에 관한 연구를 수행하였으며, 그 자신도 색맹이었다. 이런 이유로 색맹을 '돌턴이즘(Daltonism)'이라고 하기도 한다.

영국의 물리학자이자 화학자 존 돌턴

레이첼 카슨 Rachel Carson, 1907–64

해양 생물학자, 동물학자이자 작가. 저서 《침묵의 봄(*Silent Spring*)》은 농업에 있어서의 화학 물질의 역할에 대해 다루었으며, 현대 환경 운동에 불을 지핀 의미 있는 책이다. 그녀는 의회에서 인류의 건강과 환경을 동시에 보호하는 것이 중요하며, 그 둘은 끊을 수 없는 관계에 있다는 사실을 표명했다.

《침묵의 봄》의 작가 레이첼 카슨

로버트 오펜하이머 Robert Oppenheimer, 1904–67

미국의 물리학자. '원자 폭탄의 아버지'라고도 불린다. 오펜하이머는 2차 세계 대전 당시 진행된 맨해튼 프로젝트의 책임자였으며, 최초의 핵무기를 개발했다. 미국 원자력 에너지 위원회 회장을 지냈으며, 수소 폭탄의 개발에 반대했다. 매카시즘 시절에 공산주의 지지자로 기소되었다.

화학 연대표

기원전 9000-8000년

중동에서 최초로 구리를 사용했다는 증거가 발견된다. 구리는 신석기 시대에서 청동기 시대 사이에 도구와 무기를 만드는 데에 쓰인 것으로 보인다. 구리로 만든 도구는 이집트에서 거대 피라미드를 건설할 때도 사용된 것으로 알려진다.

기원전 8000년

발효를 통해서 맥주와 와인을 만든다.

양조장 풍경을 그린 16세기 목판화

기원전 5000-6000년

중동에서 처음으로 구리 제련이 시작된 것으로 알려졌다.

기원전 4200-3200년

청동을 만들기 위해 처음으로 구리 합금이 사용된다. 처음에는 구리와 비소가 사용되다가, 효율적이고 내구성이 더 강한 구리와 주석 합금을 만들었고, 오늘날까지 사용되고 있다.

기원전 2500년

이집트인들이 모래, 석회암, 소다를 이용해 유리를 만든다.

기원전 1200-1000년경

철이 청동을 광범위하게 대체함에 따라 철기 시대가 시작된다.

기원전 1000년

우유와 치즈를 만드는 데 효소가 사용된다.

기원전 460-370년경

모든 물질은 보이지 않는 작은 입자로 이루어져 있다고 생각했던 그리스의 철학자 데모크리토스가 살았던 시기. 그는 이 입자들을 '아토모스(atomos)' 라고 불렀다.

기원전 384-322년경

그리스의 철학자 아리스토텔레스가 살았던 시기. 그는 모든 물질이 흙과 공기, 불, 물로 이루어져 있다는 엠페도클레스의 이론을 지지했다. 아리스토텔레스는 《시학(De Philosophia)》에서 네 가지 원소에 '에테르(aether)' 를 추가했는데, 그는 에테르가 천상을 구성한다고 주장했다. 4원소설, 혹은 5원소설은 데모크리토스의 원자론보다 널리 받아들여졌고 과학의 발전과 연금술에 많은 영향을 끼쳤다.

300년대 말

로마 황제 디오클레티아누스(Diocletian)가 로마 제국에서 연금술 서적을 금지한다.

721-815년경

라틴명으로 게베르(Geber)로 알려진 아랍인 연금술사 자비르 이븐 하이얀(Jabir ibn Hayyan)이 살았던 시기

980-1037년

아비세나(Avicenna)라고 불리는, 이란의 아부 알리 이븐 시나(Abu Ali ibn Sina)가 보통의 금속을 금과 같은 귀금속으로 변화시킬 수 있다는 개념에 반박한다. 아비세나는 서구 연금술사들에게도 영향을 많이 끼쳤다.

아비세나

1000년

중국에서 화약이 개발된다.

무연 화약

1206-1280년

대(大) 알베르투스(Albertus the Great)로 알려진 알베르투스 마그누스(Albertus Magnus)가 살았던 시기. 자연 과학의 수호자였으며 그리스와 아라비아의 과학과 철학을 유럽에 전했다. 그의 일생과 업적은 과학이 스콜라 신학자들의 좋은 연구 주제였다는 것을 보여준다.

1493-1541년

파르셀수스(Paracelsus)라는 이름으로 더 유명한, 테오프라스투스 봄바스투스 폰 호

엔하임(Theophrastus Bombastus von Hohenheim)이 살았던 시기. 파르셀수스는 연금술로 질병을 치료할 수 있다고 생각했다.

1648년

벨기에 과학자 얀 밥티스타 반 헬몬트(Jan Baptista van Helmont 1580-1644)의 연구들이 발표된다. 반 헬몬트는 '기체'라는 용어를 만든 사람으로 평가받는데, 그는 기체가 액체나 고체와는 다른 물질이라 여겼다.

1661년

로버트 보일이 《회의적 화학자(*The Sceptical Chymist*)》를 출판한다. 그는 여기서 '원소'를 다른 물질로 더 이상 쪼갤 수 없는 것이라고 재정의했다.

1662년

보일의 법칙이 발표된다. 보일은 일정한 온도에서, 일정한 양의 기체는 부피와 압력의 곱이 항상 일정하다는 것을 발견했다.

1600년대 말

요한 베허(Johann Becher)와 게오르그 슈탈(Georg Stahl)이 연소 과정에서 기체가 발생한다는 것을 설명하기 위해 플로지스톤 이론을 주창한다. 이 이론은 앙투안 라부아지에 의해 뒤집혔지만, 100년 간 과학에 활기를 불어넣었다.

1714년

가브리엘 파렌하이트가 최초의 수은 온도계를 개발한다. 또한 화씨온도 척도도 개발했다.

1752년

벤자민 프랭클린이 연 실험을 통해 '스파크'를 발견한다. 이로써 번개가 전기를 포함하고 있다는 그의 이론을 증명했다.

1756년

스코틀랜드 화학자 조셉 블랙(Joseph Black)이 이산화 탄소를 발견한다. 그는 이를 '고정 공기'라고 불렀다.

1766년

헨리 캐번디시(Henry Cavendish)가 수소를 발견한다.

1772년과 1774년

산소를 발견한다. 스웨덴 과학자 칼 빌헬름 셀레가 1772년에 산소를 발견했지만, 1777년까지 그의 결과를 발표하지 않았다. 1774년에 조셉 프리스틀리가 독자적으로 산소를 발견하고 셀레보다 먼저 발표한다.

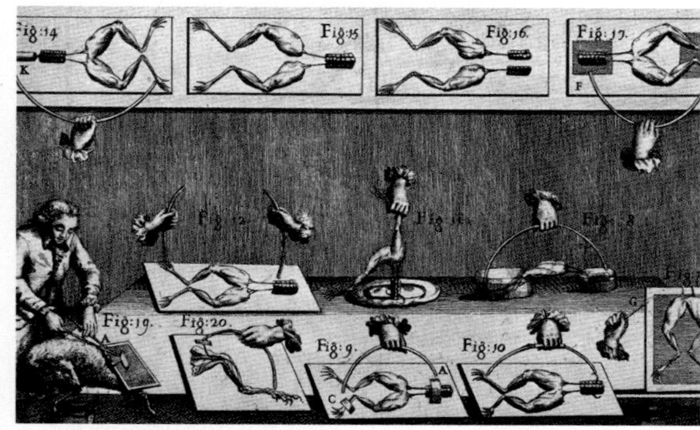

전류를 이용한 갈바니의 실험

1787년

앙투안 라부아지에, 클로드 루이스 베르톨레(Claude Louis Berthollet), 앙투안 드

벤자민 프랭클린의 연 실험

푸르크루아(Antoine de Fourcroy), 기통 드 모르보(Guyton de Morveau)가 합작하여 화학 명명법(*Méthode de nomenclature chimique*)을 발표한다.

1791년

루이지 갈바니(Luigi Galvani)가 해부된 개구리 다리 근육이 철판 위에서 경련을 일으키는 것을 발견한다. 그는 실험을 통해 동물 조직이 전기를 발생시킨다고 생각하게 되었다. 이 이론은 여러 동료들의 지지를 받았지만, 당시 화학 전지에 대해 자신만의 연구를 진행하고 있던 알레산드로 볼타는 이를 받아들이지 않았다.

1794년

라부아지에가 프랑스 혁명 중에 참수형을 당한다. 많은 사람들이 그를 근대 화학의 아버지라고 부른다.

그는 원소에 대한 연구로 유명한데, 산소를 발견한 장본인이기도 하다. 라부아지에는 산소라는 이름을 붙였고, 연소와 동식물 호흡에서 산소의 역할에 대해 설명했다. 그는 또 산소를 산성화제(acidifier)로 분류했다. 1789년에 발표된 저서 《원소 화학에 관한 논고(*Traité élémentaire de chimie*)》는 원소의 성질에 관한 이론을 상세히 설명했다.

1796년

에드워드 제너(Edward Jenner)가 최초의 백신을 개발하여 천연두를 치료하는 데 사용한다.

1800년

알레산드로 볼타가 전해질에 의해 분리된 서로 다른 두 금속이 전류를 흐르게 한다는 것을 보인다. 아연판과 은판을 차례로 쌓아 만든 볼타 전지는 현대 전지의 전신이 되었다.

1803년

존 돌턴이 원자의 질량으로 서로 다른 원소의 원자를 구별할 수 있다는 것을 최초로 제안하였고, 1808년에 이론을 발표하였다. 원소의 고유한 성질이 원자에 의해 결정된다는 그의 이론은 현대 원자론의 근간이 되었다.

1811년

아메데오 아보가드로가 같은 온도와 압력에서, 같은 부피의 기체는 같은 수의 분자를 포함할 것이라고 가정한다. 이 이론은 훗날 아보가드로의 법칙이라고 불린다.

1820년

한스 외르스테드가 전류가 자기장을 발생시킨다는 것을 보인다.

1831년

훗날 전자석을 이용하여 전류를 유도하는 전자기 유도로 이어진, 마이클 패러데이의 실험이 시작된다. 전자기 유도 법칙은 패러데이의 업적이라고 알려져 있으며, 전하의 단위인 패러데이는 그의 이름을 딴 것이다.

1846년

에테르를 마취제로 사용한 외과수술이 보스턴의 매사추세츠 종합병원에서 처음으로 이루어진다.

1848년

켈빈 경으로도 알려진 스코틀랜드의 윌리엄 톰슨 경이, 절대 온도 척도를 고안한다. 모든 원자 운동이 멈추는, 이론상 가능한 최저 온도를 0 K로 정의하였다.

1856년

윌리엄 헨리 퍼킨(Wiliam Henry Perkin)이 최초의 합성염료 모브(mauve)를 개발하여 염료 산업에 혁신을 일으킨다.

1859년

구스타브 로베르트 키르히호프(Gustav Robert Kirchhoff)와 로베르트 빌헬름 분젠(Robert Wilhelm Bunsen)이 물질이 연소할 때 각기 다른 스펙트럼을 방출하는 것을 발견하여, 분광학 분야에 큰 발전을 이루어 낸다.

1867년

알프레드 노벨이 수년 간의 실험 끝에, 니트로글리세린(nitroglycerine)을 기초로 한 다이너마이트를 개발하여 특허를 낸다. 그는 세상을 떠나면서, 일생 동안 번 재산을 노벨상 제정에 기부했다.

1869년

드미트리 멘델레예프가 최초의 원소 주기율표를 발표한다.

1879년

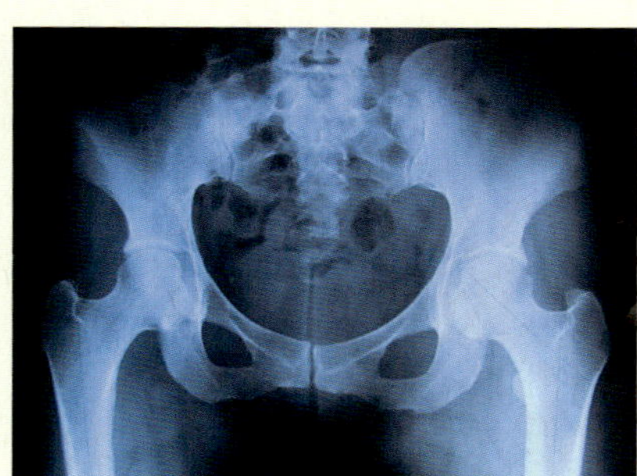

다른 과학자들이 50년 간 연구해 왔던 백열 전구를, 토마스 에디슨(Thomas Edison)이 완성시킨다.

전구

1888년

발명가인 니콜라 테슬라가 교류를 이용한 발전기를 발표한다. 조지 웨스팅하우스(George Westinghouse)가 이에 관심을 보였고, 둘의 공동 작업으로 미국 전역에 전기를 공급할 수 있게 되었다.

1895년

빌헬름 뢴트겐(Wilhelm Röntgen)이 엑스선을 발견한다.

엑스선으로 촬영한 골반 사진

1896년

앙투안–앙리 베크렐이 자연 방사능을 발견하여 이에 관한 논문을 발표한다. 하지만 '방사능'이라는 용어는 훗날 마리 퀴리가 만든 것이다.

1897년

화학자 펠릭스 호프만(Felix Hoffman)이 화학적으로 순수한 아세틸살리실산을 개발한다. 그의 고용주인 프리드리히 바이어는 이 물질을 아스피린이라는 상표로 판매했다.

1897년

조셉 존 톰슨이 아원자 입자인 전자를 발견한다.

1903년

베크렐과 퀴리 부부가 방사성에 관한 연구로 노벨상을 공동 수상한다.

1909년

덴마크 과학자 소렌 소렌슨(Soren Sorensen)이 pH 척도를 개발한다.

1911년

어니스트 러더퍼드가 원자 구조에 관한 이론을 발표한다. 그의 이론에 따르면 원자는 양전하를 띤 핵 주위를 음전하를 띤 전자가 둘러싸고 있는 형태로 존재한다.

1913년

닐스 보어가 러더퍼드의 원자 이론을 확장하여, 전자들이 각각의 오비탈을 따라 핵 주변을 돌고 있는 원자 모형을 개발한다.

1913년

프레더릭 소디(Frederick Soddy)가 동위 원소에 대한 개념을 개발한다. 동위 원소란 원자 번호는 같지만 질량수가 다른 원소이다.

1920년

러더퍼드가 수소핵을 '양성자(proton)'라 명명한다. 또한, 나중에 중성자라 불리게 된, 전하를 띠지 않는 핵입자의 존재를 예견하였다.

1928년

알렉산더 플레밍(Alexander Fleming)이 독감 바이러스를 연구하던 중, 박테리아를 죽이는 곰팡이를 발견한다. 그는 이 물질에 페니실린이라는 이름을 붙였다.

1932년

한때 러더퍼드의 제자였던 제임스 채드윅이 중성자를 발견한다.

1935년

윌리스 캐러더스(Wallace Carothers)가 합성 고분자인 나일론을 개발한다. 이 소재는 직물산업의 혁신을 불러왔다.

1939년

폴 뮐러(Paul Müller)가 DDT로 알려진 살충제인 다이클로로다이페닐트라이클로로에탄(dichlorodiphenyltrichloroethane)을 합성한다.

1939-1945년

제2차 세계 대전 발발과 함께 합성고무를 개발하고 생산하기 위한 노력이 불붙는다. 당시 동남아시아로부터의 천연고무 보급이 끊어진 미국에서는 합성고무가 대량 생산되었고, 합성고무를 이용한 자동차 타이어가 처음으로 도로를 굴러다녔다.

합성고무로 만들어진 타이어

1945년

핵분열을 이용한, 최초의 원자 폭탄이 만들어지고, 뉴멕시코에 시험 폭파된다. 당시 로버트 오펜하이머가 맨해튼 프로젝트를 지휘하며 핵무기의 개발을 지켜보았다. 같은 해에, 히로시마와 나가사키에 폭탄이 투하되었다.

1952년

조나스 소크(Jonas Salk)가 최초의 소아마비 백신을 만든다.

1953년

프란시스 크릭과 제임스 왓슨이 DNA 이중 나선 구조 모형을 발표한다. 이 모형은 모리스 윌킨스(Maurice Wilkins)와 로잘린드 프랭클린의 연구를 기반으로 만들어졌다.

1961년

잭 킬비(Jack Kilby)와 로버트 노이스(Robert Noyce)가 최초의 실리콘 칩을 개발한다.

1963년

레이첼 카슨이 그녀의 문제작 《침묵의 봄》을 발표한다. 이 작품으로 인해 DDT 살충제의 사용이 금지되었다. 또한 이 책은 현대 환경 보호 운동의 도화선이 되었다.

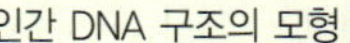

인간 DNA 구조의 모형

1964년

전파 망원경을 이용하여 아노 펜지아스(Arno Penzias)와 로버트 윌슨(Robert Wilson)이 빅뱅 이후의 잉여 방사성 잔해인 우주 배경 복사를 탐지한다.

1976년

촉매 변환 장치가 널리 보급되면서 자동차 배기가스를 부분적으로 정화함에 따라, 자동차의 배기가스에 변화가 생긴다. 변환기는 존 무니(John Mooney)와 칼 케이스(Carl Keith)에 의해 최초로 개발되었다.

촉매 변환 장치

1977년

자기 공명 단층 촬영법(MRI)이 처음으로 환자에게 사용된다.

1985년

벅민스터풀러린이 리처드 스몰리(Richard Smalley), 해롤드 크로토(Harold Kroto), 로버트 컬(Robert Curl)에 의해 발견된다. 건축가 벅민스터 풀러(Buckminster Fuller)가 디자인한 측지선(測地線) 돔에서 이름을 딴 이 '버키볼(buckyballs)'은, 축구공과 유사한 모양으로 탄소 원자 60개로 구성된 분자이다.

1980년대 중반

인간 게놈의 배열 순서를 밝히고 지도화하는 인간 게놈 프로젝트가 시작된다.

1996년

복제에 성공한 최초의 포유류인 복제양 돌리가 태어난다. 돌리는 6년간 생존했다. 그 후로 다수의 포유류가 복제되었다.

2003년

과학자들이 인간 게놈의 배열 순서를 모두 밝히고, 그 결과를 발표한다.

주기율표

러시아의 화학자 드미트리 멘델레예프는 최초의 원소 주기율표를 만든 것으로 알려져 있다. 각 원소의 다양한 성질에 대한 끈질긴 연구를 통해, 원소들의 유사성과 차이점을 바탕으로 하여 표로 정리하였다. 멘델레예프는 원소의 성질 변화가 원자량의 변화에 의한 것이라 가정하고, 원자량에 따라 원소들을 배열하고자 하였다. 그는 이를 "원소의 주기성(periodicity of the elements)"이라고 표현했다.

현대의 주기율표

주기율표는 가로줄과 세로줄로 구성되어 있다. 원자 번호는 왼쪽에서 오른쪽으로, 위에서 아래로 증가한다. 가로줄은 주기를 나타내고, 세로줄은 족을 나타낸다.

같은 주기 안에 있는 원소들은 전자 껍질의 수가 같다. 전자 껍질은 오비탈이라고도 부르는데, 이는 원자핵으로부터 일정한 거리에 있는 전자의 위치와 거리에서 전자들이 가지는 에너지를 나타낸다. 핵에 가까이 있는 전자들은, 멀리 있는 전자들보다 더 낮은 에너지를 갖는다(1, 2장 참조). 주기율표의 두 번째 가로줄인 2주기에 있는 모든 원소들은 2개의 전자 껍질을 갖는다. 이는 중성인 리튬과 탄소가 서로 다른

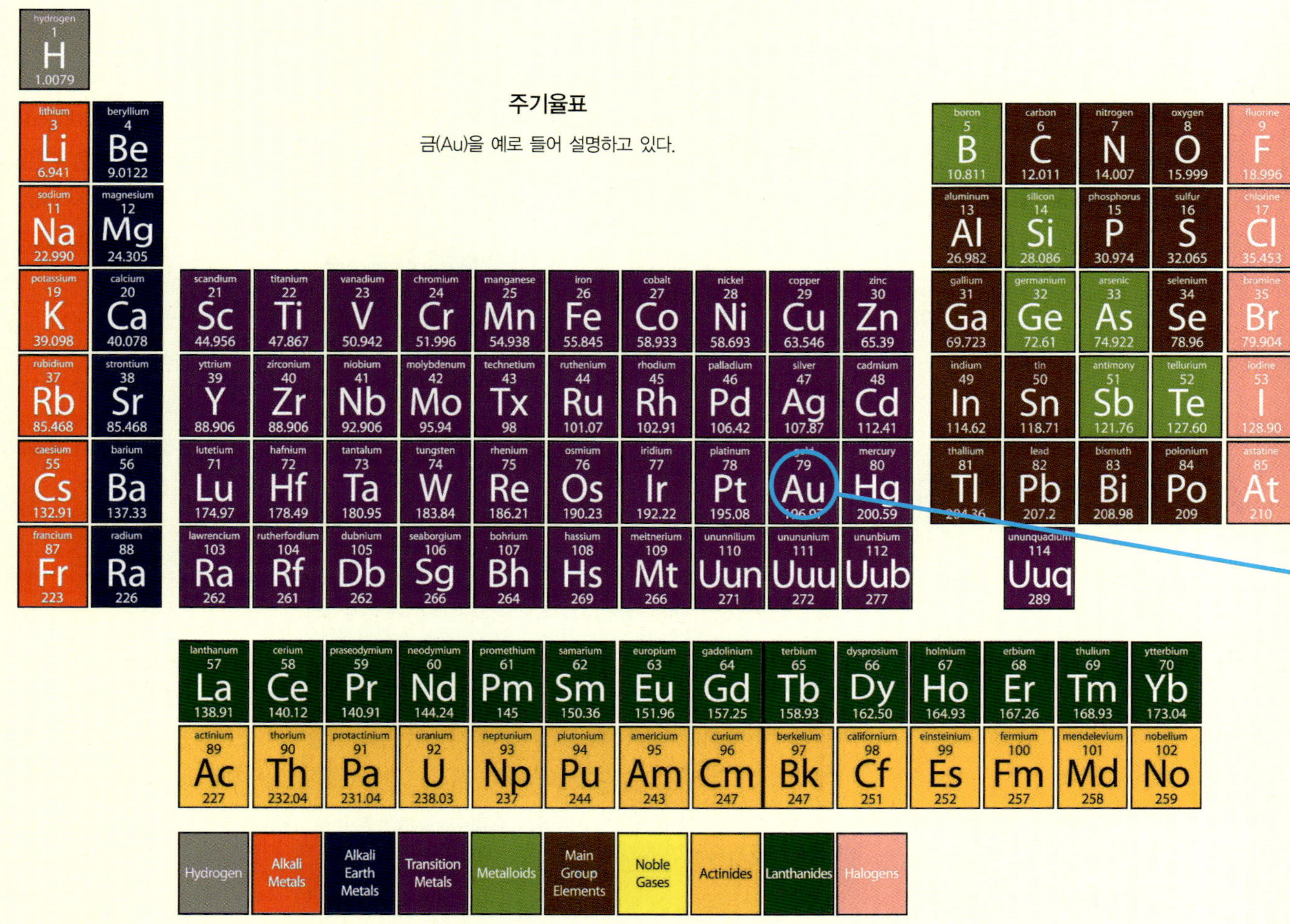

주기율표

금(Au)을 예로 들어 설명하고 있다.

미국의 물리학자 글렌 시보그는 1951년에 노벨 화학상을 수상했다.

수의 전자(리튬은 3개, 탄소는 6개)를 가지지만, 전자 껍질의 수는 같다는 것을 의미한다. 같은 주기에서 왼쪽에서 오른쪽으로 가면 금속에서 비금속으로 변한다는 것도 알 수 있다.

같은 세로줄에 있는 원소들은 족을 형성한다. 같은 족에 있는 원소들은 가장 바깥쪽 전자 껍질에 있는 전자의 수가 같다. 예를 들어 베릴륨과 바륨은 둘 다 2족에 속하고 둘 다 가장 바깥쪽 전자 껍질에 전자 2개를 가지고 있다. 하지만 주기율표 중앙에 있는 전이 금속에 대해서는 이러한 경향성이 성립되지 않는다. 전이 금속은 원자가 전자(가장 바깥쪽 전자 껍질에 있는 전자)가 하나 이상의 껍질에 위치할 수 있는 구조를 가지고 있다. 원소의 성질은 가장 바깥쪽 전자 껍질의 구조에 의해 많은 부분

족

주기율표상의 주요 족들로는 알칼리 금속, 알칼리 토금속, 전이 금속, 희토류 금속, 할로젠 기체, 비활성 기체 등이 있고, 이 외에도 금속과 비금속을 포함하는, 특정한 이름이 없는 족들이 있다. 같은 족 내의 원소들은 유사한 화학적, 물리적 성질을 갖는다. 예를 들어 주기율표 오른쪽 끝에는 비활성 기체라고 부르는 족이 있다. 이 기체들은 가장 바깥쪽 전자 껍질이 완성되어 있기 때문에, 다른 원소와 쉽게 반응하지 않는다.

주된 주기율표 아래쪽에는 두 개의 가로줄이 있다. 윗줄은 란타넘 계열이라고 하고, 아랫줄은 악티늄 계열이라고 한다. 란타넘 계열의 원소들은 희토류 금속이라고도 하며 자연계에 존재하지만 매우 소량으로만 존재한다. 악티늄 계열 원소 중에는 핵반응에 사용되는 것이 많다. 이것들은 자연적으로 발생하지 않는 것들이 많기 때문에, 주로 실험실에서 만들어진다.

원소에 관하여

원소는 원소 기호로 나타낸다. 원소의 이름과 기호는 여러 가지 요인에 의해 정해진다. 예를 들어 납의 경우, 'Pb'라는 원소 기호로 나타내는데 이는 라틴어 *plumbum*에서 유래했다(이 단어는 배관공을 뜻하는

영어 단어인 'plumber'의 어원이기도 한데, 파이프가 납으로 만들어진 데에서 유래한다). 반면 폴로늄은 마리 퀴리가 발견하여 자신의 모국인 폴란드에서 이름을 따왔다. 사람의 이름에서 따온 원소명도 있다. 시보귬(Sg)은 10개의 원소를 발견하여 주기율표에 악티늄 계열을 추가한 물리학자 글렌 시보그(Glenn Seaborg)의 이름에서 따온 것이다. 주기율표의 현재 모습에는 시보그가 공헌한 바가 크다.

원소 기호와 함께 각 칸에는 원소의 원자 번호가 왼쪽 위나 오른쪽 구석에 표시되어 있다. 이는 그 원소의 원자가 가진 양성자 수를 나타낸다. 원소 기호 아래에 있는 숫자는 원자량으로, 양성자와 중성자 수의 합을 나타낸다. 원소들이 중성자 수에 따라 다양한 동위 원소 형태를 가질 수 있기 때문에, 여기에 표기된 원자량은 동위 원소의 종류와 각 동위 원소의 존재 비율을 고려한 평균 값이다. 예를 들어 탄소의 가장 흔한 동위 원소는 12개의 양성자와 12개의 중성자를 가지고 있기 때문에 원자량이 120이다. 탄소-12는 모든 원자량의 기본이 된다. 하지만 자연계에 존재 하는 동위 원소 중에는 탄소-13과 탄소-14도 있는데, 탄소-13은 중성자 7개, 탄소-14는 중성자 8개를 가진다. 자연계에 존재하는 탄소의 원자량은 대부분 120이지만, 주기율표에 표시된 원자량인 12.010은, 탄소-13이나 탄소-14 같은 동위 원소의 존재를 보여준다고 할 수 있다.

원자 속으로

원자는 '나눌 수 없다'는 뜻의 그리스어 *atom*에서 유래했다. 가장 대중적이면서도 원자의 구조와 작용에 대한 기본적인 이해를 돕는 모형은 행성 모형(planetary model)이다. 이름에서 알 수 있듯이 작은 입자들이 중심에 있는 큰 입자를 돌고 있는 형태이다. 존 돌턴이 주장한 원자 이론*은 어니스트 러더퍼드가 발전시켰고, 닐스 보어**를 거쳐 양자 모형으로 이어졌다.

원자는 대부분 빈 공간으로 이루어져 있다. 원자 중심에 있는 핵은 양전하를 띠는 양성자와 중성인 중성자로 구성된다. 양성자와 중성자를 통틀어 핵자(nucleon)라고 하는데, 실질적으로 원자 질량의 대부분을 차지한다. 핵 주변에는 흔히 오비탈이라고 하는 공간에서 음전하를 띤 전자가 핵 주위를 돌고 있다.

안정한 원자에서는 양성자와 전자의 수가 같지만, 원자는 다양한 화학 반응을 통해 전자를 잃거나 얻거나, 공유할 수 있다. 전자를 잃은 원자는 그만큼 음전하를 잃기 때문에 양전하를 띠게 된다. 이를 양이온이라고 한다. 반대로 전자를 얻은 원자는 음전하를 얻게 되어 음전하를 띠게 되며, 이를 음이온이라고 한다. 원자의 중성자 수도 자연적으로, 혹은 실험실에서의 조작을 통해 변할 수 있다. 원자 번호는 같지만 중성자의 수가 다른 원소를 동위 원소라고 한다. 예를 들어 탄소-12는 6개의 중성자와 6개의 양성자를 가지는 반면, 탄소-13은 7개의 중성자와 6개의 양성자를 가진다.

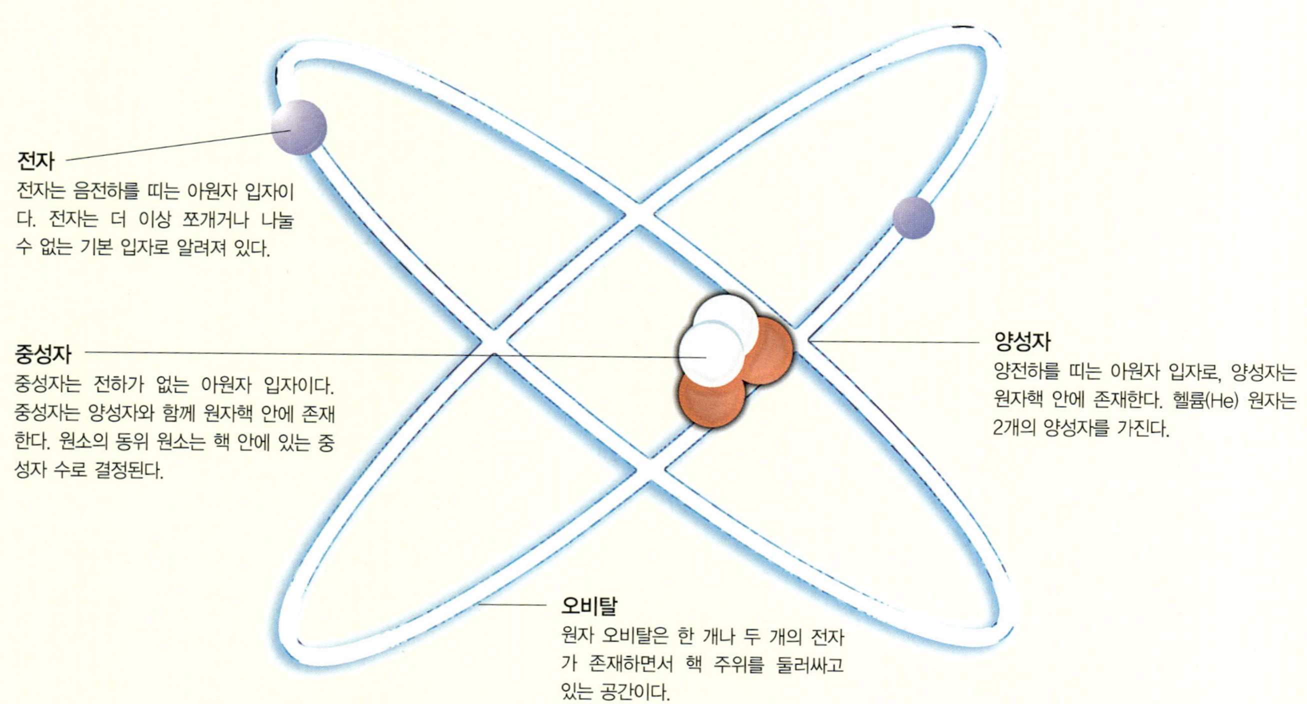

헬륨 원자의 모형

헬륨(He)이 수소(H) 다음으로 가벼운 원소이기 때문에, 헬륨을 채운 풍선은 상대적으로 무거운 공기 중에서 날아오르게 된다.

결합

원자는 가장 바깥쪽 전자 껍질에 전자를 완전히 채우려는 경향이 있다. 이런 상태에서 원자는 가장 안정하다. 비활성 기체들은 모두 가장 바깥쪽 전자 껍질에 8개의 전자를 갖기 때문에 반응성이 낮고, 이런 이유로 이들을 '비활성' 기체라고 한다. 원자가 원래부터 비활성이 아닌 경우, 완성된 전자 껍질을 만들기 위해서는 마찬가지로 껍질을 완성하고자 하는 다른 원자와 결합을 하면 된다. 가장 바깥쪽 전자 껍질에 있는 전자를 원자가 전자라고 하는데, 결합에 이용되는 전자가 바로 원자가 전자이다. 결합은 다양한 형태로 일어난다.

공유 결합 공유 결합에서는 두 개의 원자가 전자를 공유한다.
극성 공유 결합 극성 공유 결합에서는 두 원자가 전자를 공유하긴 하지만 전자를 똑같이 공유하는 것이 아니라 전자가 한쪽 원자에 머무르는 시간이 더 길다.
이온 결합 이온 결합에서는, 원자가 전자를 내놓는 원자와, 가장 바깥쪽 전자 껍질을 완성하기 위해 전자를 얻어야 하는 다른 원자가 서로 결합한다. 나트륨(Na)과 염소(Cl)가 이온 결합하여 소금을 형성하는 것이 그 예이다.

전자의 발견

물리학자들과 화학자들이 원자 구조에 대해 더 많은 사실을 알게 되면서, 원자 내에서 전자의 위치를 정확하게 결정할 수 없다는 사실이 밝혀졌다. 오비탈은 원자 주위의 어떤 공간에 전자가 존재할 확률을 나타내고 따라서, 전자가 존재하는 영역의 모양을 나타낸다고도 할 수 있다.

오비탈은 전자를 각각 2개까지 가질 수 있다. 오비탈은 모양과 크기가 각각 다르며 에너지 준위도 다르다. 오비탈의 에너지 준위는 일반적으로 핵으로부터의 거리에 의해 결정된다. 서로 다른 오비탈은 특정한 에너지 준위를 가지기 때문에, 부껍질이라고도 한다.

원자의 전자를 주껍질과 오비탈에 배치하는 것을 전자 배치라고 한다. 첫 번째 숫자는 에너지 준위를 나타내고 영문 글자는 오비탈의 종류, 마지막 숫자는 전자 수를 나타낸다. 예를 들어 탄소 원자는 6개의 전자를 갖는다. 탄소 원자의 전자 배치는 $1s^2 2s^2 2p^2$로 표기한다. 이는 첫 번째 에너지 준위에는 2개의 전자가 s 오비탈 안에 존재한다는 뜻이다. 두 번째 에너지 준위에는 4개의 전자가 있는데, 2개는 s 오비탈에, 2개는 p 오비탈 안에 존재한다는 뜻이다.

• 돌턴의 원자 이론 : 더 이상 나눌 수 없는 단위로서의 원자를 주장한 이론(옮긴이)
•• 닐스 보어 : 전자는 특정한 에너지 상태의 궤도에서 핵 주위를 돌고 있다는 보어 모형을 주장했다(옮긴이).

중요한 숫자들

그램칼로리(g cal)	물 1 g의 온도를 1 ℃ 올리는 데 필요한 에너지. 4.184 J에 해당
칼로리(Cal)	4.184 kJ(킬로줄)
옹스트롬(Å)	1×10^{-10} m
아보가드로수	6.022×10^{23}. 어떤 물질 1몰에 있는 입자의 개수
베크렐(Bq)	2.70×10^{-11} Ci(퀴리). 앙투안 앙리 베크렐의 이름에 따라 명명
원자의 보어 반지름	$5.2917725 \times 10^{-11}$ m. 닐스 보어의 이름에 따라 명명
전자의 전하(e)	1.6×10^{-19} C(쿨롬)
퀴리(Ci)	초당 붕괴 수가 3.7×10^{10} 일 때의 방사능. 마리 퀴리의 이름에 따라 명명
돌턴(Da), 통일질량단위	$1.66053886 \times 10^{-27}$ kg(1.66×10^{-24}g). 탄소-12 원자 질량의 1/12에 근거. 존 돌턴의 이름에 따라 명명
패러데이 상수(F)	96,485.31 C/mol. 전자 1몰의 총 전하
물의 어는점	섭씨 = 0, 화씨 = 32, 켈빈 = 273.15
줄(J)	1 N(뉴턴)의 힘으로 1 m 움직이는 데 필요한 에너지. 제임스 프레스코트 줄(James Prescott Joule)의 이름에 따라 명명
중성자 질량	1.674929×10^{-27} kg
양성자 질량	1.672623×10^{-27} kg
전자 질량	9.109390×10^{-31} kg
나노미터(nm)	1×10^{-9} m 또는 10억분의 1 m
플랑크 상수(h)	6.626×10^{-34} J·s. 막스 플랑크의 이름에 따라 명명
광속(c)	186,282,397 mile/s (299,792,458 m/s), 또는 670,616,629 mile/h (17,987,547,480 m/h)
와트(W)	1 J/s. 제임스 와트의 이름에 따라 명명

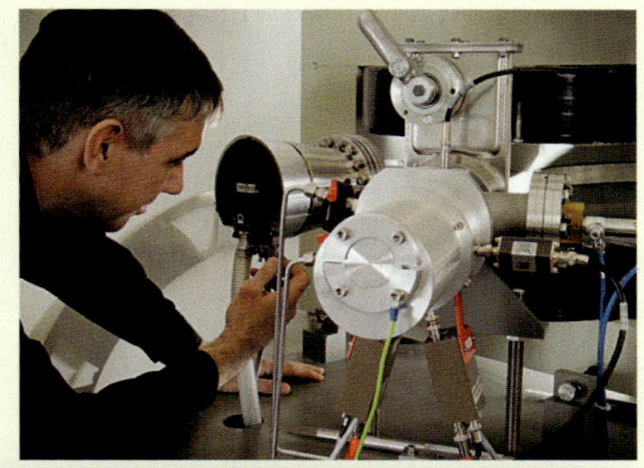
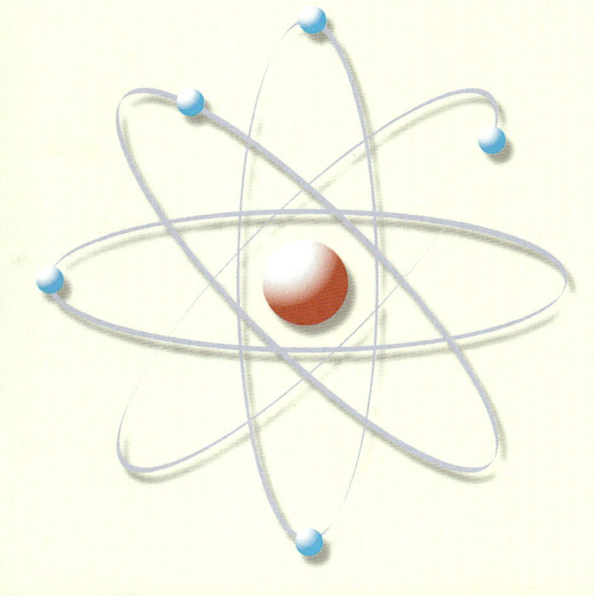

왼쪽 위 아원자 입자의 질량은 질량 분석기를 통해 측정할 수 있다.
왼쪽 가운데 물의 온도가 어는점 밑으로 내려가면 얼음이 된다.
왼쪽 아래 양자 물리학의 창시자인 막스 플랑크

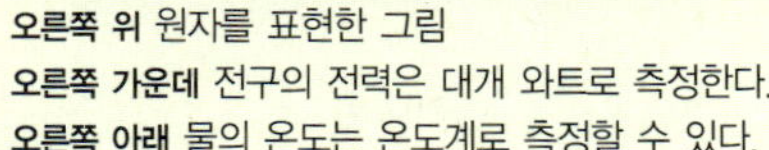

오른쪽 위 원자를 표현한 그림
오른쪽 가운데 전구의 전력은 대개 와트로 측정한다.
오른쪽 아래 물의 온도는 온도계로 측정할 수 있다.

화학을 통한 생명

우주에 존재하는 원소들은 끊임없이 재활용된다. 어딘가에 흡수되고, 흡입되고, 생명체에 의해서 혹은 비생물적 과정에서 섭취되고, 짧은 시간 동안 사용되었다가 방출되고, 또 다시 사용된다. 지구에서는 3가지의 중요한 순환이 일어난다. 이런 순환이 없으면 지구에 생명이 존재할 수 없다.

탄소 순환

수소(H), 헬륨(He), 산소(O) 다음으로, 탄소(C)는 우주에서 가장 풍부한 원소이다. 몇 백억 톤의 탄소가 매년 자연적인 순환에 따라 재활용된다. 식물에서의 작용은 다음과 같다.

- 식물이 이산화 탄소(CO_2)를 흡수한다.

광합성을 통해, 식물은 이산화 탄소에서 탄소를 섭취하여 생존에 필요한 당을 생산한다.

- 잉여 당은 식물의 세포벽에 셀룰로오스로 저장되어 잎과 줄기를 형성한다.
- 대부분의 탄소는 식물이 살아 있는 동안, 식물 내에 갇혀 있다. 식물이 죽으면 분해 작용을 통해 식물의 모든 영양분이 흙 속에 방출된다(왼쪽 그림 참조). 탄소는 흙으로 돌아가고, 다른 유기체에게 흡수된다.

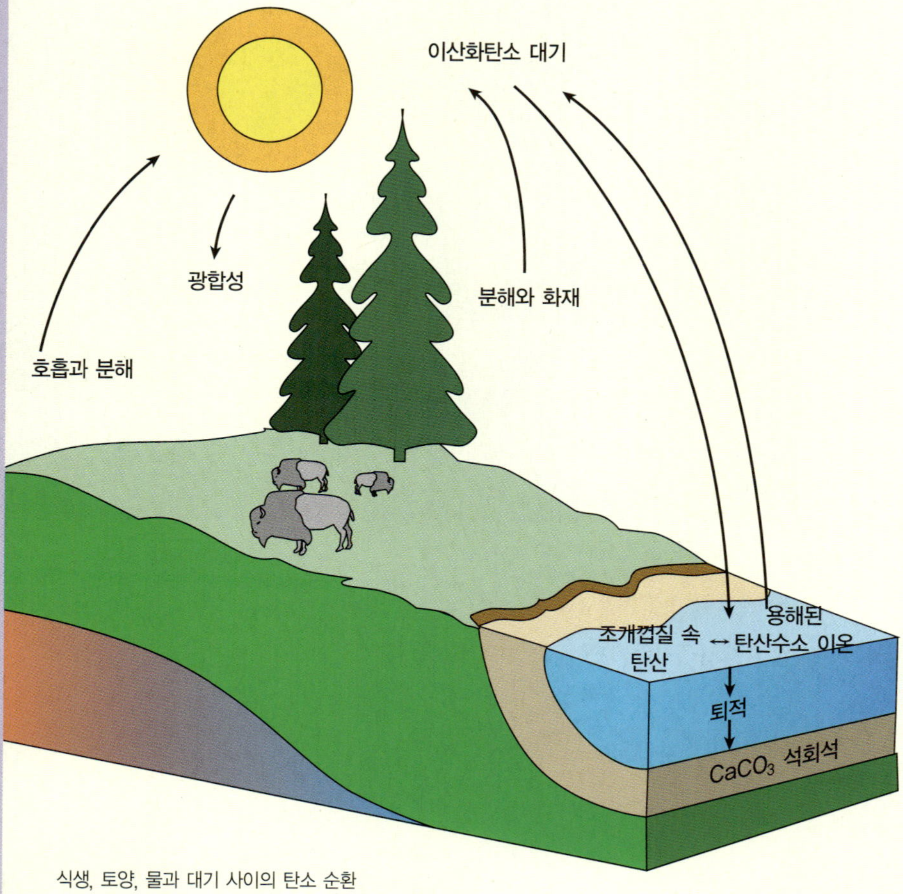

탄소는 식물뿐만 아니라 대기, 숲, 흙, 바다나 연료를 통해서도 저장되고 방출된다. 예를 들어 나무나 연료를 태우는 과정은 대기 중에 탄소를 방출한다. 이때 잉여 탄소는 이산화 탄소의 형태로 전 세계의 숲에서 다시 흡수되기 때문에, 이론적으로는 문제가 되지 않는다. 하지만 무분별한 벌채와 화석 연료의 연소 과정에서 방출되는 이산화 탄소의 증가로 대기 중의 이산화 탄소량이 증가했고, 이는 지구 온난화의 주범으로 인식되고 있는 상황이다.

식생, 토양, 물과 대기 사이의 탄소 순환

질소 순환

지구 대기의 80 %는 질소로 구성된다. 인간을 비롯한 동물들은 질소가 있어야 건강한 세포를 생산할 수 있다. 식물들도 질소

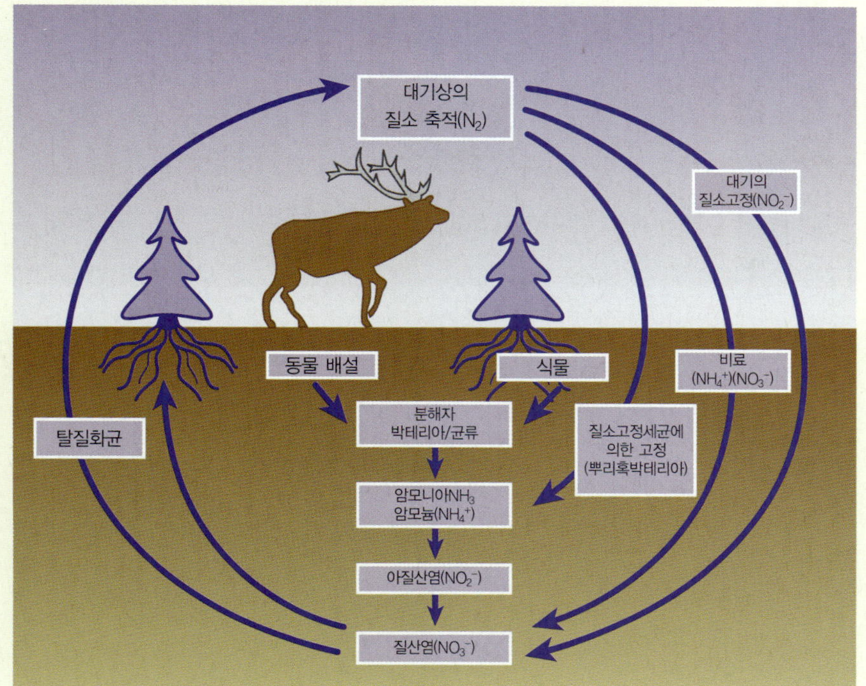

질소 순환은 질소를 포함하는 자연의 모든 화합물이 겪는 변화를 설명한다.

를 필요로 한다. 하지만 생명체는 질소를 기체 형태로는 흡수할 수 없다. 그래서 자연은 생명체들이 좀 더 쉽게 흡수할 수 있도록 다음과 같이 질소를 변형시키는 방법을 개발하였다.

- 토양세균류는 공기 중의 질소를 흡수하여 식물에 의해 쉽게 흡수될 수 있는 화학적 형태인 질산염으로 바꾼다.
- 번개는 질소를 빗물과 반응시켜 질산염 형태로 바꾼 후 땅으로 보낸다.
- 식물은 질산염을 흡수하여 성장한다.
- 초식동물들이 식물을 먹음으로써 질산염을 섭취한다.
- 인간이 식물과 초식동물을 먹음으로써 질소를 흡수한다.
- 모든 생명체는 배설과 죽음을 통해 지구에 질소를 돌려준다. 또 다른 종류의 토양세균인 탈질화균이 배설물을 분해하고 물질을 부패시켜, 질소를 기체의 형태로

대기에 돌려줌으로써 순환이 반복된다.

인공 비료나 기타 오염 물질로 인한 토양이나 물속에서 과잉 질소는 문제가 될 수 있다. 과잉 질소는 식물의 성장을 촉진하고, 양분 소비를 가속화시켜 결국에는 생태계 파괴로 이어진다.

물의 순환

물의 순환은 가장 잘 알려진 순환이다. 사람들은 매일같이 물을 사용하고, 우리 삶에 물이 얼마나 중요한지를 잘 알고 있다. 하지만 우리가 지구의 대기를 도는 물의 기나긴 여정의 일부분만을 접한다는 사실은 잘 알지 못한다.

- 우리가 마시는 물은 대기에서 수증기 상태로 시작한다. 수증기는 구름에서 응결하여 액체가 되고, 비나 눈의 형태로 땅에 떨어진다.
- 비나 눈이 어디에 떨어지든 상관없이, 강이나 개울을 통해 호수나 저수지 같이 보다 큰 지역으로 흘러든다. 대부분의 강수는 결국 바다로 모인다. 일부는 땅에 스며드는데, 대수층이나 토립자 (spongy rock)층에 모이게 된다.
- 저수지나 지하에 모인 물은 깨끗한 상태를 유지하기 때문에 사람이 사용하기에 적합하다. 생활하수나 산업폐수로 오염된 물은 하수처리하여 환경으로 돌아간다.
- 물은 결국 증발하여 대기로 돌아간다. 식물은 뿌리에서 물을 흡수하여, 잎에서 증산 작용을 하여 대기로 물을 돌려보낸다. 사람과 동물들도 호흡과 땀을 통해 대기로 물을 돌려보낸다.

탄소 순환, 질소 순환과 마찬가지로, 물의 순환은 인간의 개입으로 많은 영향을 받았다. 지구 온난화로 인해 빙하가 녹아 대기권에 방출되고 있다. 높아진 온도는 증발 속도 또한 증가시키고 있다. 이를 통해 순환에 투입되는 물의 양도 증가하게 되는데, 이는 기상재해로 연결될 수 있다. 이러한 견해에 대해서 모든 과학자들이 동의한 것은 아니지만, 기상재해 피해에 대한 비용을 지불해야 하는 보험회사들은 이러한 경향을 주의 깊게 관찰하고 있다.

CHAPTER 7

물질

왼쪽 저밀도 폴리에틸렌(LDPE)으로 만든 버블랩은 용도가 다양하고, 탄력성 있는 물질로 쿠션이나 배송 중인 물건을 보호하기 위해 사용된다.
위 오리들이 플라스틱 병이나 사실상 분해되지 않는 인공 물질들로 오염된 강에서 헤엄치고 있다.
아래 탄산 칼슘은 자연에 풍부한 이온 화합물로, 달걀껍질이나 조개껍질, 그리고 석회동굴 안에 형성된 멋진 석순에서 볼 수 있다. 탄산 칼슘은 제산제나 분필 같은 소비재에 많이 쓰이며 시멘트나 대리석 같은 건축자재의 주원료이기도 하다.

모든 물질은 원자와 아원자 입자에서 출발한다. 고유 원소를 나타내는 각각의 원자는, 다른 원자와 결합함으로써 서로의 화학적 특성이 변하게 된다. 화학적 상호작용의 세계에서는 형성된 결합, 참여한 원자의 개수, 상호작용이 일어난 조건 등에 따라 물질이 고체인지 기체인지, 거친지 부드러운지, 전성이 있는지 단단한지, 안정한지 반응성이 높은지가 결정된다. 이런 다양한 물질의 설계는 수소가 우주를 떠다녔을 때부터 인류가 개입할 여지도 없이 이루어져 왔다. 하지만 재료 과학에서 일궈낸 놀라운 발전은, 인간이 이런 화학적 원소들과 상호작용한 결과이다. 원소들로 구조를 만들고 화합시키고 변화시키는 과정에서, 인간은 결국 주어진 문제를 해결할 수 있는 물질들을 만들어 내었다. 이렇게 만들어진 물질들은, 우리가 먹는 약에서 분해되지 않는 플라스틱까지, 우리 삶의 구석구석까지 들어와 있다. 그러나 거의 영구적으로 분해되지 않는 플라스틱의 경우처럼, 우리가 만든 물질들이 우리에게 해가 될 수도 있다. 이런 문제의 해결책은 다시 화학으로부터 찾을 수 있을 것이다. 햇빛과 물에 의해 분해되는 플라스틱의 개발에서 우리가 이미 보았던 것처럼 말이다.

금속

금속은 우리가 잘 알고 있다고 생각하는 원소들이다. 누구도 헬륨이나 수소 분자를 본 적은 없지만, 구리로 만든 주방기구에 감탄하고, 금으로 만든 장신구를 자랑하며, 은수저로 음식을 먹는다. 이처럼 광택이 있고 내구성이 강한 금속 물질에 익숙해져 있기 때문에, 많은 사람들이 금속에 대해 잘 안다고 말하지만 사실은 그렇지 않은 경우가 많다.

수은은 금속이지만 단단하지도 않고, 내구성이 강하지도 않다. 실제로는 상온에서 액체이다. 나트륨도 금속이지만, 우리는 매일같이 이 금속을 수천 밀리그램씩이나 먹어 치우고 있다. 프라세오디뮴도 금속이지만, 회백색의 이 금속이 비행기 제조와 특수 안경에 사용된다는 말을 들어 본 사람은 거의 없을 것이다.

금속의 특성 과학자들은 금속을 정의할 수 있는 여러 가지 특성을 서술할 때 신중할 수밖에 없는데, 그 이유는 금속마다 외면적으로 보이는 차이가 너무 크기 때문이다. 하지만 이런 차이에도 불구하고, 금속을 정의할 때 사용할 수 있는 몇 가지 일반적인 기준이 있다.

금속 원소들의 가장 중요한 특징은 쉽게 양이온을 형성하고, 금속 결합을 이루고 있다는 것이다. 금속 원자의 전자는 하나의 원자에 묶여 있

위 수은은 상온에서 액체 상태를 유지하는 금속이다.

가운데, 아래 구리는 다른 금속들과 마찬가지로 연성과 전성이 좋다. 용도에 따라 망치로 두드리거나 구부리거나 길게 늘여서, 구리 파이프(가운데)나 구리 전선(아래) 등을 만들 수 있다.

지 않고, 한 원자로부터 다른 원자로 자유롭게 움직여 다닌다. 그러나 전자가 금속 원자를 떠나면, 원자는 양전하를 띠게 된다. 이를 양이온이라고 한다. 만약 우리가 금속 입자를 볼 수 있다면, 각 중심에 양이온이 촘촘하게 연결되어 있고, 그 주변을 전자구름이 둘러싸고 있는 것을 볼 수 있을 것이다.

금속은 또한 전기를 잘 전도한다. 금속은 자유 전자를 통해 전하를 운반하는데, 그렇다고 모든 금속이 좋은 전기 전도체인 것은 아니다. 전선에 주석을 쓰지 않고 구리를 쓰는 것은 금속에 따른 전도성의 차이를 보여주는 예이다. 금속을 가열하면 전기 전도성이 감소하는데, 이는 온도가 높아지면 원자의 진동이 증가하여 전자의 흐름을 방해하기 때문이다.

금속은 대체로 연성과 전성이 좋기 때문에 망치로 두들겨 새로운 모양으로 만들거나 전선으로 길게 늘일 수 있다. 대부분의 금속은 이런 특성을 가지지만, 수은의 경우는 어떨까? 수은은 물처럼 흐르고, 전선처럼 늘어나지 않는다. 금속을 망치로 두들기고 구부리면서 새로운 모양으로 만들 때 원자의 모습을 눈으로 관찰할 수 있다면, 아마도 볼 베어링들이 촘촘하게 서로 붙은 채로 구르는 것처럼 보일 것이다. 이 과정에서 금속 원자들은 서로 부딪히며 이리저리 움직이지만 떨어지지는 않는다.

많은 금속들은 불투명하고 광택이 나는데, 그 중에도 광택이 더 나는 것이 있고 덜 나는 것이 있다. 아마도 이런 이유 때문에 납보다 금을 선호할 것이다. 금은 아주 얇게 펼 수 있어 넓은 표면을 도금하는 데 이용할 수 있다. 하지만 금박 金箔이 수 마이크로미터 정도로 얇긴 하지만 여전히 불투명하여 뒤쪽이 비치지는 않는다.

원소 주기율표에 있는 원소의 75 % 정도가 금속이지만, 이 수치는 전체 원소 개수에서 금속이 차지하는 비율을 말하는 것이지, 양을 말하는 것이 아니다. 금속은 수소나 헬륨, 산소와 같은 비금속만큼 양이 많지 않다. 사실 지금까지 발견된 86가지의 금속은 지구 질량의 25 % 정도만을 차지할 뿐이다. 하지만 금속은 인류 문명에 지대한 영향을 끼친 원소이다. 실제로 우리는 인류 문명의 발달 단계를, 금속을 사용하는 능력에 따라 청동기 시대와 철기 시대로 구분한다.

인간은 항상 각 금속의 특성을 정확하게 알아내고, 용도에 맞게 사용할 줄 아는 놀라운 능력을 보여 왔다. 수 세기 전에, 인간은

금의 전성과 연성, 쉽게 부식되지 않는 성질 등을 이용해 금을 귀금속과 동전의 재료로 사용했다. 수은은 넓은 온도 범위에서 액체 상태를 유지하는 점을 이용하여 온도계나 압력계와 같은 과학적 도구를 만드는 데 이용되었다. 구리는 열에 대해 아주 좋은 도체이기 때문에 주방기구로 사용했다. 하지만 구리가 음식을 오염시킨다는 사실을 뒤늦게 발견하고 난 후, 인간은 음식에 사용해도 안전한 주석을 구리 냄비에 입히게 되었다. 오늘날에도 인류는 목적과 용도에 맞는 금속의 고유한 성질을 끊임없이 찾아내고 있다.

멕시코 치첸이트사에 있는 쿠쿨칸의 마야 문명 피라미드

시대를 풍미한 물질들

초창기의 인류 역사는 사용한 도구의 종류에 따라 크게 석기 시대, 청동기 시대, 철기 시대로 구분한다. 과학자들은 도구를 기술의 형태로 보며, 사용한 도구를 통해 문명이 얼마나 발달했는지를 판단한다. 모든 문명이 동일한 도구들을 동시에 사용하기 시작한 것이 아니기 때문에, 한 지역의 문명이 석기 도구를 사용할 때, 근처 혹은 멀리 떨어진 지역의 문명은 이미 주석과 구리를 녹여 청동 합금을 만들고 있었을 수도 있다. 역사를 이런 방식으로 구분하는 것이 유용할 때도 있지만, 문제점이 없는 것은 아니다. 어떤 문명들은 시대를 초월하기도 한다. 고대 마야인들의 경우에는 석기 시대를 벗어나지 않았지만, 그 문명은 고도로 발달했다. 어떤 문명들은 청동기와 철기를 만드는 기술을 개발한 후에도 석기를 계속해서 사용했다. 철기 시대는 가장 늦게 왔는데, 그 이유는 철을 녹이기 위해서는 청동보다 더 많은 열이 필요하고, 그 방법도 훨씬 복잡하기 때문이다. 초기 아메리카 문명들은 그들만의 철기 문화를 가지지 못했는데, 이는 유럽 탐험가들이 이미 만들어진 철기를 대륙에 들여왔기 때문이다.

합금

순수한 형태의 금속 원소는 상업적으로나 산업적으로 사용하기에 적합하지 않은 경우가 많다. 금속 원소의 내구성이나 연성을 높이기 위해, 금속을 다른 원소와 섞어서 새로운 물질을 만든다. 이렇게 탄생한 물질을 합금alloy이라고 한다. 자식이 부모를 닮는 것처럼, 새로운 합금도 합금을 구성하는 금속의 특성을 조금씩 가지고 있다. 합금은 대부분의 경우 원래의 원소보다 더 단단해지는데, 이는 크기가 다른 원자들이 결합하면 서로 자유롭게 움직이는 것이 어려워지기 때문이다. 그 결과 더 단단하고 강한 금속이 만들어진다.

금속 중에는, 가공하지 않은 상태로는 거의 쓸모가 없기 때문에 합금으로만 사용하지만 여전히 순수한 형태의 원소 이름을 사용하는 것들이 있다.

금이 이런 경우에 해당한다. 우리가 흔히 이야기하는 금은 대체로 구리, 니켈, 은, 팔라듐, 아연 등과 섞은 합금이다. 합금 속에 들어 있는 순수한 금의 양은 캐럿carat으로 표시하는데, 18캐럿 금은 전체 금속의 18/24이 금이라는 뜻이다. 18/24이 3/4이므로, 이런 합금으로 만든 귀금속은 75 %가 금이다. 같은 방식으로 12캐럿 금은 12/24, 50 %, 14캐럿 금은 14/24, 58 %, 24캐럿 금은 24/24, 100 % 금이다. 24캐럿 금을 보기 어

위 알루미늄 함유량이 92–99 %인 합금으로 만든 알루미늄 박은, 얇은 판의 형태이고 매우 쉽게 휘어진다.

아래 순수한 형태의 금은 너무 무르기 때문에 실질적으로 사용가치가 없다. 구리, 니켈, 은, 팔라듐, 아연 등과 섞은 금 합금은 강하고 단단하기 때문에 실용적으로 사용할 수 있다.

려운 것은 강도가 너무 낮아서 다루기 어렵기 때문인데, 애초에 합금을 만들어 쓰게 된 이유도 이 때문이다.

은도 원소 이름을 쓰는 합금 중의 하나이다. 순은純銀을 살 때, 우리는 실질적으로 92.5 % 은과 7.5 % 구리로 만든 합금을 사는 셈이다. 구리는 은을 보다 단단하게 만들어, 잦은 사용으로 인한 물리적 충격을 견딜 수 있게 한다. 20세기 중반까지, 영국의 통화 단위였던 파운드는 순은 1트로이파운드˙와 동일한 가치를 가졌다.

알루미늄 역시 거의 합금으로만 사용한다. 그 이유는 구리, 마그네슘, 아연 등과 같은 금속과 섞으면 100배 정도 강해지기 때문이다. 이런 경

우를 제외한 대부분의 다른 합금들은 주기율표에 없는 새로운 이름을 사용한다.

청동bronze은 인류가 만들어 낸 최초의 합금이다. 원래는 구리와 주석을 섞어 청동을 만들었다. 초기 인류는 두 금속이 바위에서 함께 발견되는 경우가 많고, 불꽃에 의해 쉽게 녹는다는 사실을 발견했다. 구리와 주석 각각은 매우 무른 금속이다. 주석으로 만든 장난감과 구리선이 얼마나 쉽게 구부러지는지를 생각해 보라. 주석 원자는 구리 원자보다 크기 때문에, 두 금속이 결합하면 구리 원자는 따로 존재할 때만큼 자유롭게 움직이지 못한다. 이렇게 만들어진 합금은 더

강철 합금은 용도에 따라 다양한 비율의 탄소, 니켈, 망간 등의 원소를 포함한다. 도시의 건설 현장에서 강철은 철골 구조물에서 커넥터, 금속판, 못, 볼트, 나사에까지 다양하게 쓰이고 있다.

단단할 뿐만 아니라, 쉽게 부식되지 않는 구리의 성질도 가지고 있다.

땜납solder은 다양한 혼합조성을 가질 수 있는데, 가장 간단한 경우는 주석 60 %에 납 40 %를 섞는 것이다. 땜납은 녹는점이 낮은 점을 이용하여, 납땜기로 녹인 후 둘 이상의 금속판을 접합할 때 접착제처럼 사용한다.

백랍pewter은 주석, 구리, 납을 섞어서 만든 합금이다. 은과 놀라울 정도로 유사해 보이면서, 값은 훨씬 싸기 때문에 식기나 촛대 같은 장식용구에 많이 쓰였다. 또한 납이 들어가 있어 도구를 이용해 정교한 가공을 하기가 쉬웠다. 하지만 납은 독성이 있기 때문에, 백랍 그릇에 담은 음식을 먹거나 백랍 잔에 담긴 맥주를 마시면 사람에게 해롭다는 사실은 의심할 여지가 없다. 현대의 백랍은 주석과 구리에 안티몬, 비스무트 같은 안전한 납 대체재를 섞어서 만든다.

강철steel은 다양한 산업에서 사용되는 유용한 합금이다. 주원료는 철이고 용도에 따라 다양한 비율로 탄소, 니켈, 망간 등을 섞어서 만든다. 철 이외의 원소를 첨가하는 것은 합금을 철보다 단단하게 만들기 위해서이다. 무쇠는 무겁고 내구성이 강하지만 깨지기 쉬운 단점이 있다. 가령, 무쇠 냄비를 떨어뜨리면 아마도 금이 갈 것이다. 철과 니켈에 크롬을 더하면, 크롬이 표면에 코팅되어 부식과 얼룩을 방지한다. 이것이 바로 우리가 흔히 사용하는 스테인리스강이다. 요리사들 중에는 스테인리스강으로 만든 식칼보다 고탄소강으로 만든 식칼을 선호하는 이들이 있는데, 이는 고탄소강으로 만든 날이 좀 더 오랫동안 무뎌지지 않기 때문이다.

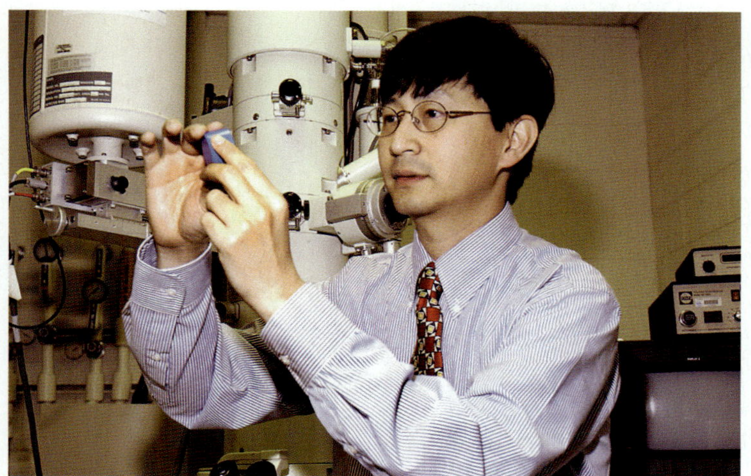

2002년에 NASA의 재료공학자 조나단 리(Jonathan Lee)가 고강도 알루미늄-규소 합금을 개발했다. 이 합금은 승용차와 배, RV의 배기가스를 줄이고, 연비를 높일 수 있을 것으로 전망된다.

• 1트로이파운드 : 1 lbt, 야드-파운드법의 질량단위, 1 lbt = 373.24 g (옮긴이)

세라믹과 유리

세라믹과 유리는 예술과 실내장식 분야에서 뿐만 아니라 화학실험실에서도 친숙한 물질이다. 아름다운 크리스털 잔은 촉감과 분위기, 반짝이는 빛 때문에 가장 특별한 날에 사용되곤 한다. 고대 이집트에서 적토를 빚고 구워서 다양한 장신구와 항아리를 만든 이래로 도예품의 색채와 모양은 사람들의 눈을 사로잡아 왔다. 세라믹과 유리는 고대 로마의 배관에서부터 현대의 패션 안경에까지, 매우 오랜 역사 속에서 사용되어 왔다. 또한 세라믹과 유리는 의약산업에서 통신산업에 이르기까지 넓은 분야에서 무한한 응용 가능성을 가지고 있다.

물질의 상태 유리는 자연 상태에서 흔히 발견되며, 번개가 칠 때나 화산이 폭발할 때 광물이 녹는점까지 가열되었다가 식으면서 형성될 수 있다. 화산이 폭발하면서 일종의 자연 유리인 흑요석이 생길 수 있는데, 이것은 인간이 도구를 만들기 시작할 때부터 사용된 것으로 추정된다.

유리를 만드는 공정에서 가열 과정도 중요하지만, 유리가 유리만의 독특한 상태로 변하는 것은 냉각되는 과정 동안이다. 유리는 다양한 물질로 만들 수 있지만, 가장 일반적인 재료는 모래의 주성분인 규사이다. 규사나 다른 결정질 물질을 고온으로 가열한 후 빠르게 식히면, 원자들이 원래의 배열처럼 질서정연하게 다시 배열될 시간이 충분하지 않게 된다. 유리가 식을 때 원자들은 비교적 무작위적이고 무질서한 배열이 되어, 결과적으로는 고체가 되긴 하지만 배열 자체는 액체에 좀 더 가깝게 된다. 유리가 이처럼 고체와 액체의 성질을 모두 가지지만 둘 모두와 다르기 때문에, 유리는 물질의 종류라기보다는 물질의 상태로 표현하는 것이 더 적절

위 스테인드글라스는 10세기에 예술의 하나로 널리 사용되기 시작했다. 용광로 위의 진흙 냄비 안에서 녹인 유리에 산화 금속을 첨가하여 색을 입혔다. 녹색을 만들기 위해서는 산화 구리를, 푸른색은 코발트를, 붉은색은 금을 첨가했다.
아래 유리를 만드는 과정에서 가열은 굉장히 중요한 부분이지만, 유리의 독특한 성질인 강도, 화학적 부식에 대한 저항력, 높은 내구성은 냉각 과정에서 생기게 된다.

고대에는 용암이 빠르게 식어서 굳을 때 생기는 자연 유리의 한 종류인 흑요석을 이용해 화살촉을 만들었다. 오늘날 외과의들 중에는 흑요석으로 만든 메스를 선호하는 이들이 있는데, 이는 전통적인 강철 메스보다 예리하고 얇은 날을 만들 수 있기 때문이다.

인덕션 레인지는 조리 용기에 열을 직접 전달하여 에너지를 보존한다.

할 것이다. 유리는 고체와 같이 단단하지만 원자의 배열이 조금 무질서한 점은 오히려 액체를 떠올리게 한다. 유리는 한번 형성되면 매우 강하고 화학적 부식에 잘 견디며, 분해되는 데 대략 백만 년 이상이 걸린다.

넓은 의미의 세라믹ceramics은 일반적으로 고체로 만들기 위해 열을 필요로 하는 다양한 무기 물질과 비금속 물질을 포함하는 용어이다. 흔히 세라믹과 혼용하여 사용하는 도자기pottery는, 주로 점토로부터 만들어지는데, 가열 과정에서 액체 상태로 완전히 녹이지는 않는다. 세라믹과 유리의 가장 큰 차이 중 하나는 결합 구조에 있다. 유리에서는 공유 결합이 주로 생기지만, 세라믹에서는 보다 독특하고 구조화된 결정을 이룰 수 있는 이온 결합이 일어나는 경우가 많다. 반면에 유리세라믹결정화 유리은 유리를 만드는 것과 유사한 방법으로 만든다. 하지만 유리를 만들 때보다는 더 높은 온도로 가열한다. 유리세라믹에서는 물질을 이루는 부분들이 좀 더 균일한, 결정형 배열을 형성한다. 만약 이러한 결정형 배열이 물질의 반 이상을 차지하면 유리세라믹으로 간주된다. 유리세라믹은 유리에 비해 강도와 경도가 모두 뛰어나다.

화학과 화학 연구, 소비자 제품에서 유리와 세라믹이 갖는 중요성은 그것만으로도 몇 권의 책을 만들 수 있을 것이다. 세라믹 타일은 우주선을 열로부터 보호하기 위해 사용된다. 유리만큼 강한 고순도 유리 광섬유는 데이터를 먼 곳까지 전송할 수 있어, 전 세계가 소통하는 속도를 변화시키고 있다. 광섬유는 레이저를 이용해 데이터를 전송할 수 있게 하

유리세라믹이 요리를 만나다

요리는 즐거울 수도 있지만, 위험하고 시간이 오래 걸리기도 한다. 음식을 태울 수도 있고 화상을 당할 수도 있다. 더러워진 레인지를 청소하는 것도 보통 힘든 일이 아니다. 인덕션 레인지는 이런 문제를 해결해 줄 수 있다. 인덕션 레인지는 다른 레인지보다 50 % 정도 효율이 높다. 인덕션 레인지는 전자기 유도법칙을 이용한다. 철 분자가 빠르게 변화하는 강한 전자기장에 놓이면, 전자들이 진동하여 열을 발생시킨다. 인덕션 레인지의 표면은 유리세라믹판이며, 그 아래에 평평한 구리코일이 깔려 있다. 레인지를 켜면 구리코일에서 전자기파가 발생한다. 전자기파는 세라믹을 통과해 흘러, 용기와 그 안에 든 음식만 데운다. 세라믹은 낮은 온도를 유지하기 때문에, 요리하는 사람이 만져도 화상을 입지 않는다. 청소도 쉬운데, 음식이 유리세라믹 표면에서는 타지 않기 때문이다. 식사를 마친 후, 행주에 물을 묻혀 세라믹을 한번 닦아 주기만 하면 된다. 단점은 인덕션 레인지에는 철을 함유한 합금 용기만 사용할 수 있다는 것이다. 스테인리스강이나 무쇠 냄비는 괜찮지만 구리나 알루미늄, 세라믹으로 만든 냄비는 사용할 수 없다.

였다. 유리세라믹으로 만든 가스레인지는 최첨단 주방에서 사용되고 있다. 또한 새로운 간암 치료법으로, 매우 작은 크기의 방사성 유리구슬을 몸 안에 투입하는 획기적인 방법도 사용되고 있다.

탄소의 화학

탄소라고 하면 다양한 이미지가 떠오른다. 복사기 토너, 야외 그릴에 들어 있는 숯 덩어리, 흔히 듣는 일산화 탄소의 위험성, 그리고 우리가 숨을 쉴 때 나오는 이산화 탄소 등이 그것이다. 이 모든 것에 탄소가 포함되어 있다. 또한 탄소는 인체에서 산소 다음으로 많은 원소이며, 우주에서 6번째로 풍부한 원소이기도 하다. DNA에서 다이아몬드에 이르기까지, 탄소는 자연 상태로도 유용하지만, 산업적으로도 많이 응용되기 때문에 탄소와 탄소 화합물에 대한 연구는 끝없이 계속되고 있다.

생명의 구성 단위 탄소는 다양한 형태의 동소체 allotrope로 자연계에 존재한다. 가장 널리 알려진 것들로는 다이아몬드, 흑연, 비결정성탄소 등이 있다. 탄소가 엄청난 응용성을 가질 수 있는 것은 탄소의 원자 구조 때문이다. 탄소의 원자 번호는 6으로, 6개의 양성자와 6개의 전자를 가지고 있다. 6개의 전자는 전자 껍질이나 전자구름이라는 특정한 공간 속에서, 핵 주변의 궤도를 돌고 있다. 탄소의 전자 여섯 개는 두 개의 전자 껍질 속에 들어가는데, 전자 두 개는 핵에서 가장 가까운 전자 껍질에 들어 있고 나머지 전자 네 개는 원자가 전자 껍질이라고 하는, 가장 바깥쪽 전자 껍질 속에 있다. 원자가 전자 껍질이

8개까지 전자를 가질 수 있기 때문에, 탄소는 4개의 빈 자리를 가진 셈이다. 이는 네 개의 다른 원자와 공유 결합함으로써 전자를 채울 수 있음을 의미한다. 탄소가 4개의 다른 원자와 쉽게 결합하는 능력은 화학적으로 매우 중요한 역할을 한다. 또한 탄소끼리 서로 결합하여 긴 탄소 사슬을 형성할 수 있는 능력도 가지고 있는데, 이런 능력으로 인해 탄소는 인체의 복잡한 화합물의 뼈대를 이루는 중요한 구성 원소가 된다. 햇빛과 물,

위 탄소의 자연 발생적인 형태인 다이아몬드는 지금까지 알려진 자연 물질 중 가장 단단하다.
아래 버키볼(벅민스터풀러렌, C60) 분자를 컴퓨터로 구현한 이미지. 녹색 구들은 탄소 원자를 나타내고, 선들은 탄소 사이의 결합을 나타낸다. 1985년에 발견된 버키볼, 즉 풀러렌은 탄소의 동소체이다. 이 물질은 새로운 촉매, 윤활유, 초전도체를 만드는 데에 쓰일 수 있는 물리적, 화학적 성질을 가지고 있다.

숯은 검정색 다공성 탄소로, 산소가 없는 상태에서 나무를 가열하여 만든다.

이산화 탄소를 당과 산소로 변화시키는 반응인 광합성에서 반응물이산화 탄소과 생성물글루코오스은 모두 탄소 화합물을 포함한다. 인체에 에너지를 공급하는 탄수화물도 탄소 사슬로 이루어져 있다. 간단히 정리하자면, 모든 동식물은 생존하기 위해 탄소를 필요로 하며, 이 때문에 탄소를 '생명의 원소'라고도 한다.

산업에서의 응용 운송과 인명 구조부터 패션과 주름 개선 수술까지, 탄소를 이용하는 산업 분야는 매우 광범위하다. 탄소는 의약품이나 음식, 의류, 연료 등 어디에나 들어 있다. 탄소의 자연 발생적인 형태 중에 가장 넓게 이용되는 것은 다이아몬드일 것이다. 다이아몬드 형태로 존재하는 탄소는, 여성의 가장 좋은 친구이기도 하지만 단순한 장식품을 넘어 훨씬 중요한 분야에도 널리 사용된다. 자연 물질로는 가장 단단한 다이아몬드는, 축음

기 바늘과 해부용 칼, 드릴 날 등으로 사용되어 비길 데 없는 단단함과 내구성을 나타낸다. 또한 고속도로를 건설할 때 아스팔트를 자르는 용도로 사용되며, 고운 가루 형태로 얼굴 크림에 섞으면 각질제거제로 사용할 수 있다. 이 외에도 탄소는 외과용 메스, 컴퓨터 칩, 반도체 등에 사용되고 있으며, 새로운 응용 분야들이 지속적으로 연구·개발되고 있다. 풀러렌은 60개의 탄소 원자들이 구 형태로 배열된 탄소의 동소체로, 1985년에 처음 발견되어, 사용된 지 10년 정도밖에 되지 않았다. 풀러렌의 원래 이름은 벅민스터풀러렌으로, 측지선 돔을 건축했던 벅민스터 풀러Buckminster Fuller의 이름에서 따온 것이다. '버키볼'들은 광학과 반도체에 쓰이며, 질병을 치료할 때 약품 전달 시스템으로 응용할 수 있어 나노의학에서 큰 잠재성을 가지고 있다. 현재 진행되고 있는 흥미로운 연구에서는, 이러한 탄소 구조를 항체와 결합시키면 암세포만을 찾아 제거할 수도 있을 것으로 기대하고 있다.

유럽 원자핵 공동 연구소(CERN)에 있는 거대 강입자 충돌기. 사진은 입자 가속기의 검출기인 ATLAS를 구성하는 반도체 추적자 부분으로, 9개의 탄소 섬유판으로 구성되어 있으며, 각각의 판은 150만 개의 얇은 실리콘 검출기로 이루어져 있다.

유기 화합물

탄소와 탄소 화합물들은 매우 중요하기 때문에 화학의 모든 분야는 이에 바탕을 두고 있다. 유기 화학은 유기 화합물의 구조와 반응을 다룬다. '유기적'이라는 말은 현대 사회에서 유기농 식품이 증가하고, 자동차 연료나 우리 몸의 에너지원에 대한 관심이 높아짐에 따라 흔하게 사용되고 있다. 자동차 연료인 가솔린이나 우리가 섭취하는 설탕에도 탄소가 들어 있는데, 이처럼 탄소는 두 가지 에너지원 모두의 구성 원소이다. 하지만 식품 첨가제나 자연친화적이지 않은 많은 식품 재료들에도 유기 화합물이 들어 있다. '유기'라는 말은 19세기에 처음 사용되었는데, 생물체로부터 만들어진 화합물과 그렇지 않은 것을 구분하기 위함이었다. 오늘날 유기 화합물은 살아 있는 동식물이 아닌 것에서도 발견되고 만들어지지만, '유기'라는 말은 여전히 생명과 밀접한 관련을 맺고 있으며, 탄소는 모든 생명체에 필수적인 원소이다.

탄소 사슬 유기 화합물은 탄소-수소 결합을 가진 화합물이다. 탄소는 너무나 많은 화합물을 만들기 때문에, 유기 화합물의 수는 헤아릴 수도 없을 만큼 많다. 탄소는 동시에 4개의 다른 원자와 결합할 수 있고 이중, 삼중 결합을 이룰 수도 있다. 탄소가 탄소끼리 결합한 경우든 다른 원소의 원자와 결합한 경우든, 탄소는 공유 결합을 한다. 일반적으로 공유 결합 covalent bond은 두 원자가 거의 동등하게 전자를 공유하는 경우를 말한다. 전반적으로 탄소가 이루는 결합들은 매우 안정하다. 유기 화학 산업의 주요 분야는, 생명체의 핵심 기능처럼, 큰 유기 분자를 합성하는 것이다. 이런 관점에서 보면,

위 가솔린이나 원유는 탄화 수소 사슬을 포함하고 있는 유기 화합물이다.
아래 탄소 나노튜브 안에 들어 있는 버키볼 분자를 컴퓨터로 구현한 이미지. 색깔을 띤 봉우리들은 전자파를 나타낸다. 폭이 사람 머리카락의 십억분의 일보다 작은 탄소 원통인 나노튜브 안에 버키볼이 들어 있는 이 물질은 전기와 열에 대한 좋은 전도체이다.

탄소는 많은 면에서 탁월하다고 할 수 있다. 탄소가 만들 수 있는 분자의 크기에는 한계가 없는 것처럼 보인다. 수천 개의 원자가 결합한 사슬을 만들 수도 있고, 고리를 형성할 수도 있으며, 가지 달린 사슬을 만들 수도 있는 것을 보면 그 사실을 인정하지 않을 수 없다. 사슬의 길이와 구조는 유기 화합물의 성질에 큰 영향을 끼친다. 탄소 사슬은 우리의 몸속에서 지방, 당, DNA, 단백질, 그 외의 많은 것들을 구성한다.

로 하는 화학적 특성이나 성질에 따라 새로운 화합물을 설계하기도 한다. 그리고 그 화합물을 합성하기 위해 끊임없는 노력을 기울인다. 유기 화학자들이 디자인하고 합성해 내는 분자와 고분자들은 구조가 너무나 복잡하기 때문에 3차원 모델링이 가능한 컴퓨터를 사용하기도 한다.

수백만 년에 걸친 탄생 일반 소비자가 일상에서 흔히 접하는 유기 화합물의 대부분은 석유에서 만들어진 것들이다. 이런 유기 화합물들은 흔히 석유 화학제품이라고 부르는데, 자동차 엔진뿐만 아니라 의류에서도 볼 수 있다. 플라스틱, 핸드로션, 콘택트 렌즈, 알레르기 치료제 등은 무수한 석유 화학제품의 일부에 지나지 않는다. 석유는 해양 미생물이 퇴적물로 압축된, 깊은 땅 속에서 발견된다. 수백만 년 동안 높은 압력과 열을 받아 이 퇴적물들은 기름과 가스로 변하게 된다. 원유에는 수백 가지의 유기 화학 물질이 들어 있다. 분별 증류fractional distillation라는 정제 과정은, 열을 가해 서로 다른 화학 성분들을 분리하는 방식이다. 각 유기 화합물 사이의 끓는점 차이를 이용하여, 프로판과 같이 가벼운 화합물과 등유와 같이 더 긴 탄소 사슬을 가진 무거운 화합물을 분리할 수 있다.

현장에서 유기 화학자에게는 건축가나 디자이너와 마찬가지로 창의성이 필요하다. 유기 화학자들은 이미 존재하는 유기 화합물을 연구하는 데에 많은 시간을 보내기도 하지만, 필요

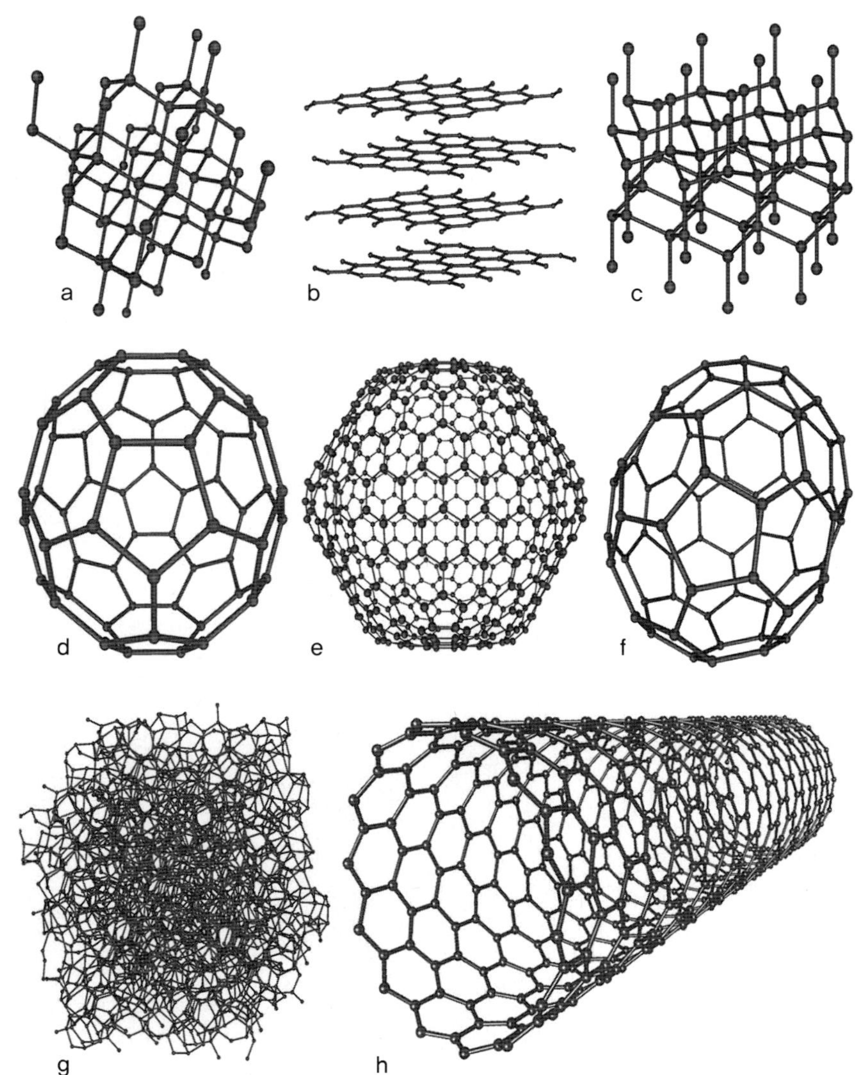

서로 다른 분자 모양을 가지는 8개의 탄소 동소체. 다이아몬드(a)는 발견된 자연 광물 중 가장 단단하고, 흑연(b)은 가장 무른 물질 중 하나이다. 론스달레이트(c)는 투명하고 황갈색 빛이 나며 '육방정계 다이아몬드'라고도 부른다. 벅민스터풀러렌(d)은 광학과 반도체에 쓰이고, C540(e)과 C70(f)은 (버키볼 분자와 같은 종류인) 풀러렌들이다. 비결정성 탄소(g)는 유리 같은 물질이다. 단일벽 탄소 나노튜브(h)는 작은 원통형 구조를 가지고 있다.

중합체

가까운 재활용 센터를 방문하는 것만으로도 중합체의 모든 것을 알 수 있다. 그곳에는 유용한 중합체 분자들로 이루어진 수백 수천 개의 병과 그릇, 접시와 기타 용기들이 산처럼 쌓여 있다. 우리의 가정에도 중합체를 기본으로 만들어진 제품들이 꽉 차 있다. 음료수 용기와 샌드위치나 아이스크림 포장재는 폴리에틸렌으로 만들어진다. CD 케이스는 폴리스타이렌으로 만들고, 배수관은 폴리염화비닐로 만들어져 있을 것이다. 가까운 은행에 있는 방탄유리는 폴리카보네이트로 만들어진다.

'중합체polymer'라는 말은 '여러 부분'이라는 뜻의 그리스어 폴리메로스*poly meros*에서 유래한다. 중합체는 특정한 구조가 반복되는 사슬 모양의 고분자이다. 반복되는 구조는 단위체monomer라고 하며 공유 결합을 통해 유지된다. 즉, 사슬 속에서 각 단위체는 다음 단위체와 전자를 공유하는 형태인 것이다. 단위체는 중합 반응polymerization이라는 화학 반응을 통해 결합하게 된다. 탄소는 중합체 사슬의 중심에 위치하는데, 이는 탄소가 4개의 다른 원자와 서로 다른 네 방향으로 결합할 수 있는 몇 안 되는 원소이기 때문이다. 중합체를 긴 팔찌에 빗대어 생각하면, 탄소가 팔찌의 각 연결고리를 만들고 다른 원소들이 각 연결고리에 매달려 있는 장신구들처럼 탄소에 매달려 있는 셈이다.

이런 정의에 의하면 플라스틱이 대표적인 중합체이지만, 그 외에 다른 중합체들도 많다. 인간과 동물의 생존에 있어서 중합체는 큰 의미를 갖는다. 생명의 핵심 구성 단위인 DNA 분자와, 작은 아미노산이 결합하여 만들어진 긴 단백질 사슬도 중합체에 해당한다. 나무에 흐르는 수액과 우리가 먹는 음식 또한 중합체로 이루어져 있다.

최초의 인공 중합체 최초의 합성 중합체는 1935년에 듀퐁 사Dupont chemical company가 실크를 대신하기 위해 만든 나일론이었다. 나일론은 대량 생산되어 여성용 스타킹 재료로 팔렸다. 물론 나일론은 밧줄이나 옷을 만들 수도 있다. 합성 중합체들은 고무 같은 형태, 액체 형태, 또는 건조되면 딱딱해지거나 끈적끈적해지는 반액체 형태, 접시와 같은 단단한 고체 형태, 일회용 비닐과

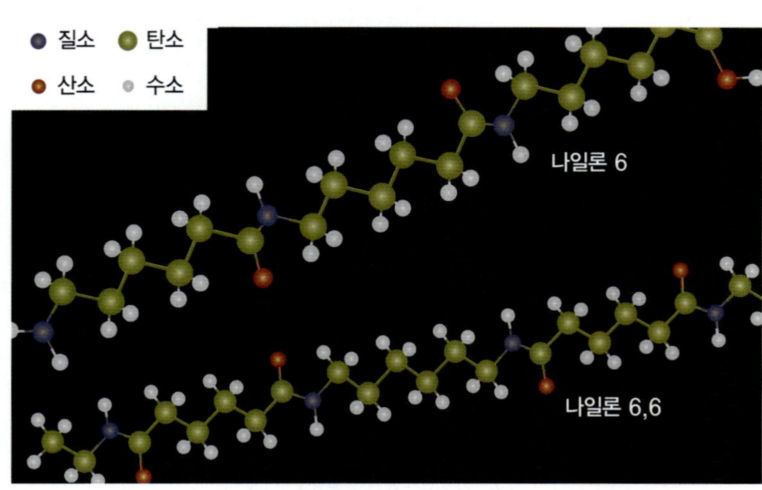

위 플라스틱 중합체는 조성, 내구성, 유연성에 따라 종류가 다양하다. 이 다재다능한 분자들은 볼링공과 미식축구 헬멧에서 플라스틱 용기와 폼 매트리스에 이르기까지 다양하게 변신할 수 있다.
아래 나일론 6과 나일론 6,6을 컴퓨터로 구현한 이미지. 나일론은 최초의 인공 중합체로 이를 이용하여 처음으로 만든 제품은 칫솔모가 나일론으로 된 칫솔이었다.

같은 얇은 필름 형태 등 다양한 형태로 만들어진다.

이런 유용함에도 불구하고 합성 중합체들은 환경적 이유로 홀대를 받는다. 내구성이 강하고, 다른 화학 물질의 작용이 있거나 높은 열, 오랜 시간 빛에 노출될 때에만 분해되도록 설계되었기 때문에, 합성 중합체로 만들어진 제품들은 쉽게 자연 분해되지 않는다. 플라스틱 음료수 병은 영구히 분해되지 않을지도 모른다.

그 결과, 전 세계적으로 가정용 용기들을 처리하는 방법을 모색하고 있다. 해결책은 간단하다. 사용하는 플라스틱 용기의 수를 줄이면 된다. 그리고 이미 사용한 용기도 본래의 용도와 다른 방식으로 재사용할 수 있으며, 용기들을 재활용하고, 유용한 새로운 물건으로 가공할 수도 있다.

옥수수 플라스틱 또 다른 문제 해결 방법은 더 쉽게 분해되는 새로운 중합체를 설계하는 것이다. 그 한 예가 옥수수를 원료로 만든 폴리락타이드polyactide, PLA이다. 폴리락타이드를 만드는 과정은 일단 옥수수 시럽을 발효시켜, 젖산을 만드는 것에서 시작된다. 젖산을 가열하여 물을 끓여 없애면, 젖산 분자들이 도넛 모양의 구조로 결합하는데, 이를 락타이드 단위체lactide monomer라고 한다. 그 다음 촉매로 이 결합을 깨면 연쇄 반응이 시작된다. 각각의 고리는 깨지면서 안정해지기 위해 다른 단위체에 결합하는데, 이 과정에서 다른 단위체의 고리도 열리게 된다. 이 과정은 수천 개의 단위체들이 하나의 중합체 사슬을 만들 때까지 계속된다. 이 사슬은 인접한 다른 사슬과 엮이면서 잘 끊어지지 않는 끈 같은 섬유를 만들게 된다. 결과적으로 녹을 수 있고, 원하는 모양대로 변형시킬 수 있는 반투명한 플라스틱이 만들어진다.

위 서핑보드는 원래 나무로 만들었으나, 지금은 주로 유리 섬유나 폴리스타이렌 폼으로 만든다.
아래 한 남자가 재활용 폴리에틸렌 시트 튜브를 생산하는 사출 기계를 작동시키고 있다. 플라스틱 튜브는 접어서 말기 전에, 뜨거운 공기를 불어넣어 모양을 잡고 건조시킨다.

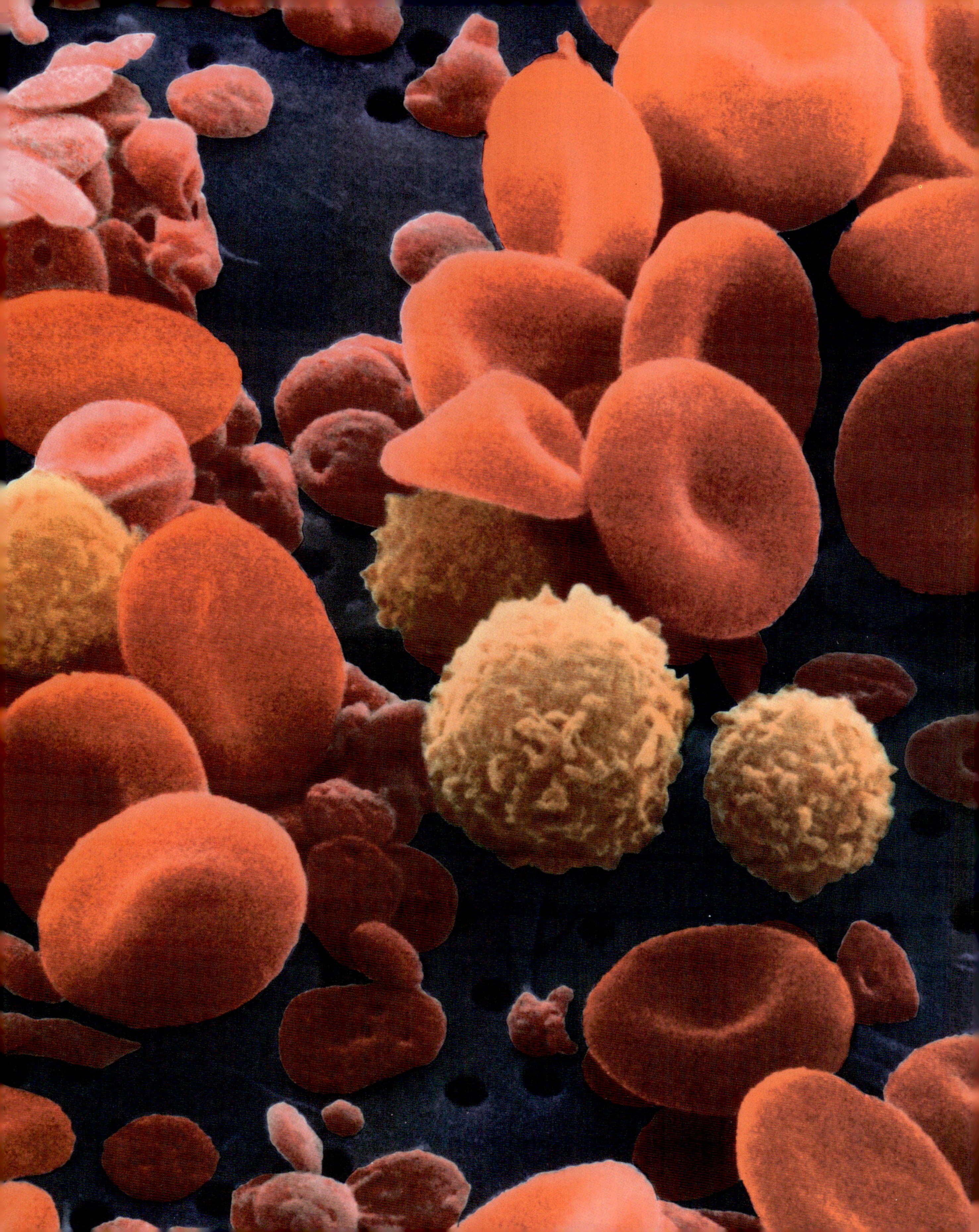

CHAPTER 8

생명의 화학

왼쪽 인간의 혈액 세포와 혈소판을 주사전자 현미경(SEM)으로 본 모습. 우리의 혈액과 장기를 포함한, 모든 살아 있는 유기체들은 화학 물질로 가득 차 있다. 그러한 물질들 중 일부는 자연적으로 발생하고 일부는 외부에서 들어온 것들이다.
위 세인트 존스워트(*Hypericum perforatum*)라고 하는 서양고추나무 꽃의 확대 사진. 이 식물은 우울증에 효능이 있는 것으로 보이는 화합물을 함유하고 있다.
아래 제약 회사의 연구원

자연 세계와 화학 세계가 분리되어 있는 별개의 것이라고 생각할 수도 있지만, 조금만 생각해 보면 그렇지 않다는 것을 쉽게 알 수 있다. '자연적'인 것은 '화학적'인 것과 완전히 별개라고 생각하기 쉽다. 하지만 화학 물질은 우리 주위의 환경에 널려 있을 뿐 아니라, 우리의 혈관 속에서 맥박치고, 생명유지에 필요한 정보를 장기로 전해 주며, 가혹한 환경이나 위험한 상황에서 우리 몸의 항상성을 유지시켜 준다. 우리 몸에 있는 어떤 화학 물질들은 끊임없이, 그리고 성공적으로 세균이나 질병과 싸우고 있다. 그 덕분에 우리는 우리 몸에 그런 세균이나 질병이 있었다는 사실조차 모르고 넘어갈 수 있는 것이다. 어떤 물질들은 우리가 섭취한 음식을 우리 몸이 사용할 수 있는 형태로 바꾸어 준다. 하지만 우리 몸에 이로운 화학 물질만 있는 것은 아니다. 우리 몸은 화학 물질의 공격을 받아 쇠약해질 수도 있다. 그런 화학 물질 중 몇몇은 우리의 삶을 더 편리하게 하고 생산성을 높일 목적을 가지고 인공적으로 만들어진 것이었다. 또한 몸속에서 자연적으로 생기는 화학 물질도 그 양이 너무 많거나 적은 경우, 생체 내의 균형을 깨뜨리기 때문에 해로울 수 있다. 오늘날에 이루어지는 화학적 연구는 화학 물질들의 독성을 줄이고, 생명체에 미치는 화학 물질들의 영향을 알아내기 위해 점점 더 자연에서 많은 것들을 배우려 하고 있다.

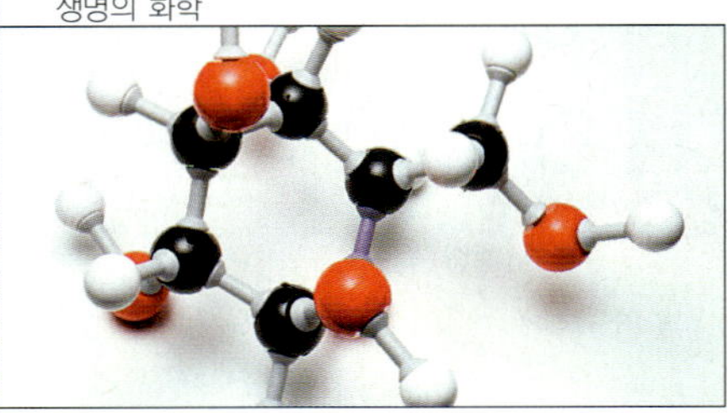

생물체의 근본적인 화학 물질

지금 이 순간 일어나고 있는 경이로운 화학 반응을 보고 싶다면, 자신의 몸 안을 들여다보기만 해도 된다. 인체에서 끊임없이 일어나는 화학 반응은, 우리 주위에서 일어나는 화학 반응보다 훨씬 매혹적이다. 미생물이든 몸집이 큰 생물이든 할 것 없이, 모든 생명체에서 일어나는 화학은 탄소를 포함하는 유기 화합물에 크게 의존한다. 물이나 숨 쉴 때 필요한 산소처럼, 무기 화합물 중에도 분명 생명체의 기능 유지에 핵심적인 역할을 하는 것들이 있다. 그리고 모든 분자들이 나름대로 생명을 유지하는 데에 기여하는 것도 사실이다. 하지만 생물체에게 핵심적이고 근본적인, 유기 화합물들을 보다 자세히 살펴보는 것은 그만한 가치가 있다.

생체 분자 4총사 대부분의 생명체에서 찾을 수 있는 4가지의 중요한 유기 화합물이 있다. 탄수화물, 지질, 단백질, 핵산이 바로 그것이다. 이들을 생체 분자 biomolecule라고 하는데, 각각의 분자들은 유기체가 원활하게 작동하게 하고, 에너지를 생산, 처리, 사용, 저장하며, 종을 재생산하고 번식하는 데에 중요한 역할을 수행한다.

탄수화물 탄수화물 carbohydrate은 생명체에게 있어 에너지를 저장하는, 예비 발전기와도 같은 것이다. 식생활과 관련지어 얘기할 때, 탄수화물은 흔히 파스타나 빵과 같은 음식을 떠올리게 한다. 이런 음식들에도 물론 탄수화물이 들어 있지만, 가장 기본적인 탄수화물로는 설탕을 들 수 있다. 실제로 탄수화물은 당이 연결된 사슬이며, 그 구조는 매우 짧을 수도 있고 복잡할 수도 있다. 탄수화물은 포함하고 있는 당의 수에 따라 분류된다. 즉, 단당류에는 한 개, 이당류에는 두 개, 삼당류에는 세 개의 당이 포함되어 있다. 이런 탄수화물이 몇 개씩 결합하면 다당류가 만들어진다. 인간뿐만 아니라, 다른 동물들도 에너지원으로 탄수화물을 사용하는데, 많은 해양 무척추 동물의 주요한 구조적 성분은 또 다른 형태의 탄수화물인 셀룰로오스로 이루어져 있다. 다당류로 분류되는 셀룰로오스는, 식물의 세포벽을 구성하는 핵심 성분의 하나이기도 하다.

지질 흔히 지질 lipid을 지방이라고 생각하지만 그것이 다는 아니다. 지질을 더 넓게 보면 주로 지방과 기름으로 구성된다. 지질은 사람을 비롯한 생명체에게 에너지를 저장하는 수단으로 사용된다. 하지만 지질에는 여러 종류가 있고 여기에는 스테로이드, 왁스, 인지질, 당지질도 포함된다.

위 당 분자의 3차원 모형
아래 빵은 대부분의 생명체에서 발견되는 4가지 유기 화합물 중 하나인, 탄수화물을 포함하는 음식이다.

위 올리브유는 물에 녹지 않는 유기 화합물인 지질에 해당한다.
아래 달걀 흰자에는 단백질이 많고, 노른자에는 지질이나 지방이 풍부하다.

모든 지질이 가지는 일차적인 특징은 유기 용매에는 녹지만 물에는 녹지 않는다는 것이다. 글리세롤 분자가 지방산과 결합한 트라이글리세라이드triglyce-ride, 중성 지방는 지질의 한 종류로 우리가 먹는 음식에 들어 있는 대부분의 지방을 이루는 성분이다. 지방이 포화 상태인지, 1가 불포화 지방인지, 다가 불포화 지방인지는, 지방산 안에 있는 이중 결합의 수에 따라 결정된다. 즉 순서대로 이중 결합이 각각 0개, 1개, 2개 이상이다. 글리코겐으로 저장되는 포도당이 적어지면, 지질을 통해 보충 받는다. 지질이 지방 이외에 다른 물질로 사용되는 예는, 식물 잎의 두껍고 윤이 나는 표면에서 찾을 수 있다.

단백질 인체의 약 50 %는 세포의 주된 구성 성분인 단백질pro-tein이다. 우리 몸에 존재하는 단백질의 종류와 수는 헤아릴 수 없이 많다. 우리 몸의 표면을 이루는 피부에서부터 혈관 속을 돌아다니며 하루 종일 일하는 인슐린과 같은 화학 물질에 이르기까지 많은 것들이 단백질로 이루어져 있다. 단백질은 그야말로 어디에나 존재하는 것이다. 탄수화물이 당의 사슬로 구성된 것처럼, 단백질은 아미노산의 사슬로 이루어진다. 자연계에는 20가지의 기본 아미노산이 존재하는데, 이들로부터 우리 몸이 필요로 하는 모든 단백질을 합성할 수 있다. 20가지 기본 아미노산 중에서 인간의 몸이 자체적으로 합성할 수 있는 것은 절반 정도밖에 되지 않기 때문에, 건강하게 살기 위해서는 나머지 아미노산을 음식을 통해 섭취해야 한다.

운동선수들은 가끔 근육 속의 글리코겐 양을 늘리기 위해 탄수화물 축적을 한다.

카보 로딩

카보 로딩(carbo-loading)이라는 말은 운동선수들이 사용하는 용어로, 중요한 경주 전에 많은 양의 탄수화물(carbohydrates, carbs)을 섭취하여 인체의 에너지 저장량을 높이는 전략을 말한다. 이것의 목적은 근육에 있는 글리코겐의 양을 늘리는 것이다. 글리코겐은 다당류로, 몸에 잉여 포도당이 생기면 글리코겐의 형태로 저장되어 근육의 비상 에너지로 사용된다. 카보 로딩은 약 40년 전부터 사용되어 왔는데, 운동선수가 일정한 시간 동안 탄수화물 섭취를 중단했다가 다시 섭취하기 시작하면 더 많은 양의 글리코겐이 축적되는 경향을 이용한 방법이다. 세월이 지나면서 이 방법은 탄수화물을 더 많이 먹고, 시합이 있기 3일 전부터 훈련을 줄이는 것으로 대체되었다.

핵산 DNA와 RNA의 형태로 존재하는 핵산nucleic acid은 생명의 청사진을 만드는 데 필요하다. DNA와 RNA가 전달하는 유전 정보는 개개인의 고유한 특성을 담고 있다. 탄수화물과 단백질처럼, 핵산 역시 더 작은 단위들이 모인 사슬로 이루어지며, 핵산을 구성하는 작은 단위들은 뉴클레오타이드nucleotide라고 한다. 기본적인 뉴클레오타이드는 당, 인산기와 5가지 질소 염기 중 하나를 포함하며, 질소 염기들에는 구아닌, 아데닌, 티민, 시토신, 우라실이 있다.

광합성

사과와 같은 과일을 한 입 베어 먹으면, 수분이 풍부한 천연 당이나 과당이 입안을 가득히 메운다. 야채를 먹을 때도 마찬가지이다. 사탕무와 같이 또 다른 천연 당인 수크로오스가 풍부한 야채들은 다른 야채에 비해 단맛이 강하다. 어떤 야채는 녹말이 풍부하다. 녹말starch은 식물에서 발견되는 다양한 형태의 당과 관련 있는 복잡한 탄수화물이다. 이렇게 음식을 통해 얻은 경험 덕분에, 식물이 스스로 당을 생산한다는 사실은 크게 놀랍지 않다. 사실 이런 과정은 식물의 일이라고 할 수 있다. 하루 종일 식물은 스스로의 양분을 위해, 세포벽을 만들기 위해, 또한 자신을 치유하기 위해 당을 만든다. 식물은 1초에 수백만 개의 포도당 분자를 만드는데, 이는 즉시 사용하기에는 너무나 많은 양이다. 따라서 쓰고 남은 포도당은 녹말의 형태로 줄기에 저장된다.

어떻게 식물이 이렇게 맛있는 당을 만드는 것일까? 바로 광합성photosynthesis이라는 흥미로운 과정을 통해 만드는데, 이 과정은 아마도 지구상에서 가장 중요한 화학 반응일 것이다. 왜냐하면 광합성으로 인해 이득을 취하는 것은 식물만이 아니기 때문이다. 인간과 동물은 식물에 의해 생산된 음식을 먹고, 광합성의 부산물로 식물이 배출하는 산소를 통해 호흡한다. 식물의 잎사귀를 통해 지구의 모든 생물이 살아가고 있다고 해도

위 사과를 비롯한 과일들은 천연 식물성 당인 과당을 가지고 있다.
아래 엽록소를 포함하고 있는 엽록체. 식물은 엽록소를 통해 물과 이산화 탄소, 햇빛을 탄수화물로 전환시킨다. 이 과정을 광합성이라고 한다.

과언이 아니다. 내일 당장 모든 식물이 멸종하게 되면, 다른 모든 생명체들도 마찬가지로 멸종할 것이다. 식물, 특히 큰 나무들을 '지구의 폐'라고 하는 이유가 바로 여기에 있다.

복잡한 화학 반응 광합성은 굉장히 복잡한 화학 반응으로, 아직까지 완전히 밝혀지지 않은 부분도 있다. 하지만 일반적으로 식물이 물과 이산화 탄소, 햇빛을 흡수하면, 소량의 수증기와 산소를 배출하면서 당 분자를 생산한다. 광합성은 식물의 잎에서 일어나는데, 엽록소chlorophyll라고 하는 화학 물질의 역할이 크다. 식물이 녹색을 띠는 것은 바로 이 엽록소라는 색소 때문이다. 색소의 역할은 빛을 흡수하는 것인데, 엽록소는 가시광선의 붉은색에서 푸른색까지의 광선을 흡수하지만 녹색은 흡수하지 못한다. 녹색은 잎에서 반사되는데, 이 빛을 우리가 보는 것이다.

과학자들은 광합성을 크게 광합성 I과 광합성 II의 두 단계로 구분한다. 광합성 I은 햇빛이 있을 때에만 일어나기 때문에 '명반응light reaction'이라고 한다. 햇빛이 식물의 잎에 부딪히면, 엽록소 분자에 있는 전자들이 들뜨게 되고, 곧 연쇄 반응을 일으켜서 아데노신삼인산ATP과 니코틴아마이드 아데닌 다이뉴클레오타이드 인산 NADPH이라는, 에너지가 매우 큰 분자를 생산한다. 이 두 분자는 광합성 II 과정에서 이산화 탄소 분자를 분해하고, 포도당 분자의 전구 물질을 합성하게 된다. 두 번째 단계는 빛이 없어도 일어나기 때문에 보통 '암반응 dark reaction'이라고 불렀으나, 오늘날에는 '광독립적light-independent'이라는 용어가 더 널리 쓰인다.

잎에서 일어나는 현상은 햇빛이 비칠 때 광전지 안에 전류가 흐르는 현상과 크게 다르지 않다. 태양발전용 집열판이나 식물 잎이라는 각각의 장치에서, 햇빛은 전자의 흐름을 자극해 전류를 발생시키고, 일을 수행한다. 태양전지에서 전류는 가정에 전기를 공급하고 전등을 밝히거나 기계를 작동시킨다. 잎에서는 전류가 영양분을 만드는 데에 사용되는데, 이렇게 만들어진 양분은 식물에 의해 소모되거나, 나중을 위해 저장된다.

가을 단풍의 아름다운 색은 낮이 점점 짧아지고 밤이 길어져 추워질 때 잎에서 엽록소가 분해되기 때문에 나타나는 결과이다.

가을의 색채

가을이 되어 단풍나무가 붉게 물들고 떡갈나무 잎이 금색으로 아름답게 물드는 모습은, 계절이 바뀌는 시기에 느낄 수 있는 큰 즐거움 중 하나다. 색채는 생동감이 넘치지만, 사실은 낙엽수들이 겨울에 대비하여 생명 활동을 줄이기 때문에 나타나는 현상이다. 광합성에 사용되는 잎의 엽록소로 인해 식물은 초록색을 띠지만, 잎에는 엽록소 외에 다른 천연 색소들도 들어 있다. 밤의 기온이 떨어지고 낮의 길이가 짧아지면 엽록소가 분해되기 시작하고, 이때 다른 색소를 가리고 있던 녹색 빛도 사라지게 된다. 녹색 빛이 사라지면 그때서야 다른 색깔들이 화려하게 나타난다. 비록 짧은 시간이긴 하지만 말이다.

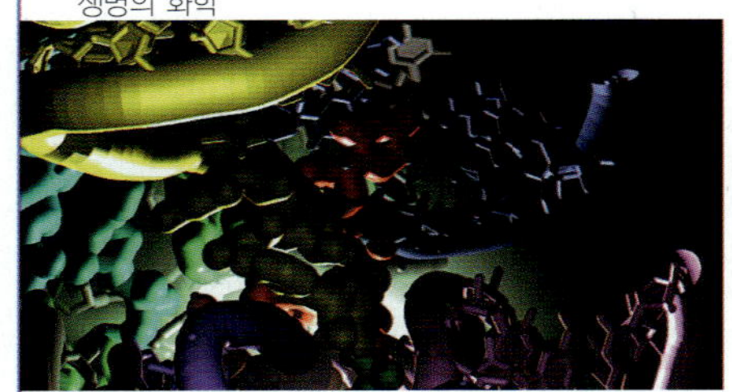

DNA와 RNA

모든 인간의 주된 암호는 디옥시리보 핵산 DNA이라고 하는, 세포의 핵 안에 있는 복잡한 분자에 숨겨져 있다. DNA 분자의 구조는 1953년에 제임스 왓슨James Watson 1928- 과 프란시스 크릭Francis Crick, 1916-2004에 의해 처음으로 밝혀졌다. 그들은 이 '거대분자macromolecule'가 이중 나선 구조를 가진다는 사실을 보였다. 유연하고 탄력성 있는 사다리가 나선모양으로 뒤틀려 있다고 상상해 보라. 사다리의 측면은 디옥시리보당과 인산 분자가 차례로 배열되어 있고, 사다리의 각 가로대는 질소 염기쌍으로 이루어져 있다. 질소 염기는 4가지, 즉 아데닌A, 티민T, 구아닌G, 시토신C만 가능하다. 염기들은 언제나 같은 방식으로 정확하게 쌍을 이루는데, A는 언제나 T와, G는 언제나 C와 결합한다.

생명의 제조법 DNA에는 인체의 모든 것을 만드는 청사진이 들어 있다. DNA 분자의 특정한 부분은 세포 기능을 수행하는 특정한 단백질을 만드는 데 이용된다. 이 부분을 유전자gene라고 하며, 우리는 부모로부터 유전자를 물려받는다. DNA는 46개의 염색체 안에 들어 있다.

46개의 염색체 중 23개는 아버지로부터, 나머지 23개는 어머니로부터 받게 된다. 우리가 살아가는 동안에, DNA 주형은 끊임없이 우리 몸을 치유하고, 성장하는 것을 돕는다. 이런 작업을 정확하게 수행하기 위해, 새로운 세포가 만들어질 때는 DNA가 반드시 나누어져야 하고, 이때 가지고 있던 단백질 제조법을 전달해 주어야 된다.

복제의 미학 DNA를 복제하기 위해, 핵에 있는 장치가 DNA 분자를 한

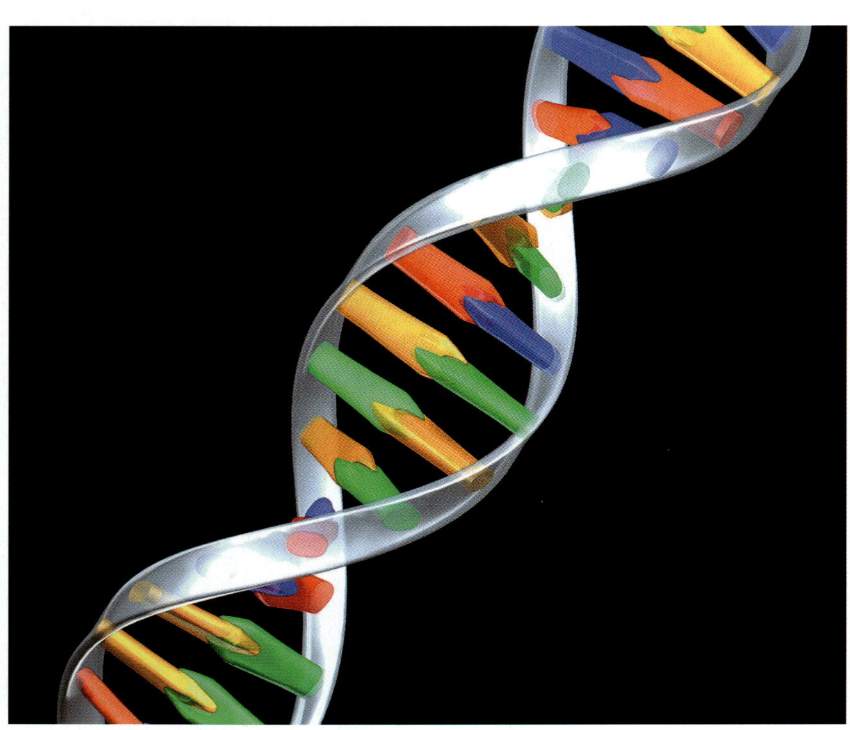

위 RNA의 한 형태 중, 단백질을 합성하는 리보솜
아래 DNA 구조도. 흰색 두 줄은 당-인산 결합으로, 이중 나선 구조이다. 그 사이로 색을 입힌 막대들은 4가지 질소 염기 아데닌, 티민, 구아닌, 시토신을 나타낸다. 염기는 언제나 같은 짝과 쌍을 이루는데, 아데닌(붉은색)은 항상 티민(푸른색)과 쌍을 이루고, 구아닌(녹색)은 시토신(노란색)과 쌍을 이룬다.

쪽 끝부터 열게 된다. 이때 사다리의 가로대가 갈라지는데, 질소 염기들은 자신의 정해진 짝과 다시 결합하고자 한다. 만약 갈라진 가로대가 A로 끝났다면, DNA 제조기는 세포핵 주위에서 떠다니던 자유로운 T를 삽입할 것이다. 두 질소 염기는 짝을 이루게 되고 새로운 당-인산 결합이 조합되어 염기쌍을 둘러싼다. 이런 과정을 통해 DNA 분자는 나선이 풀어지면서, 완벽하게 복제된다.

단백질 제조 DNA는 건설 현장에서 청사진을 들고 있는 감독관과 유사하다. 감독관의 명령에 따라 수행하는 일꾼들이 바로 단백질이다. 단백질을 만들기 위해, DNA는 핵 내부와 세포 밖을 연결하여 명령을 전달해야 한다.

이때 DNA의 전령이 되어 주는 것이 리보핵산RNA이다. RNA는 DNA와는 조금 달리, 리보오스라는 당으로 만들어진다. RNA는 일회용이며, 3가지 형태로 존재한다. '전령 RNAmRNA'는 유전자의 복사판이거나, DNA의 작은 일부분인데, 특정한 단백질을 만들기 위해 필요하다. mRNA는 주 컴퓨터에서 노트북이나 다른 컴퓨터로 정보를 옮길 때 사용하는 플래시 드라이브와 같은 역할을 한다. 유전자는 우라실U이 T염기를 대체한다는 점을 제외하고, 완전히 동일하게 전사된다. 새롭게 만들어진 mRNA는 핵 밖으로 나오게 되는데, 핵 외부로 나오면 mRNA는 단백질 제조 공장과도 같은 리보솜으로 둘러싸이게 된다. 이 공장을 만드는 것은 RNA의 두 번째 형태인 '리보솜 RNA rRNA'이다. 세 번째 형태인 '운반 RNA tRNA'는, 아미노산을 리보솜 안으로 끌어들인다. 유전 정보가 번역되는 동안, 리보솜은 mRNA에 담긴 정보에 따라 아미노산을 배열하여 단백질을 만든다. 각 아미노산이 제자리를 찾으면, 완성된 단백질은 자신의 역할을 수행하기 위해 리보솜에서 떨어져 나온다. 이렇게 놀랍도록 정밀한 체계로 이루어진 복제 도구를 통해 세포가 치유되고, 신체의 기능이 원활하게 작동하는 것이다.

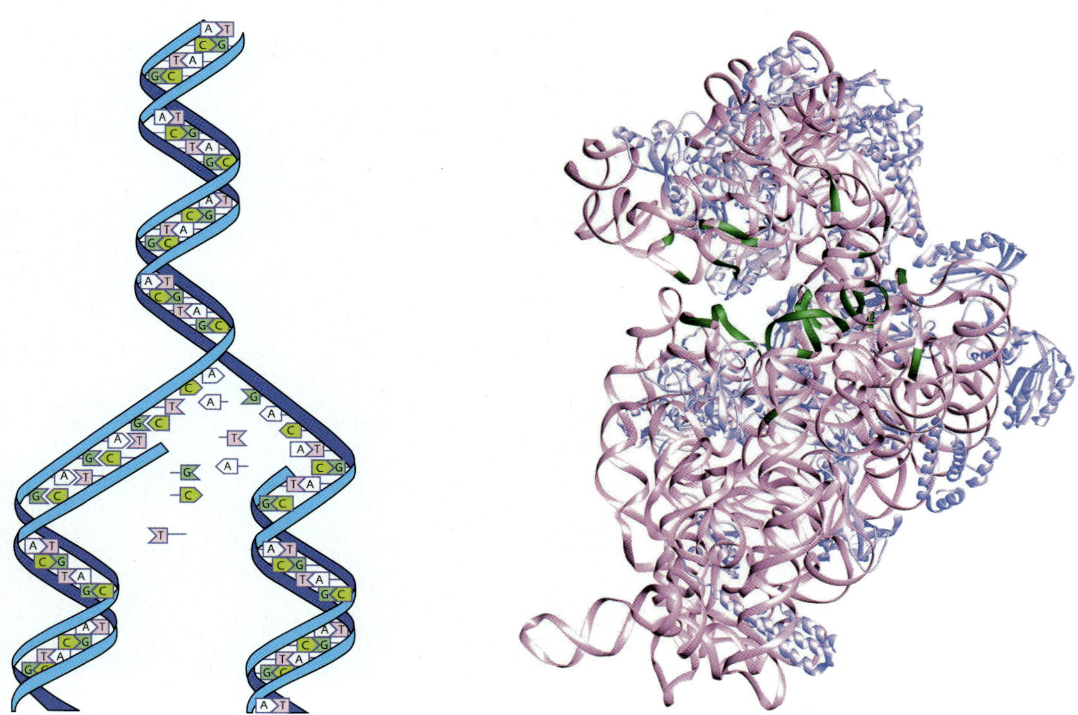

왼쪽 이중 나선이 풀리는 과정에 있는 DNA를 나타낸 그림. 그림에서 보이는 떠다니는 질소 염기들은 빠르고 정확하게 원래와 같은 순서로 짝을 지어, 완벽한 DNA 분자의 복제본을 형성하게 된다.
오른쪽 컴퓨터로 재구성한 리보솜

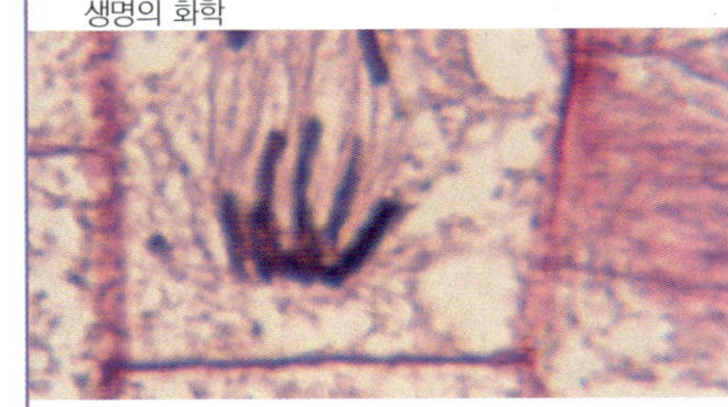

세포 내의 화학

팔을 들어 올리거나, 음식을 소화시키거나, 호흡을 하는 것과 같은, 살아 있는 유기체의 모든 활동은, 세포 수준에서 일어나는 화학 반응과 관련이 있다. 생명체에서 일어나는 이러한 반응과 상호작용을 연구하는 학문을 생화학biochemistry이라고 한다. 좀 더 간단히 표현하면, 생화학은 분자 수준에서 바라보는 생명체의 화학이다. 생화학의 영역은 매우 넓어서, 우리가 먹는 음식을 어떻게 처리하는지에서부터 유전 물질이 어떻게 다음 세대로 전해지는지까지 모든 것들을 포함하고 있다.

보다 작은 단위로 사람의 몸이나 식물, 동물 등과 같이 우리 주변의 살아 있는 물질을 이루는 분자를 생체 분자라고 한다. 이런 분자들이 관계된 화학 반응은 생체 분자 반응biomolecular reaction이라고 한다. 생명의 근간을 이루는 생체 분자들은 끊임없이 만들어지고, 또 끊임없이 분해되고 있다. 분자들을 만드는 과정을 동화 작용anabolism이라 하고, 분해되는 과정을 이화 작용catabolism이라 한다. 또 이 둘을 통틀어 물질대사metabolism라 한다.

물질대사는 인체가 음식을 분해하는 과정을 이야기할 때 자주 사용된다. 하지만 이 용어는 모든 생체 분자 반응의 총체를 의미한다. 여기에

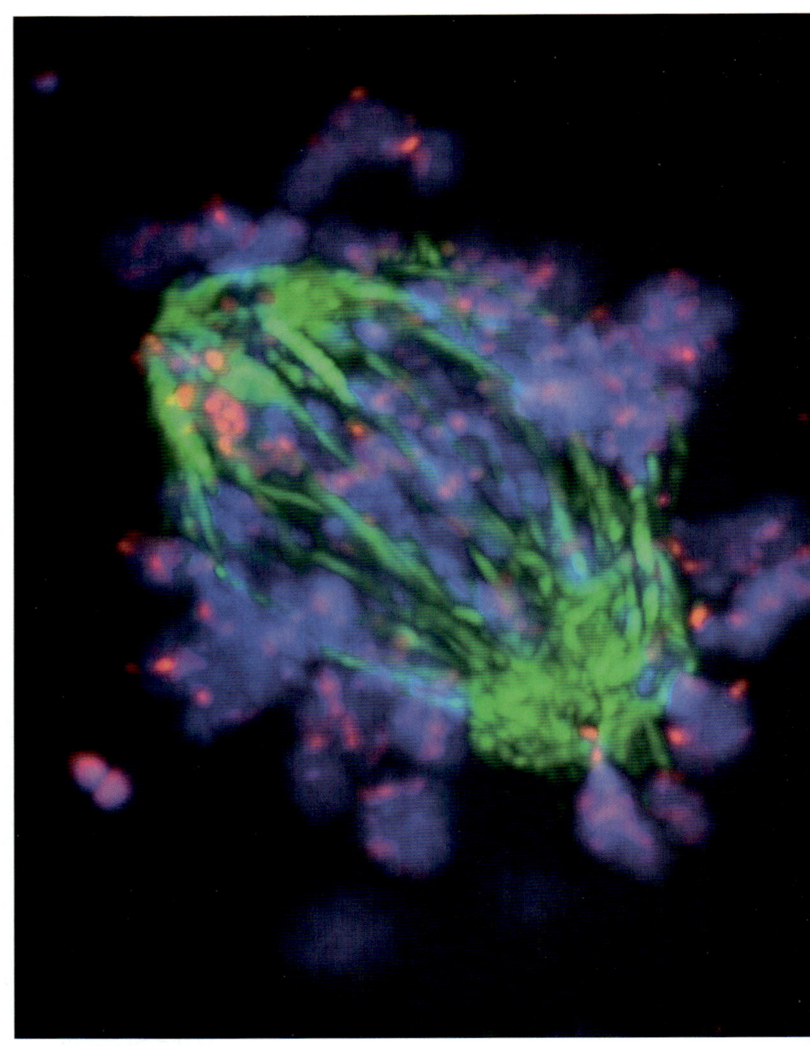

위 단세포 생물인 박테리아가 흙 안에 들어 있다. 박테리아는 흙으로부터 영양분을 섭취하는 다세포 식물과 다른 생명체의 생장에 아주 중요한 역할을 한다.

아래 유사 분열하고 있는 배아 줄기세포. 이 줄기세포 안에서 DNA가 형성되고 있다. 현재 연구 목적으로 줄기세포를 이용하는 것에 대해 정치가, 의사 및 다양한 사람들 간에 뜨거운 논쟁이 일어나고 있음에도 불구하고, 많은 과학자들은 이 분야에 대한 연구 열의가 높다.

는 아미노산을 통해 단백질을 구성하는 것과, 단백질을 분해하는 과정 모두가 포함된다. 유기체가 4가지의 중요한 유기 생체 분자인 탄수화물, 지질, 단백질, 핵산을 만들고 분해하는 방식은, 얼마나 에너지를 잘 만들고 처리하는가 뿐만 아니라 얼마나 잘 재생산하는가를 결정한다.

세포 수준에서 이런 과정의 총체를 세포 물질대사cellular metabolism라고 한다. 이런 반응들 역시 결과적으로 세포 단위까지 가게 되는데, 각 세포는 영양분을 처리하여 세포 자신은 물론, 구성하는 동식물의 생명을 유지할 수 있어야 한다. 인간 세포도 자신만의 처리 방식이 있는 것으로 보인다. 세포막은 보안벽과 같은 역할을 하여, 특정한 물질의 출입은 허락하는 반면 다른 물질의 출입은 막는다. 세포는 살아남기 위해 영양분이 필요하며, 생존을 유지해 주는 구조를 가지고 있다.

입에서 미토콘드리아까지 에너지는 사용할 수 있는 상태로 만들지 않으면, 우리에게 큰 도움이 되지 못한다. 가솔린이 생명체에게 에너지원으로서 아무 소용이 없듯이, 소화되지 않은 음식 분자들도 적절하게 분해되지 않으면 각 세포에 아무런 의미가 없다. 단백질이나 탄수화물, 지질이 몸에 섭취되면, 이화 작용이 일어나면서 분자들을 분해한다. 분자들은 소화 기관, 혈액, 그리고 궁극적으로 세포에 전달되는 동안, 각각의 구성 단위들로 분해된다. 이 분자들이 선택성을 지닌 세포막을 통해 잘 흡수되기 위해서는 다양한 화학 반응을 거쳐야 한다. 세포 안에서, 세포소기관의 하나인 미토콘드리아는 음식물의 이화 작용 결과 생긴 분자들

엄마와 딸은 세포 수준에서 유사성을 가지고 있으며, 그 결과 대사 속도도 매우 유사할지도 모른다.

을 세포가 사용할 수 있는 에너지 형태인 ATP아데노신삼인산로 바꾸게 된다. 세포의 에너지 제조 공장인 미토콘드리아에서 일어나는 이러한 전환은, 세포가 포도당 같은 분자를 실질적으로 사용할 수 있는 에너지의 형태로 바꾼다는 의미로, 세포 호흡cellular respiration이라고 한다. 이 과정에서 산소가 필요하면 유기 호흡이라 하고, 산소 없이 일어나면 무기 호흡이라고 한다. 호흡 과정 전이나 또는 과정 중에, 탄수화물, 지질, 단백질이 인체 내에서 분해되는 과정을 대사 경로metabolic pathway라고 한다. 가령 당분해glycolysis는 유기 호흡의 첫 단계이고, 포도당을 미토콘드리아가 흡수할 수 있는 형태로 분해하는 대사 경로이다.

연구와 생화학 생명체의 세포 수준에서 일어나는 화학적 과정들, 특히 세포가 서로 다른 분자들을 어떻게 물질대사 하는지에 대한 연구는 실험적인 연구에서 그치지 않는다. 생화학의 응용 범위는, 과다한 콜레스테롤이 인체에 미치는 영향에 대한 연구부터 에이즈에 관한 연구 및 치료법에 이르기까지 아주 다양하다. 예를 들어 생화학자들은, 박테리아가 페니실린을 물질대사 하는 과정을 연구하여, 페니실린이 박테리아의 세포벽 형성을 방해한다는 사실을 밝혀내었다.

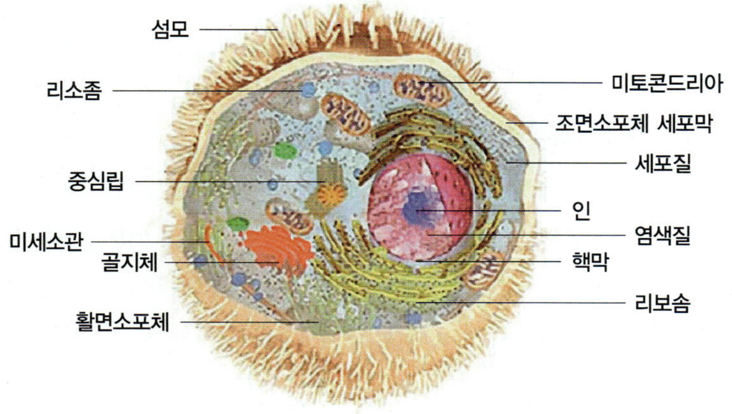

모든 세포는 외부 세포막을 가지고, 수백, 수천 개의 세포소기관을 포함하는 세포질과 내부의 핵으로 이루어져 있다. 세포의 각 부분은 마치 초소형 공장과 같이, 각각의 최종 생성물을 만들어 내기 위해 서로 다른 기능을 수행한다.

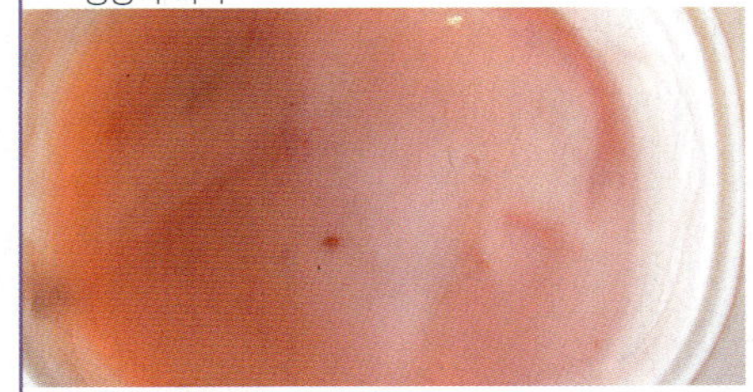

효소

우리는 앞에서 RNA가 생체 기능을 수행하는 단백질을 만들어 내는 과정에 대해 알아보았다. 이번에는 그러한 기능들의 대리자인 효소에 대해 알아보자. 효소는 세포 안에서 일어나는 모든 일들을 수행한다.

효소enzyme는 수백 개의 아미노산으로 구성된 단백질로, 유기체 내에서 필요로 하는 화학 반응들을 수행한다. 효소는 분자 간의 결합을 깨뜨리는 작용을 하는데, 예를 들어 우리가 빵이나 감자를 입에 넣는 순간, 침에 들어 있는 아밀라아제는 복잡한 녹말을 작은 당 분자로 분해하기 시작한다. 효소가 없었다면 며칠, 몇 주, 몇 년이 걸릴지도 모를 소화 과정이, 효소 덕분에 단 몇 시간 안에 끝난다. 효소는 수백만, 심지어 수십 억 만 배로 반응 속도를 증가시킨다. 효소와 반응하는 물질은 기질基質, substrate이라고 하고, 기질이 변형된 것을 효소의 '생성물'이라고 한다. 언뜻 보면, 효소가 촉매와 유사해 보일 수도 있지만, 둘 사이에는 큰 차이가 있다. 촉매는 화학 반응을 촉진시키는 것의 총체를 의미하는데, 이런 정의에 의하면 열도 촉매에 해당할 수 있다. 효소는 생물학적 고분자 촉매이다.

물론 우리는 인체 밖에서도, 여러 가지 목적으로 효소를 오랫동안 사용해 왔다. 빵을 굽거나 맥주를 담글 때, 와인을 숙성시키거나 요거트를 만들 때, 우리는 이스트yeast라는 생체 효소를 사용하고 있다. 치즈를 만들 때에는 소의 위장에서 얻은 레닛rennet이라는 효소를 사용하는 경우가 있는데, 이 효소는 우유를 엉기게 한다. 가정에서는 세탁물에 묻은 음식물 얼룩을 뺄 때도 효소를 사용하고, 고기를 부드럽게 하기 위해 요리하기 전에 효소에 재워 두기도 한다.

메커니즘 모형 1894년에 독일 과학자이자 노벨상 수상자인 헤르멘 에밀 피셔Hermann Emil Fischer, 1852-1919는 효소의 작동 원리를 설명하고자 노력했다. 그는 '자물쇠-열쇠' 모형을 제시했는데, 효소는 그 표면에 자신의 기질과 정확하게 들어맞는 구멍을 가지고 있다는 것이다. 열쇠가 자물쇠에 꼭 맞게 들어가듯이, 기질은 효소에 잘 맞아 들어가고 그 결과 반응이 일어난다. 반응 결과 생긴 새로운 생성물은 효소로부터 다시 떨어져 나간다. 자물쇠-열쇠 모형은 오랫동안 받아들여졌지만, 이러한 반응을 실시간으로 관찰하는 현대 과학자들은, '유도-적합' 모

위 우유에 (젖산)균을 넣어 발효시키면 요거트가 된다. 이것은 미시적 수준에서 요거트가 살아 있다는 것을 의미한다.
아래 단세포 생물의 하나인 덴드로코메트(Dendrocometes)라는 원생동물. 이 생물은 살아 있는 물고기 비늘에 서식한다. 생명공학 연구자들은 이런 생물을 이용해 효소를 만들 수 있을 것으로 기대한다.

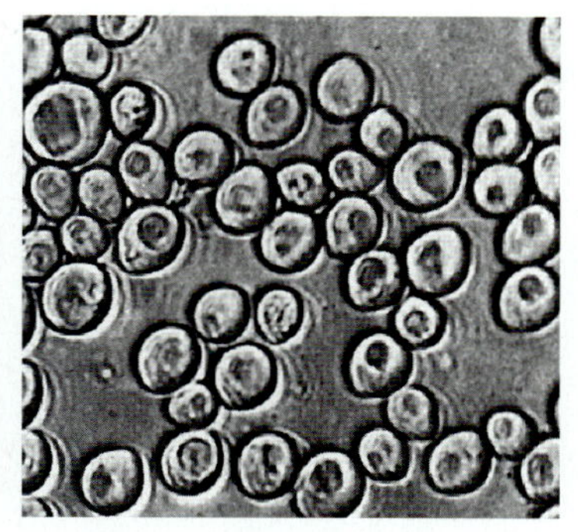
이스트와 같은 효소는 빵이나 맥주, 일부 치즈 등과 같은 음식에 수천 년간 사용되어 왔다.

형을 새롭게 제시했다. 유도-적합 모형은 효소가 과자 자르는 칼 같이 특정한 모양을 가진 것이 아니라, 훨씬 유연하다는 이론이다. 적절한 기질이 효소에게 접근하면, 효소는 부드럽게 기질을 둘러싸기 위해 모양을 변형시킬 수 있다는 것이다.

하지만 메커니즘과 상관없이, 중요한 것은 효소가 특정한 기질과만 반응한다는 점이다. 분명 효소는 자신에게 맞는 기질을 찾고, 그 상대와 만나기 전까지는 반응을 시작하지 않는다. 이런 기질 특이성은 물질대사에서 중요한 역할을 한다. 실험실에서 과학자들은 언제라도 시험관이나 비커에 촉매를 넣어 화학 반응을 일으킬 수 있다. 반응을 시작하는 순간까지는, 두 반응물을 분리된 상태로 보관하여, 의도하지 않은 화학 반응을 일으키지 않게 할 수 있다.

인체 내에서는 문제가 그리 간단하지 않다. 효소는 이미 세포라는 시험관 안에 있는 셈이다. 효소는 수많은 기질에 둘러싸여 헤엄치고 있는데, 그들 모두와 반응하는 일이 벌어지면 곤란한 일이다. 그래서 자연은 화학적으로 정확한 자극을 찾기 전에는 효소의 잠재력이 발현되지 않도록 하는 메커니즘을 설계했다. 물론 아직도 우리는 이 메커니즘에 대해 모르는 것이 너무 많지만 말이다.

어떤 효소들은 그들이 분해하는 기질과 이름이 비슷하기 때문에 기억하기가 쉽다. 당의 일종인 엿당maltose은 단일 결합으로 연결되어 있는 두 개의 포도당 분자로 이루어져 있다. 효소인 말타아제maltase는 그 결합을 분해하여, 두 분자가 각각 자유롭게 움직일 수 있게 한다. 효소는 복잡한 구조의 당을 보다 간단하게 만들어 쉽게 소화되게 하는 것이다. 같은 방식으로 젖당인 락토오스lactose는 락타아제lactase에 의해 분해된다. 체질적으로 유당을 소화시키지 못하는 사람들은 락타아제를 가지고 있지 않기 때문에 우유를 소화시킬 수 없는 것이다. 또 다른 효소인 리파아제lipase는, 우리의 식생활에서 섭취하는 트라이글리세라이드, 복잡한 지방, 또는 지질을 분해하는 역할을 한다.

이 모든 과정을 살펴볼 때, 효소는 우리 몸에서 화학 반응이 어떻게 일어나는지 보여주는 대표적인 표본이다. 효소의 작용을 응용한다면, 우리는 위험한 병원균을 훨씬 효율적으로 없앨 수 있는 약품을 개발할 수 있을 것이다. 현재는, 효소들이 본래의 기능을 수행하지 못하도록 효소의 활성자리를 막아 버리는 억제제를 약품으로 개발하여 사용하고 있다. 억제제는 효소가 치료 과정을 방해할 때 유용하게 사용된다.

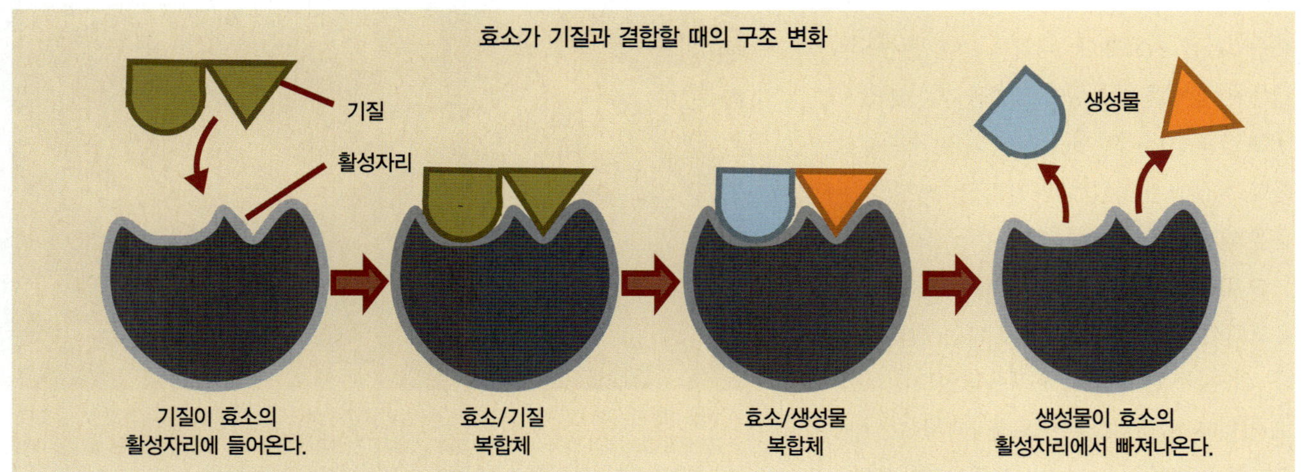

기질이 퍼즐 조각처럼 효소에 들어오면, 상호작용을 통해 다른 형태로 변한다. 이 과정은 우리 신체와 무수한 다른 유기체에서 항상 일어나지만, 의학을 비롯한 다른 목적으로 사용하기 시작한 것은 최근의 일이다.

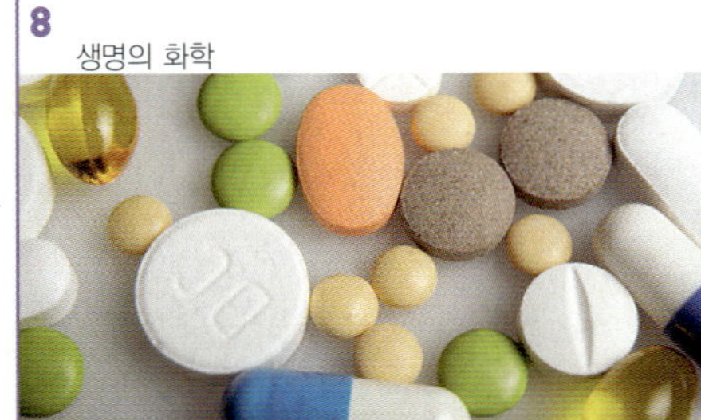

의약품

졸졸거리는 시내 위로 버드나무가 늘어져 있고 나뭇가지가 바람에 살랑거리는 모습은, 냉정하고 이성적인 생각보다는 감상적인 느낌을 자극한다. 하지만 버드나무는 합성 약품의 시작과 더불어 의약품 산업의 탄생이라는, 현대 의학에서 가장 흥미로운 이야기와 관련되어 있다.

버드나무와 약품의 역사는 기원전 5세기에, 그리스의 내과 의사였던 히포크라테스Hippocrates가 버드나무 껍질로 만든 치료제가 통증을 완화하고 발열에 효능이 있는 것을 발견한 때로 거슬러 올라간다. 히포크라테스만이 이 사실을 알고 있었던 것은 아니었다. 수메르인들을 비롯한 다른 고대 문명에서도 이 치료제를 사용해 왔다. 또한 아메리카 원주민들도 버드나무를 가지고 부족민들을 치료했다. 적어도 1800년 동안, 인간은 이 방법을 이용하여 통증을 치료해 왔지만, 1828년에 들어서야 버드나무 안의 약효를 가진 화학 물질이 분리되었고, 살리신salicin이라는 이름을 얻었다.

그 후로 19세기의 많은 과학자들은 살리신의 유도체인 살리실산을 이용해 많은 실험을 하였다. 살리실산은 진통제로 사용되었지만, 부작용도 있었다. 살리실산은 구토를 유발하고, 가끔은 설사와 위출혈을 일으키기도 했다. 과량 복용할 경우 생명을 위협하기도 한다. 수많은 화학자들

이 이 문제에 달려들어, 살리신의 약효만을 유지하고 잠재적인 위험 요소들을 제거하기 위해 노력했다. 연구가 아무런 진전을 보이지 않는 상황에서, 독일의 화학자 펠릭스 호프만Felix Hoffman, 1868–1946이 관절염을 앓던 자신의 아버지에게 처방할 진통제를 찾던 중, 살리실산의 새로운 형태인 아세틸살리실산acetylsalicylic acid을 개발했다. 그가 만든 화합물은 최초의 실용적인 합성 약품이었기 때문에, 그는 어떻게 보면 자연을 뛰

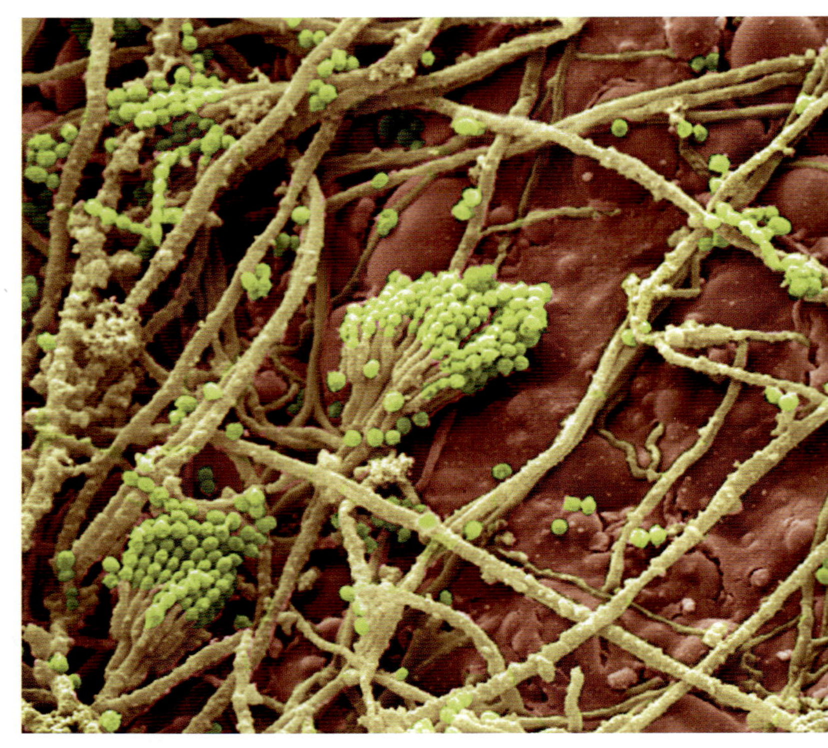

위 약을 이용한 질병 치료의 오랜 역사 속에서, 알약은 비교적 최근의 발명품이라고 할 수 있다. 연구자들은 끊임없이 화학적 지식을 넓혀 가면서, 자연에서 얻어지는 물질과 합성된 물질을 이용하여 새롭고 개선된 화합물들을 만들기 위해 부단히 노력하고 있다.
아래 빵에 곰팡이가 피는 것은, 원하지는 않지만 흔히 일어나는 현상이다. 의학의 발전에 있어 가장 위대한 발견 중 하나로 꼽히는 페니실린은, 우연히 곰팡이의 성질을 발견한 데에서 출발했다.

버드나무는 의학적으로 놀라울 정도로 오랫동안 광범위한 지역에 걸쳐 사용되어 왔다. 그리스에서 아메리카 대륙까지, 옛날 사람들은 버드나무 껍질을 이용해 진통제를 만들었고, 오늘날 사용되는 많은 진통제들은 버드나무 껍질에 들어 있는 화학 물질의 합성판이라고 할 수 있다.

어넘었다고도 할 수 있다. 그가 만든 약품은 부작용이 없거나, 있어도 매우 경미한 반면 진통 효과가 컸다. 호프만의 고용주는 아주 기뻐하며, 곧바로 이 약품을 시판하였다. 그의 이름은 프리드리히 바이어Friedrich Bayer 1825~80였고, 제품의 이름은 예상할 수 있다시피, 아스피린Asprin이었다.

과학자들이 아스피린의 작용 메커니즘의 수수께끼를 푼 것은 1971년에 들어서였다. 아스피린은 일종의 억제제로, 뇌에 고통 반응을 보내는 화학 물질인 프로스타글란딘prostaglandin이라는 물질을 만드는 핵심 효소를 방해한다. 이 물질은 손상된 조직에 염증을 만들고, 붓기를 일으키기도 한다. 아스피린이 혈액에 들어가면, 사이클로옥시지나제cyclooxygenase, COX라는 효소에 붙어서 프로스타글란딘을 더 이상 생성하지 못하게 한다. 그 결과 뇌는 더 이상 고통을 느끼지 못하며, 붓기도 가라앉고 환자의 기분도 훨씬 나아진다. 물론 아스피린은 통증이 경미할 때에만 효과가 있고, 또한 쉽게 몸에서 배출된다. 효과를 지속시키기 위해서는, 병이나 고통이 없어질 때까지 계속해서 복용해야 한다.

민간요법에서 시작해 판매되는 약품이 되기까지 아스피린이 걸어온 길을 보면, 자연에서 얻어지는 화학 물질들을 믿을 수 있는 효과적인 진통제로 변형시키기 위해 과학이 어떤 과정을 거쳐 왔는지를 볼 수 있다. 어떤 약품이나 치료법에도 시행착오를 겪는 시기가 있기 마련이다. 현대 과학에서 약품은 대중에게 판매하기 전에 엄격한 시험을 거치게 된다. 새로운 약품은 이론적으로 설계한 후 컴퓨터를 통해 모형화하고, 시험관에서 연구한 뒤, 쥐를 이용해 실험을 거친다. 쥐에 실험한 후에는 돼지나 개처럼 몸집이 더 큰 포유류에 실험하고, 마지막으로 사람을 상대로 실험을 한다. 사람을 상대로 한 실험은, 연구원들이 안전성과 효율성을 확보하기 위해 점점 사람 수를 늘려 가면서 약품의 효과를 측정하기 때문에, 그 자체로 여러 해가 걸릴 수 있다.

역사적으로 과학은 자연으로부터 해결의 실마리를 구해 왔다. 역사상 가장 위대한 의학적 발견은 페니실린으로, 스코틀랜드의 화학자 알렉산더 플레밍Alexander Fleming, 1881~1955에 의해 이루어졌다. 그는 우연히 곰팡이에 의해 오염된 포도상구균 표본에서, 곰팡이가 박테리아를 녹여 버린 것을 발견했다. 플레밍은 당시 생명 유기체가 질병에 대해 자기 방어적인 메커니즘을 가지고 있다는 사실을 알고 있었는데, 7년 전에는 눈물에 있는 효소인 리조자임lyzozyme이 지속적으로 박테리아의 세포벽을 파괴하여 감염으로부터 눈을 보호한다는 사실을 발견했다. 현대의 의학 연구자들은 이런 방식을 계승하여, 인체가 이미 가지고 있는 뛰어난 방어 물질과 효소의 능력을 증폭시킬 수 있는 방법을 찾고 있다.

농약

농업은 농작물 생산량을 최대화하는 동시에 손실을 최소화하는 방법을 오랫동안 모색해 왔다. 많은 산업형 농부들은 이러한 목적을 달성하기 위해 화학 물질을 사용하고, 이 때문에 살충제, 제초제, 비료 산업이 비약적으로 발전했다. 이같은 화학 물질들은 집 주위에 녹색 카펫 같은 부드러운 잔디밭이나, 잡초나 해충 걱정 없이 아름다운 꽃들로 가득한 정원을 가꾸려는 개인들에게도 매력적으로 다가온다. 농약과 제초제, 비료는 물질대사와 같은 동식물의 화학적 과정에 작용하여 생장을 막거나, 촉진시킨다.

살충제 살충제는 곤충의 피부를 덮고 있는 보호막을 녹이거나 호흡 기능을 막는 것에서부터 물질대사나 신경계를 조작하는 것까지, 다양한 방법으로 병해충에 작용한다. 유기인제 살충제는 살충제 산업의 주생산물로, 1980년대에 널리 쓰였다. 이 약품은 농업 산업이나 주거용으로 널리 쓰였으며, 주로 특정한 효소의 기능을 손상시켜 곤충의 신경계를 교란시키는 방법으로 작용한다. 콜린에스테라아제cholinesterase라는 이 효소는, 신경계에서 아세틸콜린을 파괴하고, 신경 충동 조절자로 작용한다. 아세틸콜린은 신경 전달 물질로, 신경과 신경, 신경과 근육 사이에 정보를 전달한다. 콜린에스테라아제가 제대로 기능하지 못하면, 아세틸콜린이 분해되지 않아, 신경이 한번 신호를 보낸 후에 원래 상태로 돌아오지 못한다. 신경 세포 사이에 전달되는 정보를 조절하지 못하게 되는 것이다. 신체는 과도하게 흥분하게 되어 발작이나 경련을 일으키고, 결국 죽게 된다. 유기인제는 작은 해충들에게는 치명적이지만, 소량으로는 사람에게 큰 피해를 주지 않는다. 하지만 과다하게 노출되면, 사람에게도 해로울 수 있다.

제초제 제초제 또한 다양한 방법으로 없애고자 하는 식물의 성장을 막는다. 현재 산업용과 가정용으로 사용되고 있는 제초제는 대부분 글리인산glyphosate을 주원료로 만든다. 살충제와 유사하게, 제초제는 식물의 효소 활동에 영향을 미친다. 글리인산은 식물에게 필요한 단백질을 만드는 데에 사용

위 밀은 여러 나라에서 생산되는 주요 농작물로, 농약에 의해 많이 오염되는 농작물 중의 하나이다.
아래 살충제와 제초제를 살포하는 것은 농부에게는 수확량을 늘려주지만, 인간이나 동물, 그리고 일반적인 생태계에는 유해할 경우가 많기 때문에 끊임없이 논란이 되고 있다.

하는 EPSP 합성 효소를 방해한다. 제초제가 잡초를 공격하는 또 다른 방법으로는, 잡초의 광합성을 방해하거나, 씨의 발아나 포자가 흩어지는 것을 막는 방법 등이 있다.

비료 식물은 생존하기 위해 수소, 탄소, 산소 외에도 다른 영양분을 필요로 한다. 세 가지 중요한 영양분으로는 질소, 인, 칼륨이 있다. 이런 영양분이 없으면, 식물들은 정상적으로 성장할 수 없다. 원예사에서 파는 비료 부대에 표기된 숫자는 비료에 들어 있는 질소, 인, 칼륨의 함유량을 나타낸 것이다. 비료를 구입하기 전에 토양의 화학적 성질을 알아보면, 보다 현명한 선택을 할 수 있다. 이러한 영양분은 식물이 썩을 때도 나온다. 따라서 흙에다 짚을 까는 것은 널리 사용될 수 있고 효과적이며, 비용을 아낄 수 있을 뿐만 아니라, 친환경적이기도 한 방법이다.

균형을 찾는 일 다른 많은 과학적 진보에서 볼 수 있듯이, 살충제와 제초제를 사용하는 것에는 장점이 있는 반면 단점도 있다. 예를 들어 최초의 현대적 살충제로 여겨지는 DDT는 제2차 세계 대전 이후 미국 전역의 말라리아를 퇴치하는 데에 크게 기여했다. 하지만 오래지 않아 DDT의 유해성이 밝혀졌고, 조류를 비롯한 여러 생물체에 미치는 유해성은 레이첼 카슨Rachel Carson의 대표작 《침묵의 봄Silent Spring》을 통해 세상에 알려졌다. 결국 미국 환경 보호국EPA, Environmental Protection Agency은 1972년에 DDT 사용을 금지했고, 미국에서는 더 이상 쓰이지 않고 있다.

DDT의 예에서 얻은 교훈의 결과로, 농업 화학 산업은 지속적으로 제품이 끼칠 수 있는 잠재적 피해를 분석하여, 제품을 통해 얻을 수 있는 이익과 비교하고 있다. 새로운 규정과 규제들이 계속해서 연구되고, 실제 시행되고 있으며, 대안들도 끊임없이 연구되고 있다. 몇 년 전에는 흰개미를 박멸하기 위해 클로르피리포스chlorpyrifos를 사용하거나, 가정에서 다이아지논diazinon을 살충제로 사용하는 것이 금지되었다. 사용이

개똥지빠귀와 같은 조류는, 먹이와 함께 그곳에 뿌려진 화학 물질을 함께 섭취함으로써, 의도하지 않게 살충제와 제초제의 피해를 받는 일이 많다.

허가된 살충제도 과다하게 사용하는 경우, 의도치 않게 다른 동물과 식물에게도 피해를 입힐 수 있다. 이런 상황이 오래 지속되면, 그 지역의 생물학적 다양성이 영향을 받을 수 있다. 또 살충제나 제초제, 비료를 지나치게 많이 사용하면, 결국은 토양이나, 수원, 공기에 축적이 된다. 따라서 이런 제품들을 사용할 때는 권장량을 지키는 것이 중요한데, 이는 농약으로 인해 얻게 되는 이익보다 위험성이 더 커지지 않도록 하기 위해 꼭 필요하다.

집에 심각한 피해를 입힐 수 있는 흰개미들은 살충제의 표적이 되는 경우가 많다.

의도하지 않은 효과

전문업체에서 청소한 카펫, 담배 연기로 가득한 술집, 경연대회에서 상을 탄 장미 정원, 얼룩 하나 없는 오븐, 말벌 걱정이 없는 야외 테라스, 이 모든 예들은 일상 속에서 우리가 끊임없이 화학 물질과 접촉하고 있다는 것을 보여준다. 살아 있는 생명체로서, 우리는 환경에 의존하고 그 변화에 많은 영향을 받는다. 이러한 변화는 눈에 잘 띄고 명확한 경우도 있지만, 좀 더 미묘하고, 우리에게 미치는 영향을 알아채기도 전에, 긴 시간에 걸쳐 우리 주변에 축적되는 경우도 있다.

우리 주변에서 새어 나오는 것들 매일 직접적으로 접하는 유해 물질들 외에도, 어떤 독소들은 불법 폐기를 통해 하수구로 쉽게 흘러들어 가거나, 빗물에 흘러넘쳐 물이나 공기로 퍼져 나간다. 살충제와 비료는 토양이나 수원에 모여드는 경우가 많다. 몇 년에 걸친 다양한 연구 끝에, 소변과 모유에 살충제와 생활 속 화학 물질로부터 나온 독소 성분들이 포함되어 있다는 사실이 밝혀졌다. 유아들은 몸무게가 적게 나가고, 성장하고 신체의 변화가 진행 중이기 때문에 이런 화학 물질들에 의한 위험성에 특히 더 취약하다. 지난 50년 동안의 소아암 발병률 증가와 여성의 유방암 증가 현상이, 우리가 생활하는 환경과 밀접하게 관련되어 있다는 사실에 대해 큰 관심이 집중

위 오염의 결과는 인간뿐만 아니라 우리와 더불어 사는 모든 생물체에게 치명적인 피해를 줄 수 있다.
아래 기름통처럼 부적절하게 폐기된 용기들은 생태계 전체를 오염시킬 수 있다.

되고 있다. 유기 화합물은 환경에 남아 있을 수 있고, 오랜 시간 동안 조금씩 흡수된다. '영구적 유기 오염 물질'이라는 말은 다양한 산업에서 쓰인 유기 화합물들이 환경에 영구히 남게 되는 현상을 일컫는 말로, 이 물질들은 생명체의 지방 조직에 축적되기도 한다.

더 다양한 선택들 독성이 있을지도 모를 화학 물질에 대한 노출을 줄이기 위해, 무언가 할 수 있기를 원하는 소비자들에게 화학 연구는 이전보다 다양한 선택의 기회를 제공하고 있다. 이는 단순히 천연 가정용품의 종류가 늘어나는 차원의 이야기가 아니다. 화학 연구를 통해 사람들이 위험한 독소를 피할 수 있게 된 좋은 예로, 흡연 관련법이 늘어난 것을 들 수 있다. 생화학자들을 비롯한 과학자들은, 습관적인 흡연자들에게 나타나는 해로운 증상이 담배 연기에 노출된 비흡연자들에게도 똑같이 생길 수 있다는 사실을 밝혀내어, 많은 공공장소에서 흡연을 금지하는 관련법을 제정하게끔 하였다.

이 연어들은 인간이 만든 화학 물질로 오염된 물 때문에 죽었을 가능성이 높으며, 다른 물고기나 물새들도 이 오염된 물로 인해 생명을 빼앗길 수도 있다.

개개인이 할 수 있는 일들 현대 사회를 살아가다 보면, 우리가 통제할 수 없는 것들이 많다. 하지만 단순히 독소가 적은 제품을 사는 것 말고도, 일상에서 접하는 독소를 줄일 수 있는 좋은 습관들이 있다. 많은 사람들이 청소를 하거나 정원을 가꿀 때 화학 물질을 접하게 된다. 개개인들은 가정에서 비료를 사용하고 살충제를 뿌릴 때 주의를 기울여야 한다. 독성 화학 물질을 버릴 때는 수원이나 토양에 축적되지 않도록, 적절한 방법으로 처리해야 한다. 또한, 소비자들이 가정에서 화학 물질의 사용을 줄일 수 있는 방법도 있다. 가령 잔디를 깎고 난 후, 깎은 잔디를 쓰레기 봉투에 담아 매립지로 보내기보다는, 뜰에 있는 다른 식물들을 위해 자연 비료로 사용할 수 있다. 이렇게 하면 화학 비료의 사용을 줄이거나 없앨 수 있다. 또 재배하는 식물이 특정한 지역에서 자연적으로 잘 자라는 토착 식물이면, 그만큼 비료 사용량이 줄어들 것이다. 식물 중에는 해충에 강한 성질을 타고난 것들도 있다. 예를 들어 시트로넬라 식물들은 모기를 쫓는 능력이 있다. 살충제나 비료를 쓸 때는 적정한 양만 사용해야 한다. 가까운 원예점이나 가정용품점에 가면 토질 시험약을 구입할 수 있고, 이것으로 토양에 비료를 과다하게 사용하진 않았는지 확인할 수 있다. 만약 비료와 살충제를 반드시 사용해야 할 경우에도, 비가 올 것으로 예상되는 날에는 사용해서는 안 된다. 개인 약품을 비롯한 가정용 화학제품을 폐기할 때도 주의를 기울여야 한다. 가정에서 더 이상 필요가 없는 처방약을 보통 변기에 버리곤 하는데, 이로 인해 우리의 수원에 무수한 화학 물질이 방출된다. 우리의 환경을 독성 물질들로부터 자유롭게 만들기 위해서는 개개인의 노력도 아주 중요하다는 것을 잊어서는 안 된다.

정원이나 밭에 자연 비료와 퇴비를 사용하는 것은, 잠재적인 유해 물질의 사용 및 확산을 줄이는 한 가지 방법이다.

CHAPTER 9

우리 주위의 화학

왼쪽 우리가 비눗방울을 불 수 있는 것은, 물과 비누가 결합할 때 생성되는 혼합물이 커다란 방울을 만들 수 있을 만큼 잘 늘어나기 때문이다.
위 감자를 튀길 때 나는 향은 요리 과정에서 자연적으로 생기는 부산물일 수도 있지만, 패스트푸드에 첨가된 화학 물질 때문에 생기는 것일 수도 있다.
아래 집 안팎에 칠하는 페인트도 화학 반응의 결과물이다.

우리가 요리하는 음식, 빨래하거나 목욕할 때 사용하는 비누, 벽을 아름답게 칠하는 페인트, 벽을 밝혀 주는 전등을 보면 화학 반응이 우리 일상에 가득하다는 것을 당연하게 받아들일 수 있다. 집안을 한번 둘러보는 것만으로도 화학이 일상생활에 깊이 들어와 있는 것을 알 수 있는 것이다. 제산제는 과다 분비된 위산을 중화시킴으로써 복통을 치료할 수 있다. 열을 가하면 단백질과 당이 캐러멜과 같이 변하는 현상은, 맛있는 고기로 익어 가는 냄새를 만들어 내어 가족들을 자연스럽게 식탁으로 불러 모은다.

화학은 또한 상업적으로 사용되기도 하는데, 때로는 교묘하게 인간의 감각을 속이기도 한다. 패스트푸드 중에는 마치 집에서 조리된 것과 같은 모양과 냄새와 맛을 갖게 하는 화학 물질로 이루어진 것도 있다. 이는 모두 조미료와 향을 연구하는 과학자들 때문에 가능한 일이다. 그들이 만드는 맛과 향은 인간의 가장 뛰어난 감각조차 속일 수 있다.

인체 내에서 일어나는 무수한 화학적 과정을 제외하고서라도, 우리가 늘 해야 하는 일상의 일들을 간단하게 만들어 주는 여러 가지 화학 반응의 도움이 없다면 단 하루도 살아가기 어려울 것이다.

주방에서 일어나는 화학

요리사가 주방에 들어가는 것은 화학 실험실에 들어가는 것과 같다. 조리법에 나와 있는 소금과 설탕, 기름, 과일, 야채, 고기는 평범한 음식물로 보일지도 모르지만, 분자 수준에서 보면 이들은 지금까지 이 책에서 다뤘던 화학 물질과 동일한 것들로 구성되어 있다. 사람은 생존하기 위해 탄수화물, 지방, 기름과 단백질 같은 필수 영양분을 섭취해야 한다. 예를 들어 설탕은 탄수화물에 속하지만 화학자는 이를 탄소와 산소, 수소로 구성된 수크로오스로 볼 것이다. 소금은 생

위 자당, 포도당, 과당은 과일과 야채에 함유된 당의 화학적 이름들이다.
아래 빵을 발효시키는 과정은, 살아 있는 유기체인 이스트가 당을 섭취하고 부산물로 이산화 탄소를 배출할 때 일어난다. 이산화 탄소는 거품 형태로 반죽에 갇히는데, 이 때문에 빵이 부풀어 오르게 된다.

달걀 흰자를 오랫동안 저으면 부풀어 오르면서 굳는다. 공기가 달걀 안으로 들어가면서 흰자의 아미노산 사슬이 깨지게 되고, 달걀 안에 갇힌 공기의 양이 증가하면서 부풀게 된다.

많은 패스트푸드 체인점들이 합성 화합물을 이용해 햄버거나 감자튀김에 특정한 향과 맛을 만들어 낸다.

패스트푸드의 화학

패스트푸드가 알려진 만큼 건강에 나쁘다면, 어째서 그렇게 맛있는 향이 나는 것일까? 체인점에서 흘러나오는 군침 도는 향은 수 킬로미터까지 뻗어나가는 것 같고, 지나가는 사람들에게 거의 중독성에 가까운 냄새를 전달한다. 모든 음식에서 향이 가진 힘은 결코 가볍게 볼 수 없다. 음식의 맛은 음식과 미뢰와의 상호작용보다 향기와 더 직접적인 관련이 있는 것으로 알려졌다. 이는 우리의 후각이, 미뢰가 구별할 수 있는 맛의 수천 배가 넘는 서로 다른 냄새를 구분할 수 있을 정도로 발달했기 때문이다. 이러한 점을 이용해, 화학조미료 산업은 조미료를 시장에 내놓기 훨씬 전부터 실험실에서 혼합된 갖가지 향과 훈제 맛, 달콤한 맛, 후추 맛 등의 다양한 맛을 시식행사를 통해 알리고 있다. 갈수록 많은 회사들이 딸기에서 탄산음료, 감자튀김에서 소시지까지, 다양한 음식의 특정한 맛과 향을 모방하는 화합물들을 만들어 내고 있다.

명에 꼭 필요한 무기 영양소이지만, 동시에 나트륨과 염소가 이온 결합에 의해 결합한 정육면체 모양의 결정성 물질인 염화 나트륨이다.

최근 몇 년 사이에 음식의 화학적 성질을 더 잘 분석하기 위해 분자 요리학이라는 분야가 생겨났다. 분자 요리사들은 대체로 과학적 훈련을 받은 요리사이다. 물론 좋은 요리를 준비하기 위해 과학자가 될 필요는 없다. 가족과 친구들을 위해 맛있는 요리를 할 때, 요리사는 여러 가지 음식의 화학적 성질을 이용하여 그들의 상호작용을 통해 새로운 풍미를 만들어 내거나, 자신이 원하는 새로운 방식의 반응이 일어나게끔 음식을 섞어 준다. 다행히도 음식에 들어 있는 화학 물질들은 매번 같은 방식으로 반응하기 때문에, 성공할 확률이 실패할 확률보다 훨씬 높다.

우리에게 친숙한 화학 반응 몇 개를 살펴보자. 빵을 만들 때 제빵사는 밀가루, 따뜻한 물, 소금과 기타 첨가물을 섞고, 여기에 살아 있는 작은 세포인 이스트를 넣는다. 따뜻한 물에 의해 이스트 세포들은 잠에서 깨어, 밀가루에 있는 당을 마음껏 섭취하고 그 과정에서 이산화 탄소를 방출한다. 우리가 숨을 내쉴 때도 나오는 이 기체는, 젖은 반죽에 조그마한 공기주머니를 만들어서 부풀어 오르게 만든다. 이스트와 그 기체 부산물이 없다면, 부드럽고 폭신한 빵을 만들기가 굉장히 어려울 것이다.

요리사가 달걀을 깨뜨리면, 미끌미끌한 흰자와 노른자는 그릇 속에서 액체처럼 출렁인다. 흰자는 아미노산이 긴 사슬을 형성한 단백질로 만들어져 있다. 요리사가 흰자를 저으면, 달걀 단백질에 산소가 섞이게 된다.

주방에서 일어나는 화학(계속)

더 많은 공기가 단백질에 섞임에 따라, 아미노산 사슬이 풀어지게 된다. 단백질 조직은 점점 더 무질서해지면서 더 많은 공기를 가두고, 크기가 커지면서 점점 굳어진다. 머지않아 달걀 흰자는 원래 부피의 8배까지 커지고, 그릇을 뒤집어도 흰자가 그릇에서 떨어지지 않을 만큼 단단해진다. 이렇게 갓 만든 흰자 거품에 설탕을 첨가한 것을 머랭meringue이라고 한다. 낮은 온도의 오븐에서 구워 바삭거리도록 만들면 맛있는 간식이 된다.

위 햄버거에 넣을 닭 가슴살을 튀기거나 파스타를 삶는 등, 요리는 음식에서 화학적 변화가 일어나도록 하는 과정이다.

가운데, 아래 설탕은 주방 화학의 스타플레이어이다. 설탕은 사탕에 단맛을 주고(가운데), 메일라드 반응이라는 과정에서 중요한 역할을 수행한다. 고기가 가열되면(아래), 단백질은 분해되고 지방에 있는 당과 결합하여 여러 가지 새로운 맛을 내는 화합물을 형성한다.

캐러멜화와 메일라드 반응 야생에서 포식자는 사냥감을 날로 먹는다. 하지만 사람들은 고기를 조리해서 먹는 것을 더 좋아한다. 왜 그럴까? 그 이유는 익힌 고기가 더 맛있다는 사실을 우연히 발견했기 때문이다! 고기에 열을 가하면, 표면에 있는 단백질은 분해되어 지방에 있는 당과 결합한다. 고기는 갈색으로 변하고, 공기 중으로 '고기 냄새'가 퍼지며, 날고기에는 없던 맛이 생겨난다. 이런 과정을 메일라드 반응Maillard reaction이라고 부르는데, 처음 발견했던 프랑스의 내과 의사이자 화학자인 루이즈-카밀 메일라드Louise-Camille Maillard, 1878-1936의 이름에서 따온 말이다. 그는 아미노산과 당을 함께 가열하면 매혹적인 맛을 낸다는 사실을 발견했다. 이 화학 반응은 맥주와 토스트에서도 볼 수 있는데, 대중 음식 산업에서 널리 이용되어, '메이플' 시럽 같이 설탕을 주원료로 하는 인공 감미료를 만드는 데에 쓰인다. 또 이와 유사한 갈변화 반응에는 설탕을 가열할 때 나타나는 캐러멜화가 있다. 설탕을 오래 가열할수록 색이 진해지고 맛이 강해진다. 이런 과정은 사탕을 만들 때나 천연 당을 함유한 야채의 맛을 개발할 때 사용된다.

발효는 문명사회에 이용된 최초의 화학 반응 중의 하나이다. 발효는 이스트가 당을 분해하여 이산화 탄소와 에탄올(알코올)을 만드는 과정이다.

3분으로는 익지 않는 달걀

3분이면 익는 달걀이, 익는 데에 3분 30초가 걸리는 경우는 언제일까? 이는 바로 고도가 높은 곳에서 요리할 때이다. 고도가 높은 곳을 여행한 적이 있거나 그런 곳에서 사는 요리사는, 물이 훨씬 빨리 끓는 대신에 달걀을 3분 동안만 익히면 평소와는 다르게 설익는 현상을 경험해 보았을 것이다. 이는 물이 끓고는 있지만, 낮은 고도에서 끓는 것만큼 뜨겁지 않기 때문이다. 대기압은 물이 끓는 데에 얼마만큼의 에너지가 필요한지를 결정하는 중요한 요소이다. 요리를 할 때 이 에너지는 냄비를 가열하고 있는 열원에 포함되어 있다. 압력이 높을수록, 분자와 분자 사이에 존재하는 결합을 깨뜨리고, 물 표면 밖으로 나오는 것이 더 어렵다. 고도가 높아질수록 물 표면에 작용하는 대기압이 작아진다. 이는 각각의 물 분자가 서로의 결합을 끊고, 물 밖으로 빠져나오는 데 더 적은 열이 필요하다는 것을 말한다. 물의 끓는점은 사우스캐롤라이나의 찰스톤에서 끓이는지, 아니면 콜로라도의 덴버에서 끓이는지에 따라 최대 5 ℃까지 차이가 날 수 있다.

해발 고도가 해수면보다 높은 곳에서, 물은 100 ℃보다 낮은 온도에서 끓기 시작하는데, 그 이유는 대기가 물에 가하는 압력이 상대적으로 약하기 때문이다. 예를 들어 해발 1,500 m에서 물은 85 ℃에서 끓기 시작한다.

색과 빛

바티칸 시티에 있는 시스틴 성당Sistine Chapel의 천장은, 미켈란젤로 부오나로티Michelangelo Buonarroti가 1508년에 그리기 시작한 천장화로 유명하다. 500년이나 되었지만, 미켈란젤로의 그림에 있는 색소는 처음 그려질 때처럼 여전히 빛나고 있다. 당시의 미술가들은 현대와 같이 미술용품점에서 물감을 살 수 있는 상황이 아니었기 때문에, 부드러운 돌이나 야채, 곤충이나 다른 동물의 신체와 같은 다양한 자연물을 이용해 물감을 직접 만들어 사용했다. 이 색소들은 현대의 색소와 똑같은 방식으로 작용한다. 기본적으로 색소는 갈색이나 푸른색, 붉은색 같이 원하는 특정 파장을 제외하고 모든 빛을 흡수한다. 초기 미술가들은 색소에 다른 물질을 첨가함으로써 물감이 보다 쉽게 퍼지도록 희석하거나 표면에 더 잘 묻도록 전색할 수 있다는 사실을 발견하게 되었고, 이로써 아름답고 예술적인 회화의 세계가 탄생했다.

화학에 대한 이해가 발전하면서, 사람들은 현대 사회에 필요한 합성 색소를 만들 수 있는 화학적 방법을 고안할 수 있게 되었다. 1856년에 영국에서 윌리엄 헨리 퍼킨William Henry Perkin, 1838-1907이 젊은 나이에 아닐린aniline이라는 유기 화합물로 만든 최초의 염료를 개발했다. 당시 18살밖에 되지 않았던 퍼킨은, 자신이 만든 보랏빛 염료를 '모베인mauvaine' 이라고 불렀다. 오늘날 우리는 이 색을 연보라색mauve이라고 부른다. 오늘날 화학적 화합물들은 셀 수 없이 많은 페인트의 기본 안료顔料를 구성하는데, 원하는 색을 분석만 하면, 기본 안료들을 빠르게 섞어 다양한 색의 페인트를 만들 수 있다. 페인트 견본은 때로는 먼셀 표색계Munsell color system에 따라 섞이는데, 이것은 다양한 색을 색상환을 따라 배열한 것이다. 지금 이 책에 쓰인 색깔들은 사실 프린터에서 쓰이는 자홍색magenta, 청록색cyan, 노란색yellow, 검정색black의 네

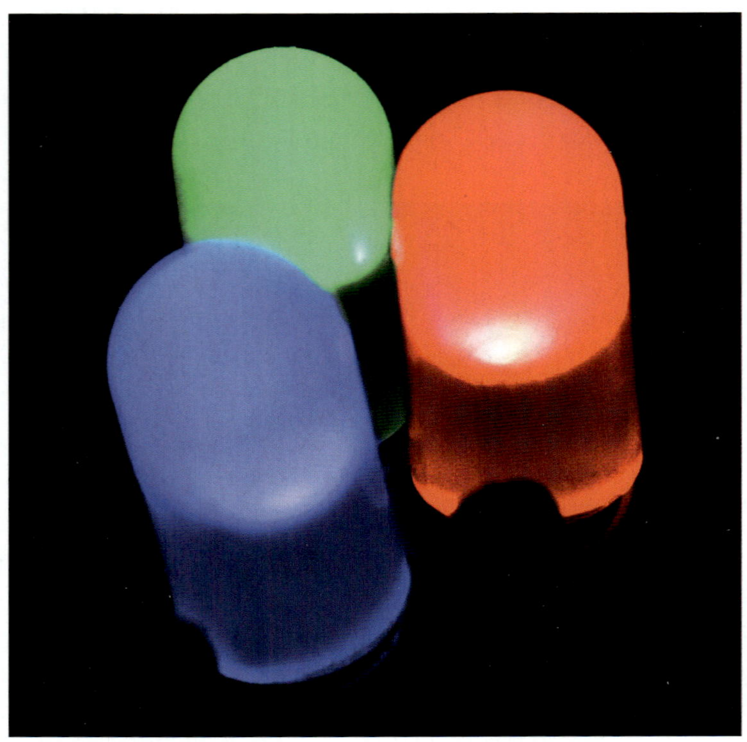

위 페인트 화학자는 특정 색을 나타내는 안료를 분석하고, 만들어 내는 연구를 한다.
아래 어떤 물체의 원자와 분자들이 특정한 방식으로 에너지를 받으면, 열을 동반한 빛이 발생한다. 발광 다이오드(LED)와 같은 광원들은 열을 더 적게 발산하기 때문에, 에너지 효율이 더 높다.

위, 아래 빛은 여러 가지 화학 반응을 통해 만들어진다. 네온조명(위)은 기체에 전류를 흘러보내어 만든다. LED(아래)는 비화 갈륨으로 만든 전기 회로에 전기가 통할 때 빛을 발하게 된다.

종류의 화학 잉크를 섞은 것이다. 이 네 가지 색을 적절하게 섞으면 인쇄물에서 볼 수 있는 모든 색을 표현할 수 있다.

발광 다이오드 색 자체가 빛의 스펙트럼으로부터 기인한 것이기 때문에, 색과 빛을 분리하는 것은 불가능하다. 불이 들어온 백열전구를 만져 본 적이 있다면, 전구에서 나오는 열에 손을 데일 뻔한 경험이 있을 것이다. 백열전구는 효율성이 비교적 낮다. 백색광을 만들기는 하지만 전구가 사용하는 에너지는 대부분 과량의 열을 만드는 데 사용되기 때문에, 전구에서 열이 흘러나오면서 에너지가 낭비된다. 형광등은 이에 비해 좀 더 효율적이긴 하지만 발열을 피할 수는 없다. 발광 다이오드LED는 아

마도 오늘날 사용되는 조명 중에서 효율이 가장 높은 형태일 것이다. LED는 컴퓨터나 자동응답기, 텔레비전과 같은 전자기기의 전원 스위치에서 볼 수 있다. 이 전구의 핵심은 비화 갈륨이라는 화합물로 만든 전기 회로 조각이다. 전구 밖으로 돌출된 두 개의 가지에 전류를 흘려보내면 전기 회로의 칩에서 적외선비가시적 빛이나 색깔이 있는가시적 빛을 만들어 낸다. 적외선 LED는 리모컨에서 텔레비전 같은 기기에 신호를 보낼 때 쓰인다. 반면 컬러 LED는 어떤 전기기기의 전원 스위치가 켜진 상태인지 아닌지를 나타낼 때 사용된다.

과학자들은 열을 내지 않으면서 백색광을 내는, 그래서 가정용 조명으로 적합한 강력한 LED 전구를 만들고자 한다. LED는 이미 상용화되었는데, 10원짜리보다 작고 굉장히 경제적이다. 폭이 5 cm인 전기 회로는 만 가지의 독립된 빛으로 나뉠 수 있다. 에디슨 전구보다 효율성이 10배가 높고, 최고 10만 시간, 또는 12년간 지속될 수 있기 때문에, 미국의 전체 전기 소비량을 매년 10 %씩 줄일 수 있다. 이것은 향후 15년간 발전소를 짓지 않아도 된다는 뜻이다.

화려한 네온 다른 화학 물질들은, 보다 친숙한 조명을 만든다. 네온, 아르곤, 크립톤 같은 기체들은 비활성 기체로 알려져 있고, 주기율표 세로줄의 가장 오른쪽에 위치한다더 읽을거리 참조. 이 기체들은 여러 산업 분야에서, 놀랄 만큼 많이 응용되고 있다. 이 기체들을 좁은 유리관에 넣어서 전류를 흘려보내면, 각 기체는 독특하고 밝은 빛을 발한다. 예를 들어 네온은 붉은빛을 낸다. 네온은 전 세계의 상업지구의 상징이 된 밝고 화려한 네온사인을 만드는 데 있어 빠질 수 없는 주인공이다.

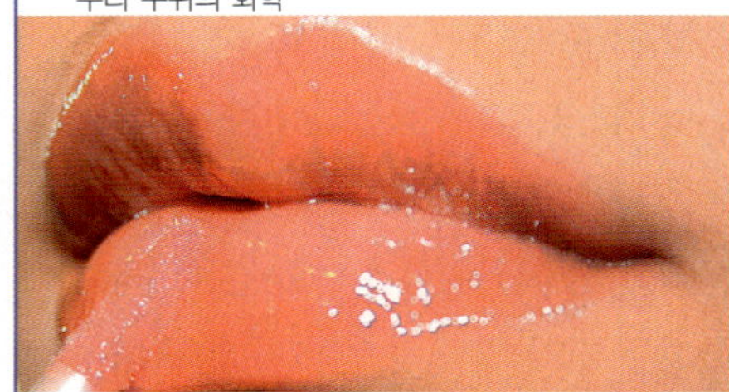

화장품과 향수

인류는 아름다워지기 위해 기꺼이 많은 비용을 투자해 왔다. 자연에 존재하는 원소들의 화학 반응을 이용하여 피부와 머리카락에 표현할 수 있는 다양한 색을 창조해 냈다.

고대 그리스인들과 이집트인들은 '백랍'이라고도 하는, 자연에서 얻어지는 탄산 납 가루를 이용하여 얼굴을 하얗게 칠했다. 하지만 아름답게 보이려는 그들의 욕망은, 납이 피부에 흡수되면서 목숨을 앗아갈 정도로 위험한 상황을 낳기도 했다. 오늘날에도 사람들은 좀 더 멋진 피부, 모발, 향기에 대한 욕망을 충족하기 위해, 수십억 달러의 돈을 화장품 산업에 쏟아붓고 있다.

장밋빛 입술 많은 사람들은 이제 윤기가 흐르는 장밋빛 붉은 입술이 선택의 문제가 아니라 필수라고 생각한다. 훌륭한 립스틱을 만들기 위해서는, 일반적으로 생각하는 것보다 훨씬 많은 사항들을 고려해야 한다. 립스틱은 일단 부드럽고 펴바르기 쉬워야 한다. 색깔 성분은 립스틱에는 잘 섞여야 하지만 물에는 녹지 않아야 한다. 왜냐하면 침이나 음료수와 접촉한 후에도 윤기 나는 색채가 지워지지 않아야 하기 때문이다. 립스틱에 쓰이는 원료는 다양하여 물고기 비늘에서 금가루까지 사용되지 않는 것이 없지만, 기본적으로는 밀랍, 기름, 안료나 염료를 배합하여 만든다.

위 화장품을 만드는 것은 단순히 예쁜 색을 고르는 것을 넘어선, 매우 복잡한 화학적 과정이다. **아래** 밀랍은 화학적 성분 때문에 립스틱에서 보습제까지, 화장품의 재료로 널리 쓰인다.

밀랍의 경우, 피마자유와 같은 비휘발성 기름과 섞을 수 있는데, 이렇게 만든 물질은 잘 펴져 입술에 발라지면서도 립스틱 튜브에 있을 때는 모양을 유지하는 성질이 있다. 립스틱에 사용하는 색소는 철의 녹과 같은 물질인 산화 철과 같이, 자연에서 구할 수 있는 것을 사용할 수도 있고, 화학적으로 합성하여 만들 수도 있다. 여기서 작용하는 화학은 립스틱의 생산에 그치지 않는다. 립스틱 염료는 피부 단백질과 반응한다. 반응의 정도는 쓰이는 염료에 따라 다르지만 결과는 놀랍다. 튜브에 있을 때 투명하고 연해 보이던 립스틱이 피부표면의 단백질과 접촉하게 되면 전혀 다른 색으로 변하기 때문이다.

피부 깊숙이

많은 보습제들은 건조한 피부를 관리할 때, '물과 기름은 섞이지 않는다' 는 원리를 이용한다. 몇몇 보습제는 내포라 부르는 과정에 의해 작용하는데, 이는 기름 성분이 피부 표면에 물이 통과할 수 없는 보호막을 만들어, 수분 손실을 줄이는 것이다. 또 다른 종류의 보습제는, 주변에 있는 수분을 흡수할 수 있는 습윤제로 작용하는 성분을 주로 사용한다. 많은 화장품에서 흔히 사용하는 습윤제로는 다양한 과일에서 얻을 수 있는 알파–하이드록시산alpha–hydroxy acid이 있다. 이 산성 물질에는 친수성親水性기, 즉 '물을 좋아하는' 부분이 있기 때문에 물 분자와 쉽게 결합할 수 있고, 표피층에 더 많은 수분을 끌어들여 유지할 수 있다.

후각과 향기

향긋한 향기 또한 오랫동안 사람들이 원하는 것이었다. 좋아하는 꽃의 꽃잎과 뿌리로부터 정성스럽게 향기를 추출하여 기름과 섞은 후 병에 넣어 보관했다. 라벤더나 장미 같은 천연 에센스는 오늘날에도 여전히 추출을 통해 얻지만, 그 방법은 매우 다양해졌다. 예를 들어 용매 추출법은 자연 물질로부터 방향족 화합물을 추출하기 위해 다이메틸에테르와 같은 유기 용매를 사용한다. 향수에 쓰이는 각 성분들도 유기 합성을 통해 만든 후, 필요한 향기를 만들기 위해서 여러 가지 성분을 섞게 된다.

후각의 민감도는 사람에 따라 큰 차이를 보인다. 공기 중에 있는 냄새 분자가 코 안쪽에 있는 수용기와 결합하고, 이렇게 모인 서로 다른 정보가 뇌의 후각을 담당하는 부분에서 해석되어, 냄새를 구분할 수 있게 된다. 향수 산업계는, 냄새의 아주 작은 차이도 놓치지 않고 감지할 수 있는 사람을 항상 찾고 있다. 프랑스어로 네nez라고도 하는 이런 사람들은 향기로 가득한 팔레트나 향수기관 앞에 앉아 하루 종일 냄새를 맡는다. 여기서 그들은 이것이다 싶은 조합을 찾기 위해 각각 특정한 화합물을 가진 서로 다른 에센스들을 섞는다. 대부분의 경우, 하나의 향은 수백 가지의 원료나 성분을 이용하여 만든다. 어떤 사용자가 향수를 뿌렸을 때 그 사람에게서 나는 독특한 향기는 화학 작용의 좋은 예로 들 수 있다. 향기를 피부에 뿌리면, 향수 내에 있는 여러 가지 화합물들이 피부의 화합물과 서로 상호작용하게 된다. 개개인마다 인체에서 일어나는 화학이 다르기 때문에, 향수를 뿌렸을 때 나는 향기도 사람마다 다르다.

뇌는 복잡한 화학적 상호작용을 통해, 라벤더 밭에서 나는 향기를 해석하게 된다.

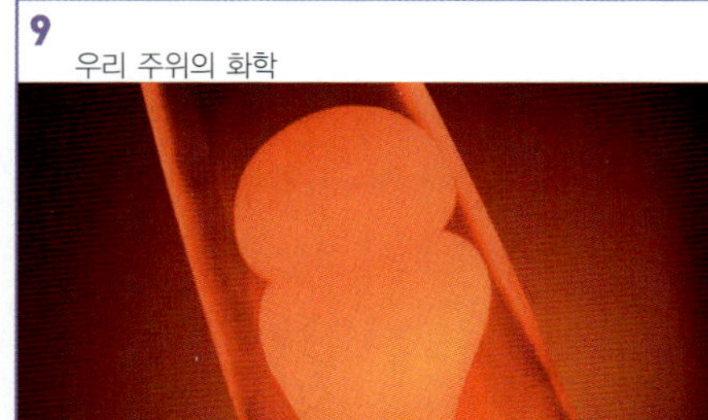

물질의 혼합

유유상종이란 말이 있다. 살아가면서 수많은 사람들과 관계를 맺고 상호작용할 때에도 그러하듯이, 화학에서도 서로 잘 어울리는 물질이 있는 반면, 그렇지 않은 물질들도 있다. 화학에서는 이러한 개념을 '비슷한 것끼리 잘 녹인다' 라고 표현한다. 종류가 다른 화합물들이 서로 섞이는지의 여부는 서로 얼마나 비슷한지에 달려 있다. 유사성이 적은 화합물들은 서로를 멀리하려는 경향이 있다. 스스로 섞이려 하지 않는 화학 물질들이나 화합물들은, 주방에서 요리를 하거나 세탁소에서 얼룩을 제거하는 것 같이 원하는 결과를 얻기 위해 함께 작용할 수 있도록 가끔씩 도와줄 필요가 있다.

물과 기름처럼 물과 기름이 서로 섞이지 않는다는 것은 모두가 알고 있는 사실이다. 두 물질의 분자적 성질에 차이가 있어, 그들 주위에 있는 다른 화합물에 대해 행동하는 방식이 많이 다르기 때문이다. 물 분자는 극성이다. 이는 전체적인 전하가 고르게 배분되지 않아, 물 분자의 한쪽 끝은 양전하를 다른 쪽 끝은 음전하를 띤다는 뜻이다. 그렇기 때문에 물 분자에서 상대적으로 양전하를 띤 부분은 바로 이웃한 분자의 음전하에 대해 인력을 받고, 반대로 음전하를 띤 부분은 짝을 지을 수 있는 양전하를 찾게 되는 것이

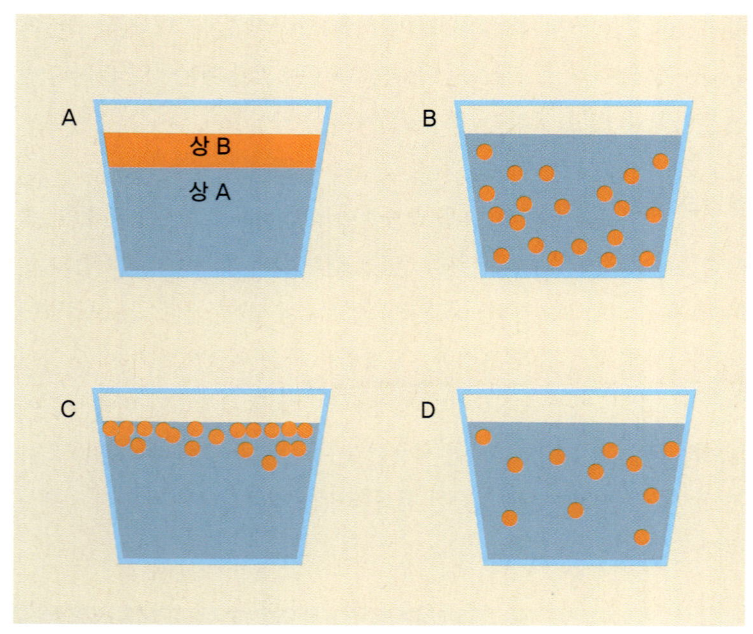

위 라바램프는 물과 기름이 섞이지 않는다는 사실을 확실히 보여준다.
아래 섞일 수 없는 두 물질이 섞여 있는 혼합물을 에멀전이라고 한다. 샐러드드레싱의 기름과 식초는 화학적 성분이 다르기 때문에 서로 분리된다(A). 이 둘을 섞으면, 기름은 식초 속에 분산된다(B). 하지만 이들은 곧 다시 분리된다(C). 레시틴 같은 유화제를 첨가하면, 이로 인해 혼합물이 안정화되어 오일이 더 오랫동안 섞인 채로 존재한다(D).

다. 이런 극성은 물 분자들을 서로 붙들어 줄 뿐만 아니라, 소금 염화 나트륨, $NaCl$ 같은 화합물과 쉽게 반응하도록 만든다. 물에 소금을 넣게 되면 소금은 쉽게 나트륨 양이온과 염소 음이온으로 분해되고, 두 이온은 물의 극성에 자연스럽게 이끌리게 된다.

반면에 기름은 무극성으로, 전하가 기름을 구성하는 분자 각각에 거의 골고루 배분되어 있다. 물 분자에 존재하는 음전하와 양전하 사이의 인력이 없기 때문에, 두 물질은 혼합되지 않는다. 기름과 물이 섞이지 않지만, 유화제는 두 물질의 차이를 극복하게 도와줄 수 있다. 주방에서 흔히

잎사귀에 맺힌 물은 표면 장력 때문에 모양을 유지할 수 있다. 표면 장력은 물 분자들이 안쪽을 향해 인력을 작용하는 경향으로 표면적을 최소화하려고 하는 힘이다.

화합물인 계면활성제는 표면 장력을 감소시켜, 세척하려는 물건에 물이 좀 더 균일하게 퍼질 수 있도록 한다. 비누는, 물과 기름이 섞일 수 있게 해주는 계면활성제(실질적으로 유화제와 같지만, 계면활성제는 음식이 아닌 물건에 사용된다) 중 하나이다. 비누 분자는 소수성인 부위와 친수성인 부위를 모두 갖추고 있어, 한쪽은 물 분자가 있는 방향으로 이끌려 들어갈 때 다른 한쪽은 지방과 기름에 더 이끌린다. 비누 분자가 물 분자와 기름 분자 양쪽에 결합함으로써, 때가 물에 충분히 노출되어 쉽게 닦아 낼 수 있게 되는 것이다.

볼 수 있는 물질로는 마요네즈를 예로 들 수 있다. 마요네즈의 경우, 물과 기름이 달걀노른자의 도움을 받아 에멀전을 형성하는데, 달걀노른자가 유화제 역할을 한 것이다. 지방산과 글리세롤이 반응하여 만들어지는 모노글리세라이드는 매우 흔한 유화제이며 음식 산업에 있어서 꼭 필요한 재료이다.

청소 다리가 긴 소금쟁이가 호수 표면을 가로지르며 우아하게 춤을 춘다. 물방울이 천 조각에 떨어지면서 매끄러운, 원래의 구형을 유지한다. 이런 두 현상을 가능하게 하는 요인은 물의 표면 장력이다. 표면 장력은 물 분자 간에 일어나는 상호작용으로 인해 생긴다. 물은 전하가 고르지 않게 배분되어 극성을 띠는데, 이런 점 때문에 물 분자는 개별 분자 간의 결합이 가능하다. 물 표면에 있는 분자는 모든 방향에서 다른 물 분자로 완전히 둘러싸여 있는 것이 아니다. 그래서 물 분자는, 다른 분자들이 있는 방향, 그리고 표면에서 멀어지는 방향인 아래쪽과 양 측면으로 당겨지는 경향이 있다.

비누와 세제의 세정력은, 세척하려고 하는 물건에 물이 얼마나 젖어 있는지, 세제가 세척물에 얼마나 잘 퍼지는지에 달려 있다. 표면에서 작용하는

세척용 세제와 비누는 계면활성제로, 물의 표면 장력을 약화하여 세척하려는 부분에 물이 더 잘 퍼지도록 한다. 더불어 유화제의 역할을 하기도 하는데, 비누가 때나 기름에 들러붙는 것을 도와, 쉽게 씻겨 나가게 해준다.

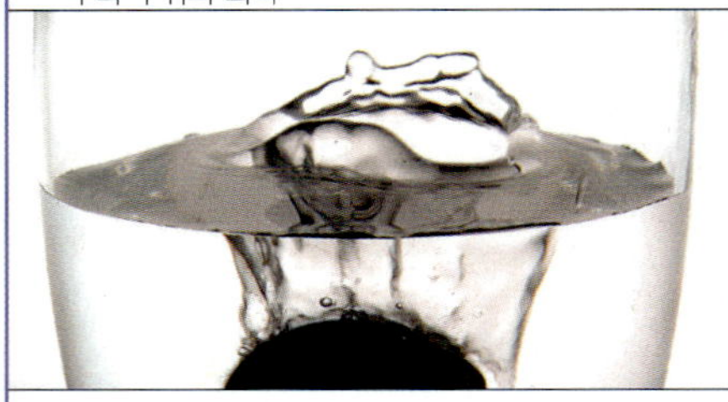

산, 염기, 그리고 완충제들

매서운 추위가 몰아치는 겨울이 시작될 무렵, 사람들은 추운 날씨 탓에 부르튼 입술과 거칠게 일어난 피부로 거리를 종종거리며 걸어간다. 부드러운 아기 엉덩이에도 두드러기가 날 수 있고, 감기로 고생하는 사람은 휴지로 코를 여러 번 풀어서 코가 헐 수도 있다. 믿을지 모르겠지만, 피부가 보이는 이런 일반적인 반응들은 산과 염기의 중요성을 보여주는 예이다.

사람의 피부와 머리카락은 땀과 지질, 혹은 액체 상태의 지방인 피지층으로 보호된다. 이 얇은 보호막은 우리가 일상생활에서 접하는 해로운 세균에 대한 일종의 방수벽이라고 할 수 있다. 이 보호막은 pH가 약 4–5.5인 약산을 띠고 있기 때문에 산성막이라고 부른다. 산성도가 강한 것은 아니지만, 우리 몸에 침투하려는 세균을 막기에는 충분하다. 이 산성막이 어떤 식으로든 손상되면, 외부에 노출된 피부는 마르고

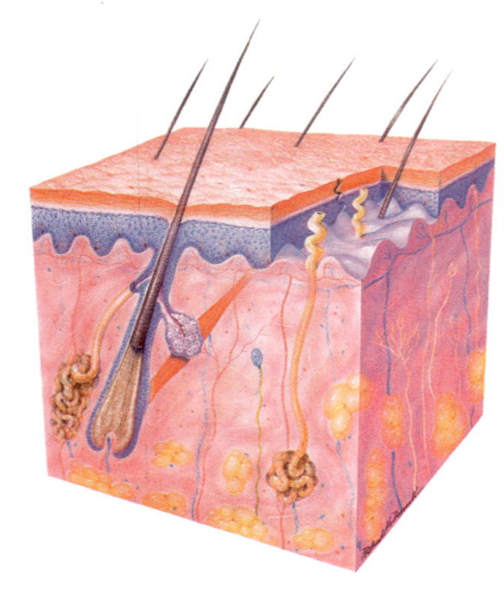

붉게 달아오르며 거칠어지고 각질이 벗겨진다. pH 수치가 올라가서 염기성을 띠게 되면, 피부 감염에 시달릴 수도 있다.

오랫동안 씻지 못하면 미끌미끌한 느낌이 들어 불쾌하게 느껴져서, 뜨거운 물과 비누로 오랫동안 샤워하는 것이 좋다고 생각할 수 있다. 하지만 피부를 지나치게 세게 문지르거나, 너무 자주 씻거나, 알칼리성 비누나 세정제를 많이 사용하면, 피부의 천연 산성도를 망가뜨려 피부병에 걸리기 쉽다. 머리카락도 마찬가지이다. 강한 비누나 샴푸는 머리카락의 산성막을 없애 버리기 때문에 머리카락이 상하거나 약해질 수 있다. 이런 이유로, 많은 생활용품에 'pH 균형'이 잡혀 있다는 문구가 쓰여 있는 것이다. 제대로 만든 비누나 샴푸, 보습제들은 피부의 pH 수치를 알맞게 낮추어 보호 산성막을 유지할 수 있도록 한다.

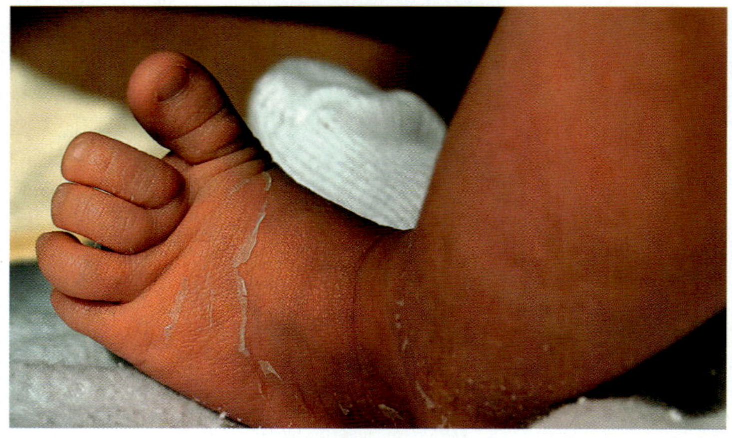

위 시트르산과 탄산수소 나트륨으로 만들어진 제산제 알약은 과다한 위산을 중화시킴으로써 속쓰림을 해결한다.

가운데 우리의 피부는 땀과 피지라고 하는 지방으로 이루어진 막에 의해 보호된다. 몸에서 일어나는 끊임없는 화학적 과정은 박테리아로부터 보호받을 수 있도록 피부 표면을 약한 산성으로 유지시킨다.

아래 아기의 피부는 매우 민감하기 때문에, 피지를 씻어 내거나 문질러서 없애지 않도록 각별히 주의해야 한다. 그렇지 않으면 피부는 건조해지고 각질이 벗겨질 수 있다.

산도와 염기도의 오르내림

인체는 역동적이고 끊임없이 변하기 때문에, 산과 염기의 수치도 오르락내리락한다. 하지만 기능이 원활하게 작동되기 위해, 인체는 항상 알맞은 pH를 유지하는 방법을 고안했다. 예를 들어 위의 내부는 음식을 소화하기 위해 언제나 산성을 유지해야 한다. 반면 장은 언제나 약간의 염기성을 유지해야 위에서 나온 내용물의 산성도를 중화시킬 수 있다. 알맞은 pH 범위를 유지하기 위해 위와 장은 완충용액을 이용한다. 완충용액은, 급격한 pH 변화를 막아주는 용액이다.

예를 들어 혈액에는 많은 양의 탄산약산과 탄산수소염 염기이 들어 있는데, 이 둘은 혈액의 pH가 7.4를 유지하도록 한다. 혈액의 pH가 6.8 이하로 내려가거나 7.8 이상으로 올라가게 되면, 사람은 병에 걸리거나 심한 경우 죽을 수도 있다. 탄산과 탄산수소염은 이런 일이 일어나지 않도록 한다. 적은 양으로도 탄산수소염은 혈액 속의 과다한 산을 중화, 또는 무력화시킬 수 있고, 탄산은 과다한 염기를 중화시킨다.

어떤 면에서, 우리가 제산제나 마그네시아 유제乳劑를 먹었을 때도 비슷한 과정이 일어난다. 기름진 음식을 먹으면, 위에서는 많은 양의 위산이 분비되는데, 이중 일부는 식도 끝자락까지 올라와 따갑고 거북한 느낌을 준다. 이런 증세로 힘들어 하는 사람들은 시트르산과 탄산수소 나트륨, 즉 산과 염기로 이루어진 제산제를 이용할 수 있다. 알약을 물에 녹이면, 두 화학 물질은 거품을 내면서 반응한다. 이 용액을 마시면, 염기는 과량의 위산과 결합하여 이를 중화시킨다. 그러고 나면, 위산으로 인한 고통이 줄어드는 것을 느낄 수 있다. 이 약물은 인체가 언제나 몸을 균형 상태로 되돌리는 방법을 인위적으로 모방한 것이다.

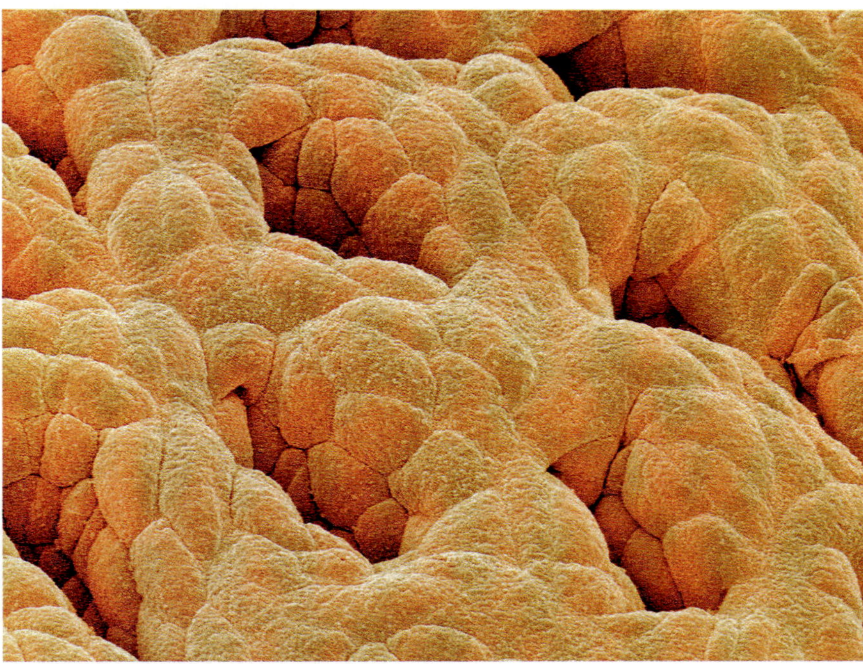

소화는 여러 가지 화학적 과정과 반응을 필요로 한다. 그림에서 볼 수 있는, 위의 선형상피세포는 강한 산성을 띠는 소화 물질을 분비한다. 위와 연결되어 있는 장은 염기성을 유지한다.

위는 가끔 위산을 너무 많이 분비하는데, 위산이 출렁이면서 식도 끝자락으로 유입되어 속 쓰림을 유발한다. 이런 경우에 가장 흔히 사용하는 치료제는 제산제이다. 제산제는 산과 염기로 구성되어 있는데, 화학 반응을 일으켜 속 쓰림을 줄여 준다.

CHAPTER 10

환경의 화학

열대(왼쪽), 사막(위), 극지(아래)의 모습. 지구상에서 화학은 환경이나 기후에 상관없이 매우 중요한 역할을 수행한다.

지구라는 행성의 안정성을 조절하거나, 바다와 공기, 바다와 육지 사이의 상호작용을 지배하는 시스템은 모두 화학 반응에 의존한다. 이때 섬세하게 균형이 유지되어야 한다.

이 시스템들은 지구에 살고 있는 유기체들에 의해 매우 크게 영향을 받는다. 자연과 인간 사이의 상호작용도, 시스템의 균형을 유지하는 화학에 큰 영향을 끼친다. 환경에 대한 연구와 보호운동은 문화와 지역이 다른 사람들을 하나로 묶을 수 있다. 하지만 기술적으로 진보한 선진국들이, 자국뿐 아니라 전지구적으로 영향을 미치는 환경 오염 문제를 더 많이 일으키기 때문에 때로는 갈등이 생기기도 한다. 새로운 기술은, 그 기술로 해결할 수 있는 문제만큼이나 많은 새로운 문제들을 일으키기도 한다. 예를 들어 새로운 전자기기의 무분별한 사용으로 인해, 매립지는 시간이 갈수록 더 많은 양의 유해 폐기물로 넘쳐난다. 화학자들은 그런 유해 물질의 영향에 대해 끊임없이 연구하고 있으며, 부정적인 영향을 줄일 수 있는 방법을 개발하기 위해 노력하고 있다. 지구가 앓고 있는 많은 병을 치료하는 방법은 지구를 다스리는 화학적 원리를 이해하고, 문제에 대한 해답을 찾기 위해 그 원리들과 조화를 이루는 데에 있다.

탄소와 질소의 순환

지구와 대기권의 일부이면서, 유기체들이 살아가고 있는 생물권은 멈추어 있는 것이 아니라 끊임없이 변화하며 흘러간다. 우리가 호흡하는 공기는 다양한 화학적 화합물로 구성되어 있으며, 우리 발아래에 있는 흙도, 바다나 강을 가득 채운 물도 마찬가지이다. 이런 화합물 중 다수는 인간뿐만 아니라, 우리와 공존하는 다른 생명체들의 생존에 반드시 필요하다. 어떤 화합물들은 과량으로 존재하면 생명을 위협할 정도로 위험할 수도 있다. 이런 화합물들의 균형과 순환적 교류는, 같은 환경에서 공존하는 모든 동식물과 유기체들의 생태적 공동체인 생태계에 있어 매우 중요하다.

끝없는 순환 고리 지금까지 밝혀진 지구의 순환 구조는, 중요한 화합물들이 대기에서 출발하여 유기체와 물, 토양 등을 거쳐 다시 대기로 돌아가는 과정을 보여준다. 인간에게 매우 중요한 네 가지의 순환은, 탄소의 순환, 질소의 순환, 산소의 순환, 물의 순환이다.

탄소의 순환 우리가 숨을 내쉴 때마다, 폐에서 이산화 탄소가 배출된다. 식물들은 스스로의 생존에 필요한 에너지를 만들기 위한 광합성 과정에서 이산화 탄소를 이용하고, 생성된 에너지 중

위 나무는 태양 에너지와 이산화 탄소를 흡수하고, 나중에 동물의 먹이가 되거나 죽어 부패하는 과정에서 탄소를 내놓는다. 이처럼 탄소를 흡수하고 방출하기 때문에, 나무는 탄소 순환에 있어 매우 중요한 부분을 차지한다.
아래 탄소는 비를 통해 생물권 내에서 움직인다. 대기 중의 과량의 이산화 탄소는, 바다에 용해되면서 바닷물 속의 수소 이온 농도를 증가시켜 점점 바다를 산성화한다.

일부는 식물을 주식으로 하는 동물들에게 전달한다. 산업 시설들도 굉장히 많은 양의 이산화 탄소를 대기에 배출하는데, 그 중 상당량이 대기권에서 심각한 문제를 일으킨다. 탄소의 순환은 4개의 주요 저장고인 대기, 바다, 육지 생물권땅과 담수를 포함, 그리고 퇴적물땅 속에 있는 탄소로, 주로 화석 연료들 사이를 탄소가 거쳐 가는 과정을 나타낸다.

대기 중의 이산화 탄소는 나무와 식물에 흡수되어 광합성에 사용된다. 또한 나무와 식물은 탄소를 저장하기도 한다. 식물들은 사람과 마찬가지로 호흡을 하여 이산화 탄소를 대기에 돌려보낸다. 식물은 동물들의 먹이가 되거나, 죽은 후에 부패한다. 죽은 유기체는 식물이든 동물이든, 땅에 흡수되어 결국은 퇴적물로 뒤덮이게 된다. 그 상태로 몇 백만 년이 흐르면, 화석 연료로 변하게 되는 것이다. 탄소는 육지에서와 유사한 방식으로 물을 통해 순환하기도 한다. 바닷속에 사는 식물들도 이산화 탄소

질소는 자연 발생적인 원소이지만, 화석 연료를 태울 때에도 많은 양이 배출되기 때문에 결국 대기 오염 물질로도 작용한다.

질소의 순환 질소는 대기에 가장 풍부한 원소이다. 질소는 부패하는 유기체와 동물의 배설물에서 발생되며, 아미노산과 핵산을 구성하고 있기 때문에 인간에게 있어 핵심적인 원소이기도 하다. 또한 식물 역시 질소가 없다면 살아갈 수 없을 것이다. 유기체와 배설물에 의해 질소는 토양으로 유입되는데, 질소가 흙 속에 들어오면 두 종류의 박테리아가 활동하기 시작한다. 질소고정 박테리아는 질소를 질산염, 아질산염, 암모니아로 고정시키거나 전환시킴으로써, 동물과 식물들이 쉽게 흡수할 있게 한다. 동물과 식물이 죽어서 부패하면, 질소를 토양에 돌려주게 된다.

흙에 존재하는 두 번째 박테리아는 탈질소 박테리아로, 질산염을 다시 기체로 전환시킴으로써 대기로 돌려보낸다. 비료나 기타 오염 물질로 인해 토양에 질소가 과다하게 유입되면, 서식지가 수용할 수 있는 한계 이상으로 식물이 성장하게 되고, 결국은 모두가 죽게 된다^{질소 순환에 대한 추가정보는 113쪽 참조.}

를 이용하여 광합성을 하고, 탄소를 저장한다. 그리고 바닷속에 사는 동물들도 에너지를 만들기 위해 식물들을 먹이로 삼는다. 해양 식물과 동물들도 호흡을 하며, 이산화 탄소를 대기로 돌려보낸다. 이런 동식물이 죽어서 부패하면, 탄소는 해저에 흡수되고, 육지와 마찬가지로 퇴적물 아래에 깔리게 된다. 지속적인 화석 연료의 연소는 탄소 순환에 큰 변화를 일으켜, 지난 100년간 대기 중의 이산화 탄소량을 크게 증가시켰다^{탄소 순환에 대한 추가 정보는 112쪽 참조.}

완두콩과 같은 콩과 식물은 질소를 고정하는 역할을 한다. 뿌리혹박테리아는 식물들이 직접 흡수할 수 없는 대기 중의 질소(N_2)를 암모늄(NH_4^+)이나 질산(NO_3^-) 이온으로 전환시킨다. 이렇게 변형된 질소 형태는 식물의 생장에 이용된다.

대기, 바다, 물의 순환

대기에서 땅으로, 그리고 다시 대기로 이동하며 물의 형태는 끊임없이 변한다. 만년설, 눈, 호수, 강, 그리고 수증기는 생물권을 누비고 다닐 때 물이 취하는 형태 중 몇 가지에 불과하다. 지구에 있는 대부분의 담수는, 빙하와 실질적으로 영구적인 눈으로 덮인 설원에 언 상태로 존재하는 반면, 대부분의 염수鹽水는 바다의 형태로 지구를 뒤덮고 있다.

물의 순환 물의 순환은 물이 땅과 대기 사이에서 어떻게 재활용되는지를 보여준다. 현재 존재하는 물은 지구상에 수억 년 동안 존재해 오면서 지구의 변화를 직접 목격했다. 물을 끊임없이 순환하게 하는 5가지 주요한 작용이 있는데, 이는 응결, 강수, 침투, 유거수땅 위를 흐르는 물, 그리고

위 물은 지구에서 가장 풍부한 물질이기 때문에, 물이 환경의 화학에 매우 중요한 역할을 한다는 것은 전혀 놀라운 일이 아니다.
아래 물의 순환을 단순화하여 나타낸 그림이다. 물은 바다에서 대기로, 땅으로, 그리고 다시 바다로 되돌아오며 끊임없이 순환한다.

오염으로 인한 해양 온도나 화학적 성질의 변화는 산호초를 황폐화시킬 수 있다.

증발산蒸發散이다.

대기 중의 물이 구름으로 응결함에 따라, 분자들이 결합하여 수증기가 액체나 얼음으로 변하고, 결국 비나 눈의 형태로 떨어진다. 물은 바다나 호수, 강 위로 직접 떨어질 수도 있고, 유거수의 형태로 산을 타고 내려와 개천과 강을 통해 바다로 흘러들어 갈 수도 있다. 강수는 침투 과정을 통해 흙에 흡수되어, 지하수로 존재할 수도 있다. 흙이 더 이상의 물을 저장할 수 없는 상태가 되면, 곧바로 호수와 같은 저장소로 흐를 수도 있다. 물은 바다든 작은 웅덩이든 흙 속이든, 어디에 있다 하더라도, 알맞은 조건이 주어지면 대기로 되돌아간다. 뿌리를 통해 물을 흡수한 식물들은, 잎에 있는 기공을 통한 증산 작용에 의해 물을 대기로 돌려보낸다. 흙에서 물이 증발되는 것과 식물의 증산 작용을 통틀어 증발산 작용이라고 한다. 물론 인간의 몸도 모공으로 나온 땀을 증발시켜 대기로 물을 돌려보낸다 물의 순환에 대한 추가정보는 113쪽 참조.

물의 세계, 기상의 세계

지구상에 존재하는 물의 97 %는, 지구에 막대한 힘을 행사하는 바다에 있다. 우리가 인식하지 못할 수도 있지만, 대기는 거대한 물 저장소이다. 바다와 대기의 관계는 섬세하면서도 때로는 격정적인데, 이 둘의 관계가 지구의 온도에서 바람까지 모든 것에 영향을 주며, 기후를 결정하는 요인이 된다. 대기가 바다와 접촉하여, 물살을 자극하여 파도를 만들고 해류에 영향을 끼친다. 바다는 반대로, 대기의 온도를 좌지우지한다. 물은 비열이 높다고 하는데, 이는 전체 물의 온도를 1 ℃ 올리는 데에 어마어마한 양의 열이 필요하다는 뜻이다. 이러한

사실을 통해, 해수의 평균 온도가 1 ℃ 올라가는 것이 왜 그렇게 지구에 심각한 영향을 미치는지를 헤아릴 수 있다. 물의 큰 열용량으로 인해, 바다는 어마어마한 열과 에너지의 저장소일 뿐만 아니라 지구 전체의 온도를 조절하는 완충지로 작용할 수 있다.

조화로운 협동

질소나 탄소, 물, 기후 등과 같은 지구의 시스템 중 그 어떤 것도 독자적으로 작동하지 않는다. 지구 표면적의 70 %를 차지하는 바다는, 지구 시스템이라는 무대에서 주연을 맡고 있는 셈이다. 시스템 사이의 상호작용에 대한 예로는 점점 크게 문제가 되고 있는 바다와 이산화 탄소의 관계를 들 수 있다. 대기 중의 탄소량이 증가할수록, 바다가 흡수하는 양도 증가한다. 인간 활동으로 인해 배출되는 이산화 탄소의 약 1/3을 바다가 흡수하는 것으로 추산된다. 하지만 배출되는 이산화 탄소의 양은 지속적으로 증가하고 있다. 이런 상황이 지속되면, 해양 표층수의 pH 수치가 낮아지면서, 산성화가 일어난다. 생명은 아주 작은 변화에도 굉장히 민감한데, 해양에 일어나는 이러한 화학적 변화들은, 산호와 같은 핵심 생명체를 포함한 해양 생태계를 황폐화시키는 결과를 초래할 수 있다.

바다와 대기는 상호작용을 통해 기후와 태풍 같은 기상 현상을 결정짓는다.

온실 기체와 오존층

지구는 드넓고 추운 대기로부터 자신을 보호해 주는 보호막으로 둘러싸여 있다. 여러 층으로 이루어진 대기권은, 여러 가지 기체와 화합물의 집합지와도 같다. 이 기체와 화합물들은 상호작용을 통해 여러 가지 중요한 기능을 수행하는데, 여기에는 지구의 온도를 조절하고, 태양으로부터 나오는 해로울지도 모를 빛으로부터 생명체들을 보호하는 일들을 포함한다. 대기권의 효율에 영향을 미치는 요인에는 인간의 활동과 관련된 것들도 있다. 미디어를 통해 우리는 스모그에 대한 소식을 접하고, 태양을 가리는 갈색의 스모그가 해롭다는 것을 알고 있다. 일기 예보를 통해 오존 공해가 나쁘다는 것 역시 알고 있고, 오존층이 우리에게 필요한 존재임에도 불구하고 위험에 빠져 있다는 사실도 알고 있다. 물론, 온실 기체와 지구 온난화도 문제이다. 이 모든 사실들은, 대기 속 기체들에 의한 효과와 지구의 생명을 유지하는 데에 그 기체들이 어떻게 상호작용하는지를 알기 위해서, 반드시 함께 고려되어야 한다.

온실 기체

'온실 기체' 라는 용어에 대해 대부분의 사람들은 부정적인 반응을 보인다. 온실 기체는 일반적으로 나쁘게 여겨지긴 하지만 사실은 우리의 생존에 필수적이다. 태양의 열이 지구 대기권을 통과할 때, 온실 기체는 열이 전부 우주로 반사되어 나가는 것을 막는다. 열의 일부는 우리 대기권 내에 갇히게 되어, 생명체가 생존하고 번성할 수 있도록 지구의 온도를 유지해 준다. 이는 자연적으로 일어나는 과정이다. 하지만 반드시 균형이 유지되어야 한다. 현대의 산업 발전은 대기에 존재하는 이산화 탄소와 메테인 가스를 증가시킴으로써, 균형을 무너뜨리고 있다. 온실 기체와 온실 효과에 대한 문제는 '약도 지나치면 독이 된다' 는 좋은 화학적 예를 보여준다. 이산화 탄소와 메테인 가스, 오존과 같은 주요 온실 기체는 자연에서 생산되는 것이지만, 인간의 활동으로 인해 놀라울 정도로

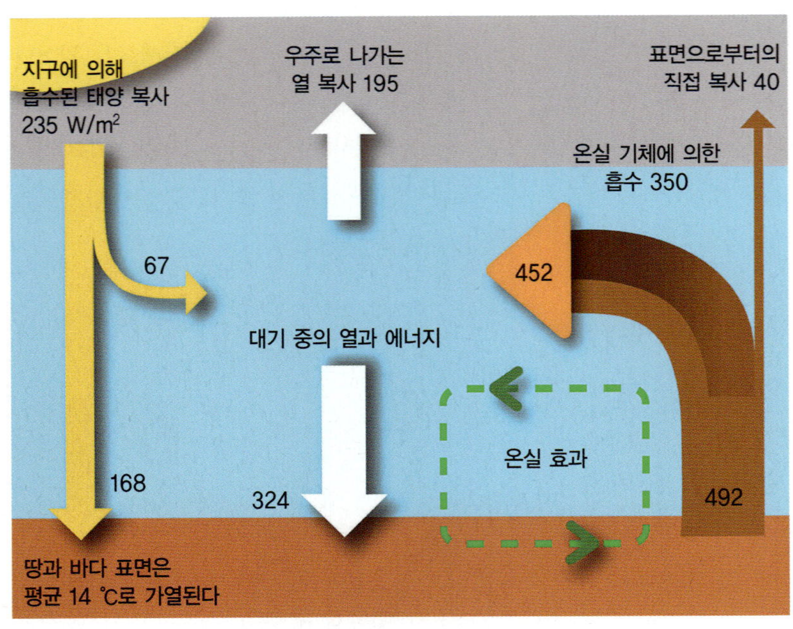

위 전기 발전소와 원유 정제시설들이 인공 온실 기체의 주요한 원인이다.
아래 온실 효과는 인공 기체나 이산화 탄소, 메테인, 질소 산화물, 오존, 수증기 같은 자연 기체가 어떻게 태양의 열을 대기에 가두고, 우주로 돌아가지 못하게 하는지를 보여준다. 그림에서 에너지 이동의 단위는 W/m²이다.

양이 증가했다. 예를 들어 이산화 탄소는 동물과 식물의 호흡에 의한 부산물이다. 하지만 화석 연료의 연소로 인해, 대기 중의 이산화 탄소량이 급증했다. 과다한 온실 기체 수치는 대기 안에 갇히는 열이 증가한다는 것을 의미하고, 이는 정교하게 유지된 균형을 깨뜨려, 지구상에 사는 여러 생물 종種에게 심각한 영향을 미칠 수 있다.

오존의 두 얼굴 사람들이 하나의 층으로만 생각하는 오존은, 사실 3개의 산소 원자로 이루어진 분자이다 산소 원자 2개로 이루어진, 우리가 호흡하는 산소와는 다르다.

오존은 공장에서 배출되는 것과 같은 휘발성 유기 화합물들이 햇빛과 열이 있는 조건에서 다양한 질소 산화물과 결합할 때 생성된다. 이런 사실을 통해 해가 쨍쨍한 무더운 날에, 지상의 오존 오염 물질 수치가 증가할 가능성이 높다는 것을 알 수 있다. 지상의 오존은 지표면으로부터 대략 10-15 km 상공에 있는 대류권에 존재하며 스모그의 주성분이다. 공기 중의 먼지나 티끌 같은 미세한 입자가 오존과 결합하면, 천식이나 심폐 질환, 암을 유발시킬 위험이 커진다.

이것이 바로 '나쁜' 오존이다. 반면에 오존층은 '좋은' 오존일 뿐만 아니라, 필수적이고, 생명을 보호한다. 오존층은 대류권 바로 위에 있는 성층권에 존재한다. 성층권은 지표면으로부터 약 50 km 위에 위치해 있으며, 피부암을 일으키거나 여러 생명 유기체들의 생존을 위협하는, 태양의 해로운 자외선으로부터 우리를 보호해 준다. 오존층을 파괴하는 주범으로는 염화 플루오르화 탄소CFC가 있다. 그 해로움이 알려진 후로, CFC의 사용은 감소했다. 하지만 수소화 플루오르탄소, 할론 가스, 사염

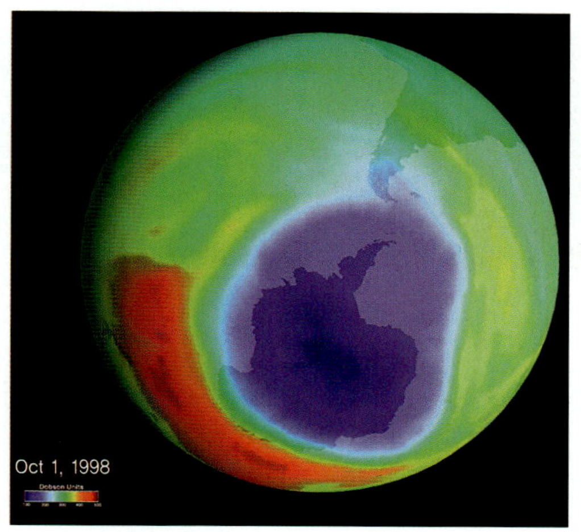

NASA에서 찍은 사진으로 남극 상공에 생긴 오존층 구멍을 보여 준다. 구멍의 크기가 크긴 하지만 오존을 파괴하는 화학 물질을 금지함에 따라 오존이 서서히 복원되고 있다는 증거들이 나타나고 있다.

화 탄소를 비롯한 오존 파괴 화합물들은 살충제, 냉각제, 에어로졸 등에서 여전히 사용되고 있다.

모두가 책임져야 할 일 우리 모두는 대기권에 온실 기체가 과량으로 쌓이고, 지구 온난화가 진행되고, 오존층이 파괴되는 데 일조해 왔다고 할 수 있다. 이산화 탄소만 해도, 상당량이 우리가 당연하게 여기는 많은 일상적인 활동에서 발생한다. 가솔린 3.8 L를 태우는 것만으로도 대략 8.6 kg의 이산화 탄소가 공기 중으로 배출된다.

왕성한 식욕을 가진 나무

나무와 식물들이 이산화 탄소를 흡수하면, 자기에게 필요한 에너지를 만들고 사람과 다른 동물들이 호흡할 수 있는 산소를 배출하며, 또한 공기 중의 이산화 탄소량을 감소시킨다. 다른 무엇보다도, 화석 연료의 연소에 의한 대기 중의 이산화 탄소량 증가는 지구의 건강함에 영향을 주는 큰 위기이다. 전 세계의 환경 과학자들은 이산화 탄소가 풍부한 환경에서 잘 자라는 나무의 유전적 구조를 연구하여, 더 많은 양의 이산화 탄소를 흡수할 수 있는 식물과 나무를 번식시키려고 하고 있다. 이런 노력은 대기 중의 이산화 탄소 증가에 의한 지구 온난화 효과를 줄이기 위함이다.

오염에 맞서 싸우는 나무. 나무는 이산화 탄소를 흡수하고 산소를 배출한다.

산성비

파괴력이 강력한 어떤 힘이 지구에 떨어지면서 우리의 문화유산을 서서히 망가뜨리고, 수원을 오염시키고, 야생동물을 죽이며 우리의 건강을 위협한다고 상상해 보라. 끔찍하게 들릴지 모르지만, 실제로 이런 일은 비나 눈이 올 때마다 일어나고 있다. 범인은 산업 시대의 어두운 부산물인 산성비다.

산성비는 이름과는 달리, 땅에서 먼저 시작된다. 공장이나 발전소, 자동차에서 화석 연료를 태울 때, 공기 중에는 많은 화학 물질들이 방출된다. 이 중 이산화 황과 산화 질소는 공기 중의 물과 산소와 반응한다.

본래 비는 대기 중의 이산화 탄소와 결합하여, 이산화 탄소 유도체인 탄산을 만들어 내기 때문에 이미 약한 산성을 띠고 있다. 탄산은 pH가 5.6 정도인 약산이다. 이런 비가 하늘에서 내리면, 빠르게 흩어지기 때문에 거의 피해를 주지 않는다 일반적인 물은 pH가 7.0으로 중성인 것을 기억하자. 하지만 이산화 황과 산화 질소가 대기 중에서 추가로 산소 분자를 얻으면, 황산과 질산으로 변한

위 숲이 산성비로 한번 황폐화되면, 복원하는 데에 수백 년이 걸릴 수도 있다.

아래 산성비는 자연계에만 피해를 입히는 것이 아니라, 건물이나 조각품을 포함한 인공물에도 심각한 피해를 입힐 수 있다.

다. 이 새로운 화학 물질이 눈과 비에 섞이면, 강수의 pH를 4.3 이하로 낮출 수도 있다. 이 정도의 산성도라면, 이 비나 눈을 맞은 모든 것들이 피해를 입을 수 있다.

작지만, 해로운 것 처음에는 아무런 영향도 느끼지 못할 테지만, 시간이 지날수록 산성비는 힘을 발휘하기 시작한다. 산성비는 칼슘 성분이 풍부한 사암이나 석회암, 대리석, 화강암을 약화시키는데, 이는 바로 우리가 사용하는 건축자재들이다. 산성비를 맞으면 건물과 석상, 기념비, 묘비들이 부식되고 파편들이 떨어져 나간다. 산은 토양에 스며들어 영양분을 녹이고, 나무를 약하게 만든다. 화학 물질들은 또 수원을 오염시켜, 모든 생명에게 위협을 가하기도 한다. 예를 들어 물고기의 알은 pH가 5보다 낮은 물에서는 부화하지 않고, 더 산성인 물에서는 다 자란 물고기도 즉시 죽고 만다. 산성비는 자동차 페인트에도 피해를 입혀서 탈색되거나 변색되게 만든다. 또 산성비가 말라 먼지 같은 상태가 되면, 호흡을 통해 인체로 들어와 건강을 위협할 수 있다.

산성비가 현대에 들어 생겨난 현상이라고 생각할지 모르지만, 사실은 산업혁명 이후로 쭉 있어 왔다. 과학자들은 1852년에도 산성비가 내렸다는 증거를 확인했다. 하지만 심각한 문제로 대두된 것은 지난 반세기 전부터이다. 오늘날, 미국에서 방출되는 이산화 황의 절반과 산화 질소의 1/4은 발전소에서 나온다. 나머지는 공장과 자동차에서 배출된다. 이런 이유로 최근에 산성비 발생을 줄이기 위한 노력이, 굴뚝과 배기관을 청소하는 데에 집중되고 있다.

우리가 할 수 있는 일은? 미국의 대기 오염 방지법에 따라, 공장과 전기 발전소들은 대기에 방출되는 화학 물질의 양을 줄여 주는 집진기 scrubber를 의무적으로 설치해야 한다. 자동차의 경우, 촉매 변환 장치가 비슷한 기능을 수행한다. 흔히 사용되는 변환기

는 로듐과 백금으로 코팅된 세라믹 그물망을 장착하고 있어, 배기가스와 반응하여 산화 질소를 그 성분 물질인 질소와 산소로 분해한다.

이런 기술들을 개발하는 것은 좋은 출발점이라고 할 수 있지만, 충분하다고는 할 수 없다. 미국 환경 보호국 EPA은 국민과 기업가들에게 인간과 지구에 해를 덜 미치는 대체 연료와 에너지를 연구하도록 독려하고 있다. 일부 도시들은 이미 배기가스 배출이 없거나 적은 자동차를 만들어 실험하고 있다. 다른 지역에서는 생화학자들이 일반 시민과 함께, 산성비와 스모그로 피해를 본 드넓은 숲 지대를 복원하기 위해 노력하고 있다. 이런 노력 외에도, 우리가 에너지를 절약하기 위해 하는 모든 행동들은, 자동차나 발전소에서 배출되는 유해물질들을 줄이는 데 도움이 될 것이다.

배기가스 검사는 산성비를 줄이기 위한 방법으로 매우 중요하다.

방사성 폐기물

현대에 사용되는 기호 중에 가장 주의를 끄는 것 중 하나가, 방사성 물질의 존재를 경고하는 노란색 삼엽기호 trifoil logo 이다. 이 기호는 전 세계 의료, 산업, 군사, 전기발전 시설 등에서 쉽게 볼 수 있다. 선의로든 악의로든, 인간은 방사성 물질˙을 다양한 응용 분야에서 사용하게 되었다. 동시에 이것은 인류에게 매우 특별한 종류의 폐기물을 처리해야 하는 의무가 생겼다는 것을 의미한다.

방사성 폐기물은 다양한 기술적 공정의 부산물들로, 인류가 지금껏 보아 왔던 어떤 폐기물과도 같지 않다. 가정에서 쓰레기를 버리면, 쓰레기는 매립지로 옮겨져 영원히 땅속에 묻히게 된다. 쓰레기는 지저분하고 쓸모없을지는 모르지만, 다음 세대에 어떠한 형태의 피해도 주지 않는다. 하지만 방사성 폐기물은 다르다. 이 물질들을 적절한 방법으로 다루거나 관리하지 않으면, 우라늄이나 플루토늄이 발산하는 입

자나 파동이 인체에 침투하여, 세포와 DNA의 섬세한 화학적 구조를 변형시키고, 이후 수만 년 동안 인류에게 암과 그 외 다른 질병들을 유발할 수 있다.

따라서 이런 물질을 만들어 내는 국가들은 현재 국민들의 안위뿐만 아니라, 천년을 내다보고 다음 세대들의 안위까지 책임져야 하는, 무거운 짐을 짊어지고 있다. 생각해 보라. 지구는 먼 미래에, 우리가 알고 있는 모습과 다를 수 있다. 미국인들은 우리가 예상할 수 없는 형태의 영어를 사용할지도 모른다. 과연 미래의 인류에게 해가 되지 않으려면 방사성 폐기물을 어디에 폐기해야 할까? 그리고 어떻게 표시해 놓아야 할까?

현재 모든 국가들이 고심하는 방사성 폐기물에는 다섯 종류가 있다. 위험한 순서로 나열하면 원자력 발전소에서 사용한 연료, 핵무기나 기타 군사적 용도로 인한 초우라늄 폐기물, 우라늄 채광 시설에서 나오는 먼지 같은 잔류물, 방사성 폐기물을 다룰 때 사용된 '버니슈트 bunny suit', 장갑, 공구와 같은 물건들을 포함한

위 독성 폐기물 중에 아마 방사성 폐기물이 가장 위험할 것이다.
가운데 원자력 발전은 방사성 폐기물과 더불어 현대 사회 깊숙이 들어와 있다.
아래 1945년 8월 9일에, 사진과 같은 종류의 원자 폭탄이 일본의 나가사키에 투하되었다. 정확히 추정하기는 어렵지만, 수천 명의 사람들이 방사능 중독으로 인해 죽어간 것은 사실이다.

네바다 주 남부에 있는 유카 산에는 2010년에 핵폐기물 저장 시설이 건립될 예정이다. 이 시설은 2030년까지 미국 전체에서 생산되는 약 3만 kg 이상의 모든 핵폐기물을 안전하게 수용할 수 있도록 설계되었다.

저수준 방사성 폐기물, 그리고 방사성 물질에서 자연적으로 발생하는 폐기물과 입자 가속기 실험이나 상업 활동에서 생성된 잔존 물질이 있다.

이 물질들의 반감기**는 매우 다양하다. 입자 가속기에서 배출된 폐기물의 반감기는 매우 짧다. 활성이 없어지는 데 하루도 걸리지 않는다. 보통 이런 폐기물들은 폐기처리하기에 안전해질 때까지, 시설 내부에 보관된다. 반면에 미국 우라늄 광산의 광물 부스러기나 모래와 같은 잔여물에는 여전히 중금속, 라돈 가스, 호흡기를 통해 인체에 들어올 수 있는 발암 물질과 같은 아주 위험한 물질들이 포함되어 있다. 전 세계 우라늄 공급량의 40 %를 차지하는 호주와 같은 나라에서 수입하는 것이 비용이 적게 들기 때문에, 미국에서 우라늄 채광은 중단되었다. 미국의 우라늄 광산은 폐쇄되었으며, 일반인의 접근이 통제되고 있다. 하지만 많은 사람들은 광산의 모래와 같은 물질이 바람이나 폭풍에 의해 주거지 근처로 날아오거나, 또는 배수구로 녹아 유입되지는 않을까 염려하고 있다.

최근에 미국은 우라늄보다 원자량이 큰 물질에서 나오는 초우라늄 폐기물을 뉴멕시코 주에 있는 칼즈배드의 초우라늄 방사성 폐기물 영구처분 시설Waste Isolation Pilot Plant, WIPP에 보관한다. 이 시설은 이런 물질을 85만 배럴까지 수용할 수 있다. 여기로 운반되는 폐기물은 핵무기를 비롯한 군사적 용도에서 나온 것들로, 주로 플루토늄에서 생성되며 두 번째로 위험한 종류의 방사성 폐기물에 속한다. 이에 속하는 폐기물 중 플루토늄−239는 반감기가 24,000년이지만, 그 시간이 지난 후에도 여전히 사람에게 피해를 끼칠 수 있다.

수십 년에 걸친 과학적 연구와 정치적 토론을 통해, 미국은 가장 위험한 방사성 폐기물인 원자력 발전소에서 사용된 연료를 네바다 주의 유카 Yucca 산에 있는 지하 시설에 저장하기로 했다. 하지만 이 계획은 지역 주민들의 수많은 반대와 소송 때문에 현재 보류 중이다. 지역 주민 외에도, 이 위험한 물질을 미국 각지에서 기차나 트럭으로 저장소까지 운반하는 것에 반대하는 미국인들도 많다.

• 방사성 물질 : 방사성 원소를 포함하는 물질을 통틀어 이르는 말. 방사성 원소는 알파선, 베타선, 감마선 등의 방사선을 방출하는 원소로 천연 방사선 원소와 인공 방사성 원소로 나눌 수 있다(옮긴이).
•• 반감기 : 방사성 원소의 원자 수가 방사능 붕괴에 의해, 원래 수의 절반으로 줄어드는 데 걸리는 시간(옮긴이)

재활용

대부분의 미국 지역 공동체들은 재활용 센터를 운영한다. 시민들이 가정용 쓰레기를 재질에 따라 유리, 플라스틱, 금속, 종이로 분류하여 이곳에 버리게 된다. 이러한 분류 목록에는 하위 목록이 있는데, 그중 일부는 쉽게 이해할 수 있다. 예를 들어 모든 사람들은 갈색 유리와 백색 유리를 구별할 수 있다. 하지만 고철과 알루미늄을 구별할 수 있을까? 또 제1플라스틱과 제2플라스틱은 어떨까? 혼합종이와 보드지는 어떨까? 이러한 엄격한 구분은 분리수거를 열심히 하는 사람들도 실수를 하게 만든다. 이렇게 재활용품을 엄격하게 구분하는 것이 별로 중요하지 않다고 생각할지도 모른다. 하지만 분자 수준에서 생각해 보면 이러한 구분은 꼭 필요하다.

재활용은 질량 보존의 법칙이라고 하는 원리를 이용한다. 이 개념은 프랑스의 화학자 앙투안 라부아지에Antoine Lavoisier, 1743–94가 제안한 것으로, 물질은 모양이나 형태가 변할 수는 있어도, 새로 생성되거나 사라지지 않는다는 것이다. 재활용은 버려진 물질의 모양이나 성질, 용도를 바꿈으로써 물질을 변형시키는 것이다. 우리는 알루미늄 음료수 캔을 녹인 후에, 그것을 건물의 벽이나 전자기기의 부품, 조리용 냄비, 또는 새로운 음료수 캔으로 바꾼다. 플라스틱 음료수 병의 중합체는 편안하고 부드러운 담요나 재킷으

위, 가운데 최근 20여 년간, 미국은 재활용 표시뿐만 아니라 재활용을 위해 종이나 알루미늄, 유리, 플라스틱을 분류하는 것에도 많이 익숙해졌다.
아래 아무런 처리도 하지 않은 나무를 뿌리덮개로 재사용하면 정원 토양의 열과 수분을 효과적으로 유지할 수 있다.

로 재활용될 수 있다. 재활용된 물질은 파괴되는 것도 아닐뿐더러, 파괴할 수도 없다. 단순히 모양을 바꾸는 것뿐이다.

재활용품은 시작에 불과하다. 미국인들은 정원을 관리할 때 나오는 깎인 잔디나 쳐낸 나뭇가지와 같은 '녹색 폐기물'을 매립지에 보내는 것을 당연하게 생각해 왔

다. 하지만 이제 자치단체에서는 이 물질을 잘게 자른 후에 화단에 뿌리 덮개로 사용할 것을 당부한다. 뿌리덮개는 나무나 풀로 만든 두꺼운 유기체 층으로, 빗물을 흡수하고 지나친 햇빛으로부터 연약한 뿌리를 보호하여 식물이 더 잘 자라게 돕는다. 오늘날에는 멀칭 모어 mulching mower라는 상품이 개발되어, 풀잎을 고르게 깎는 동시에 깎인 잎을 잔디밭에 뿌린다. 이 깎여 나온 잎들은 썩으면서 다른 풀에게 필요한 필수 영양분으로 분해되어 비료의 역할을 하게 된다.

그러나 어떤 물질들은 재활용하기가 굉장히 까다롭다. 플라스틱은 복잡한 구조를 가진 중합체로, 성질이 유사한 것들끼리만 서로 섞이는 경향이 있다. 성질이 다른 플라스틱은 섞이지 않고, 물과 기름처럼 분리된다. 재활용 센터에서 다른 종류의 플라스틱을 정확하게 분류하는 것이 중요한 이유가 바로 이 때문이다. 재활용 센터에서 특정한 종류의 플라스틱만을 취급하는 이유도 여기에 있다. 지역 공동체와 제휴를 한 재활용 업체들은 플라스틱 재질 분류 표시가 1이나 2인 것들만 처리하거나 재생할 수도 있다. 여기에 분류 표시가 3이나 그 이상인 플라스틱을 버리는 것은 좋지 않다. 왜냐하면 그것들은 분류 번호가 1이나 2인 플라스틱과 잘 섞이지 않기 때문에 사용할 수 없고, 결과적으로 폐기할 수밖에 없기 때문이다. 대부분의 공동체들은 비용효율성이 제일 높은 제1플라스틱PET이나 제2플라스틱HDPE, 제3플라스틱PVC만을 재활용한다. 미국에서 플라스틱의 재질 분류 표시는, 둥근 삼각형 기호 안에 플라스틱 숫자를 써서 제품에 스탬프로 찍어 표시한다.

과학자들은 끊임없이 새로운 플라스틱 재활용법을 개발하고 있으며, 언젠가는 모든 플라스틱을 쉽게 재활용할 수 있는 날이 올 것이다. 한 예로 거품부유선광법 froth flotation 이라고 하는 기술을 통해 가장 일반적이고 유용한 플라스틱인 아크릴로나이트릴—뷰타다이엔—스타이렌ABS과 내충격성 폴리스타이렌HIPS을 혼합된 플라스틱 쓰레기 더미로부터 분리해 낼 수 있게 되었다. 이 방법으로 미국에서만 매년 13만 톤 이상의 플라스틱을 회수할 수 있으며, 또한 새로운 플라스틱을 만들 필요가 없어지기 때문에 11조 kJ의 에너지를 절약할 수 있다. 라부아지에의 법칙을 따르면, 우리는 오래된 플라스틱의 모양을 간단하게 변화시킬 수 있다.

컴퓨터, 전화 등 다양한 전자기기로부터 나온 폐기물을 전자 쓰레기 혹은 e-폐기물이라 한다. 이 폐기물들은 환경에 악영향을 끼치는 화학 물질과 금속을 함유할 수도 있다. 이 문제를 해결하기 위해 많은 제조업자와 지역자치단체는 물건의 재활용을 제안하고 있다.

전자기기 폐기물

컴퓨터, 휴대 전화, 디지털카메라, mp3 플레이어 등, 소비자들이 이용할 수 있는 전자기기의 종류는 무서운 속도로 증가하고 있다. 이와 더불어, 사람들이 자동차 바퀴를 갈아 끼우는 것보다도 자주 기기를 바꾸기 때문에, 현대 사회 "필수품"을 폐기할 때 생기는 쓰레기도 증가한다. 이 모든 것은 다 어디로 가는 것일까? 500~700만 톤의 기기들이 매년 쓸모없어지고, 결국 쓰레기가 된다. 만약 현재의 재활용 속도가 계속 유지된다면, 이 첨단 쓰레기들의 단 10 %만 재활용될 것이다. 전지, 회로기판, 컴퓨터 화면 등에 있는 납이나 수은, 카드뮴 등은 발암 물질로 알려져 있으며, 잠재적으로는 매립지에서 흘러나와 토양과 지하수를 오염시킬 수 있다. 미국의 일부 주에서는 이미 모니터 화면이 있는 전자기기들을 매립하는 것을 금지했다.

화학 물질을 찾아서

왼쪽, 위 과학자들은 물에서 발견되는 화합물들을 연구한다. 사용하기 전에는 실험실(왼쪽)에서, 사용한 후에는 침전조(위)에서 관찰하여, 물이 어떻게 사용되었으며, 물을 변화시킨 것은 무엇인지를 알아낸다.
아래 최초의 화학자들인 연금술사들은 변화를 연구하여, 눈으로 볼 수 없는 단위에서 일어나는 일을 알아내고자 했다.

오랜 세월 동안, 과학자들은 화학 물질과 이를 구성하는 원소와 분자들의 신비를 파헤칠 수 있는 수많은 방법들을 창안해 왔다. 이 화학적 성분들은 말할 수 없이 작아서 기술의 도움 없이는 볼 수 없다. 상상해 보라. 정체를 알 수 없는 기체나 액체에 신비한 화학 물질이 들어 있을 수도 있다. 이 작은 물질의 구조는 일반적인 광학 현미경으로는 볼 수 없다. 이런 난관을 극복하기 위해 과학자들은 미지의 물질을 연구할 수 있는 다양한 방법들을 개발해 왔다.

과학자들은 원소의 반응과 다른 화합물과의 상호작용을 연구함으로써, 또한 원소가 할 수 있는 반응과 할 수 없는 반응을 관찰하거나 그들이 방출하는 특정한 에너지를 분석함으로써, 각 원소를 식별하는 다양한 방법들을 생각해 냈다. 분석 화학은 숨어 있는 원소들을 다양한 방법을 통해 찾아낸다. 여러 원자들 간의 반응을 이용하는 방법, 자기장과 빛에 의한 영향을 관찰하는 방법, 전자들의 반응을 추적하는 방법 등이 그 예가 될 수 있다. 화합물 속에 감춰진 비밀의 문을 열 수 있는 것은, 과학자의 상상력뿐이다.

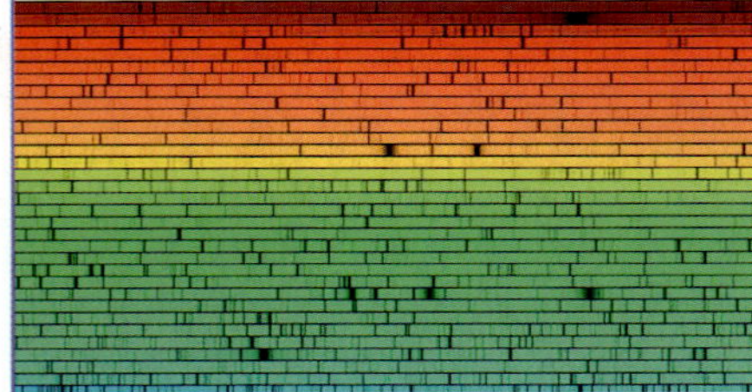

분광학

태양이 내뿜는 빛은 지구에 도달하여 우리가 흔히 보고 있는 주변의 물체들을 비춘다. 하지만 모든 광선은 과학적 도구를 이용하지 않으면 볼 수 없는, 매우 복잡한 구조를 가지고 있다. 가시광선 속에 숨어 있는 스펙트럼은, 태양에 프리즘을 비춰 보거나, 비가 온 후 무지개를 본 적이 있는 사람에게는 친숙할 것이다. 이 외에도 사람의 눈에 보이지 않는 빛 에너지는 서로 다른 물질을 식별하고 구분하는 데에 사용될 수 있다. 스펙트럼과 빛 에너지에 대한 연구를 분광학spectroscopy이라고 한다. 분광학은 1800년대에 시작되었고, 도구와 기술이 변하긴 했지만 지금도 여전히 계속되고 있다.

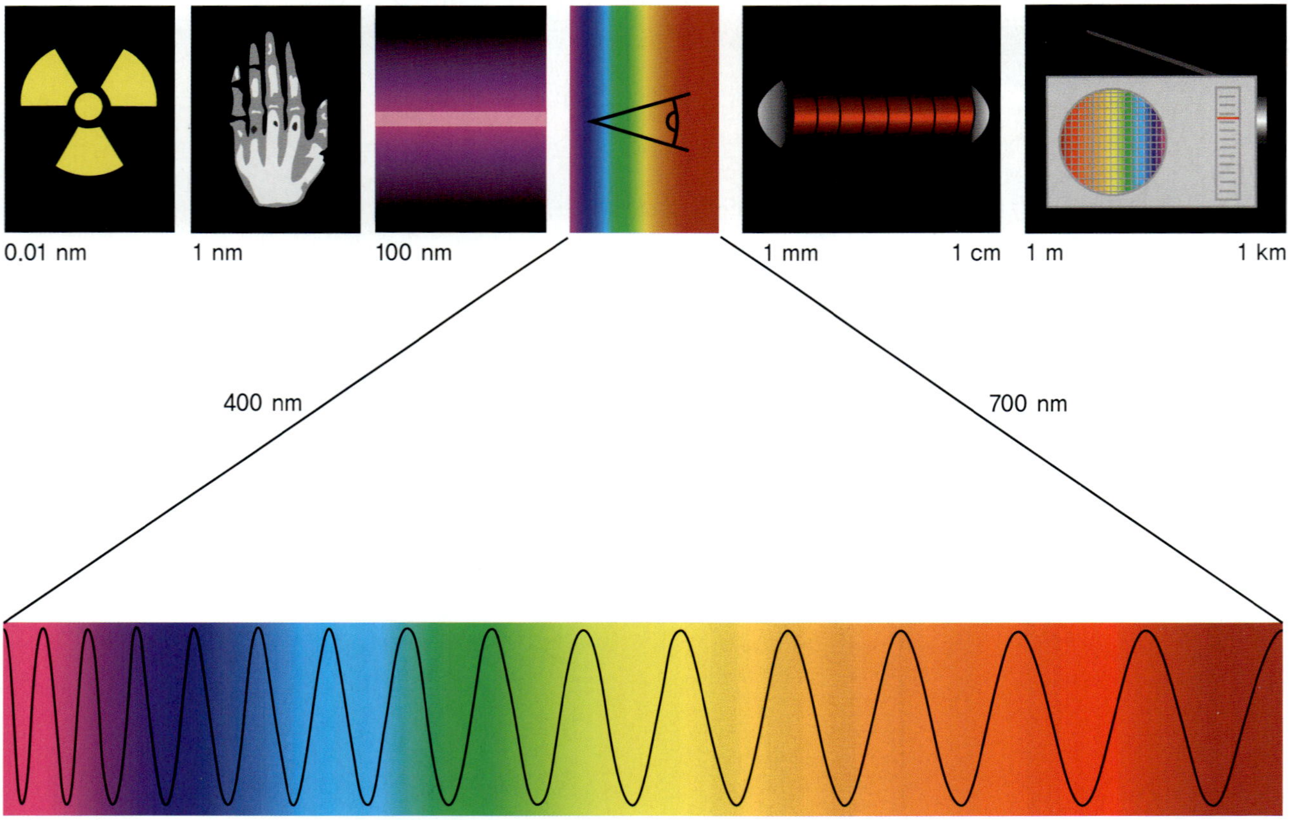

| 0.01 nm | 1 nm | 100 nm | | 1 mm | 1 cm | 1 m | 1 km |

400 nm

700 nm

위 검은 띠들은 광원과 분광계 사이에 있는 원자들이 흡수한 빛의 파장을 나타낸다.
아래 우리가 보는 빛은 전자기 스펙트럼의 매우 작은 일부분만을 차지한다. 붉은색보다 파장이 긴 쪽에는 적외선과 전파 스펙트럼이 있다. 보라색보다 파장이 짧은 쪽에는 자외선 스펙트럼과 감마선, 엑스선 같이 위험한 방사선이 있다.

원자 흡수 분광법은 농도가 1 ppm인 중금속 입자까지 감지할 수 있다.

빛에 관하여

빛은 파동의 형태로 이동하는데, 바다의 파도와 비슷하게 생각할 수 있다. 파동은 특정한 높이를 가지는데, 이를 진폭amplitude이라고 한다. 파동은 특정한 진동수로 물체와 부딪히고 특정한 방식으로 작용한다. 또한 파동은 특정한 속도로 진행하는데, 파동의 마루와 마루 사이의 거리를 파장wavelength이라고 한다. 빛은 결국 에너지의 한 형태이기 때문에, 전자기 스펙트럼을 통해 파장이나 에너지에 따라 빛의 종류를 구분할 수 있다. 간단히 이야기하면 파장이 길수록 에너지가 작고, 파장이 짧을수록 에너지가 크다.

빛의 심층 속으로

물질은 빛을 흡수하기도 하고 방출하기도 한다. 사실, 우주의 모든 화학 원소들은 특정한 파장의 빛을 방출하고 흡수하는데, 이는 그 원소의 고유한 성질이 된다. 예를 들어 산소 원자를 들뜨게 하면 초록색 빛을 방출한다. 빛의 방출 및 흡수는 원자 수준에서 일어난다. 원자 내의 전자들이 서로 다른 에너지 준위 사이를 이동하는 과정에서 에너지를 얻거나 잃는다. 전자가 더 낮은 에너지 준위로 떨어지면, 즉 핵과 더 가까워지면 에너지를 잃을 것이다. 잃은 에너지는 광자나 고유한 전자기 에너지의 형태로 방출된다. 이때 광자의 파장은 전자가 얼마만큼의 에너지 준위를 건너 뛰었는지에 따라 달라진다. 전자가 하나의 에너지 준위만큼만 떨어지면, 파장이 길고 에너지가 적은 빛을 방출할 것이다. 만약 전자가 두 개의 에너지 준위만큼 떨어지면, 파장이 더 짧고 에너지가 더 많은 빛을 방출할 것이다.

이러한 에너지 준위 사이의 차이는 원자의 종류에 따라 각기 다르기 때문에, 방출되거나 흡수된 광자를 통해 분석하고자 하는 원자나 분자에 대한 많은 정보를 얻을 수 있다. 분광학은 물질의 방출 및 흡수 패턴을 통해 얻은 정보를 이용하여, 물질을 구성하는 요소를 식별하거나 연구하게 된다. 그렇기 때문에 분광학은 분석 화학에서 유용하게 이용되며, 여러 천체의 구성 요소와 성질을 밝혀내기 위해 천문학에서도 오랫동안 사용되어 왔다.

용도에 따라 다른 파장

분광학에는 라만 분광학, 적외선IR 분광학, 전자 스핀 공명ESR 분광학, 핵자기 공명NMR 분광학, 감마선 분광학과 극초단파microwave 분광학 등 다양한 분야들이 있다. 각 분야는 각각의 장점이 있고, 이에 따라 특정 용도에 맞게 사용된다. 예를 들어 적외선 분광학의 경우, 모든 분자들이 적외선 스펙트럼을 가지기 때문에 매우 유용하며, 물질에 존재하는 화학 결합의 종류와 세기를 확인하는 데에도 도움이 된다. 결합의 종류와 결합의 수, 배향에 따라 분자들이 특정한 진동수로 진동하기 때문이다.

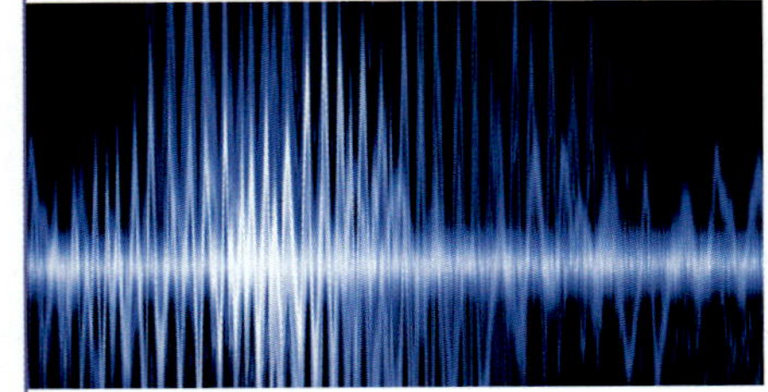

핵자기 공명과 자기 공명 영상법

오늘날 의사들은 생체 조직을 파괴하지 않고도 환자를 검사할 수 있고, 환자의 몸을 수술하지 않고도 몸속에서 일어나는 일을 알아낼 수 있다. 우리는 'MRI Magnetic Resonance Imaging' 나 'NMR Nuclear Resonance Imaging' 이라는 용어에는 익숙할지 모르지만, 특정한 원자들이 일으키는 작은 자기장을 이용해 의사들이 인체 내부를 보여주는 멋진 사진을 만들어 낸다는 사실은 잘 모를 것이다. 그들이 사용하는 기술에 대해 알아보자.

NMR 세포를 구성하는 원자 중 홀수 개의 양성자와 중성자를 갖는 원자의 원자핵은 일종의 자석처럼 자기장을 만든다. 이 세포의 표본을 초전도성 자석 한가운데에 놓으면, 이 작은 원자 자석의 일부는 외부 자기장의 남-북 축에 따라 배열된다. 그 상태에서 과학자들이 원자에 적절한 진동수공명 진동수의 전파를 쏘면, 원자들이 에너지를 흡수해 들뜨게 되고, 일시적으로 자기장 방향에서 벗어난다.

원자들이 거대한 자석의 영향권 안으로 다시 들어오면서 전자기파를 방출하는데, 이때 검출기가 파동을 감지하여 공명을 기록한다. 모든 원자는 주변에 있는 다른 원자의 영향을 받긴 하지만 매우 특정한 고유 진동수를 가진다. 이런 고유 진동수를 이용하여, 과학자들은 세포에 어떤 원소가 존재하며 어떻게 분자를 이루는지, 분자의 구조가 어떠한지, 그

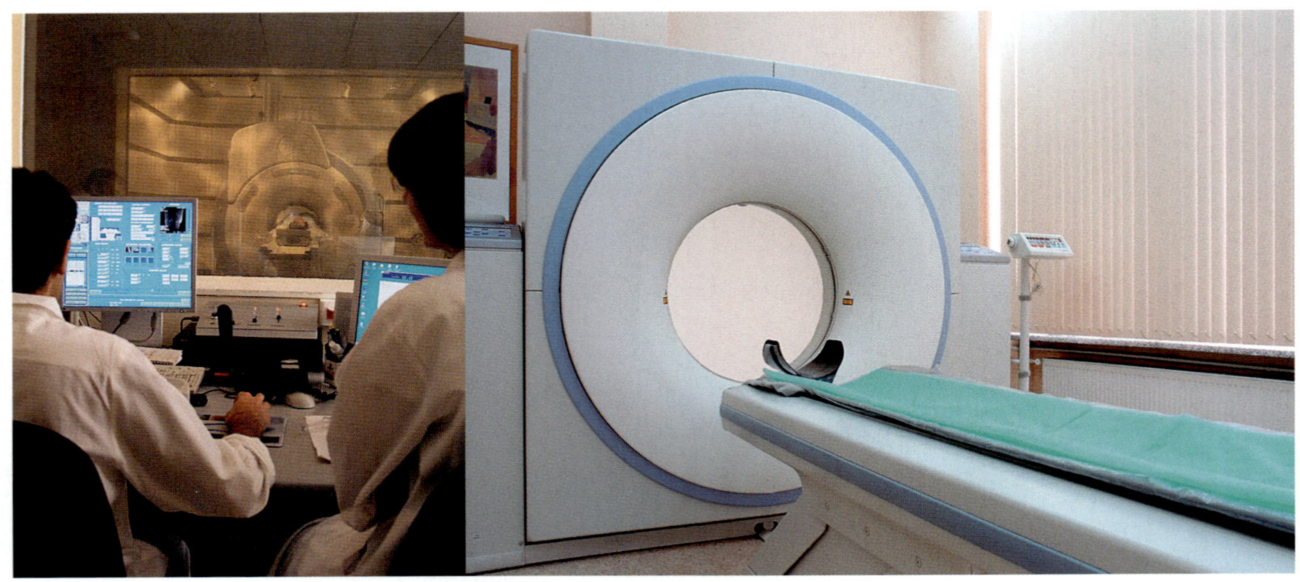

위 전파는 공명의 중추적인 요소로, 핵 및 자기적 영상 기술의 핵심이다.
아래 기술자들은 컴퓨터(왼쪽)로 NMR/MRI 기계에 쓰이는 강력한 자석을 조종하여 인체 내부의 정확한 영상을 촬영한다.

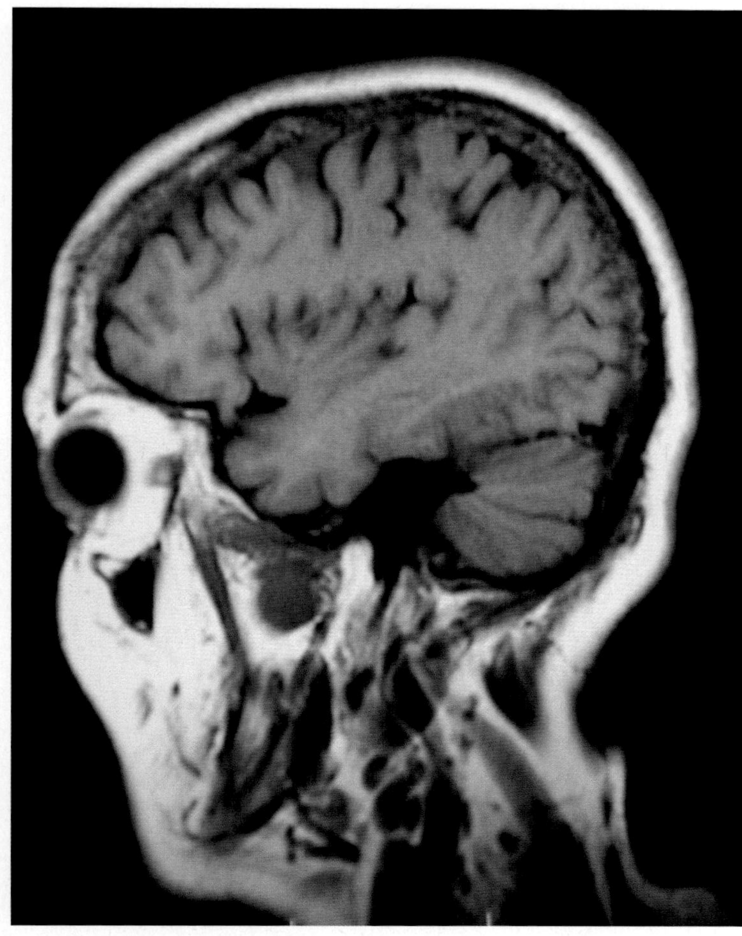

3차원 NMR/MRI로 촬영한 머리 단층 사진

리고 어떤 방식으로 세포 안에 들어 있는지를 알 수 있다. NMR은 수소, 탄소, 질소와 같은 원소들의 특정한 동위 원소에만 작용하는데, 다행히도 이 원소들은 인체에 풍부하게 존재한다. 오늘날 쓰이는 NMR 기기들은 인체에 가장 풍부한 수소를 주로 많이 이용한다.

핵자기 공명에 쓰이는 자석들은 지구의 자기장보다 강한 힘을 내기 때문에, 이 장비를 다루는 기술자들은 특별한 주의를 필요로 한다. 이 자석들은 시계를 멈추게 하고, 신용카드 정보를 지우고, 가슴에 이식한 심장 박동기에도 문제를 일으킬 수 있다. 자석의 힘이 강할수록, 해상도나 선명도가 좋아져서 세세한 내용까지 더 자세히 알 수 있다. 에드워드 밀스 퍼셀Edward Mills Purcell, 1912-97과 펠릭스 블로흐Felix Bloch, 1905-83는 NMR에 쓰이는 과학적 원리를 밝혀낸 공로로 1952년에 노벨 물리학상을 수상했다.

MRI 퍼셀과 블로흐의 발견에 기초하여, 이후의 과학자들은 인체 전체를 촬영할 수 있는 거대한 자석을 개발할 수 있게 되었다. 최초의 자기 공명 영상MRI 스캐너가 사람을 검사한 것은 1970년대였다. 그 실험은 무려 5시간이 걸렸다. 오늘날에는 그 당시와 동일한 검사를 받는 데에 불과 몇 초밖에 걸리지 않는다. 물론 일반적으로는 20분 정도가 소요되긴 하지만 말이다. 이 검사를 받을 때 환자는 편평한 테이블에 가만히 누워, 천천히 거대한 자석의 중앙으로 이동한다. 사람이 자석 중심에 놓이면, 자석은 앞서 언급한 NMR 기기와 유사한 방식으로 작동한다. 자석은 한 번에 몸의 얇은 한 단면씩을 차례로 검사한다. 환자 몸속의 수소 원자들은 환자의 생리 기능에 대한 정보를 알려 주고, 이 정보는 컴퓨터에서 종합되어 의사가 보고 해석할 수 있는 2차원이나 3차원 영상으로 만들어진다.

MRI 검사는 비용이 많이 들긴 하지만 의사들이 뇌나 간, 신장과 같은 인체의 내부 모습을 방사선 없이 3차원적으로 볼 수 있도록 한다. MRI 영상은 매우 선명하여 근육, 혈관, 지방, 연골, 뼈를 모두 구분할 수 있다. 예를 들어 환자의 심장이나 뇌에 있는 동맥이 막혀 있는 경우도 MRI로 확인할 수 있다. 2003년에 두 명의 과학자 폴 러터버Paul Lauterbur, 1929- 와 피터 맨스필드Peter Mansfield, 1933- 는 MRI 기술을 개발한 공로로 노벨 의학상을 수상했다. MRI 기기는 끊임없이 발전하고 있다. 최신 기기는 좀 더 가볍고, 환자가 밀실에 갇혀 있는 듯한 느낌을 최대한 줄일 수 있도록 고안되고 있다.

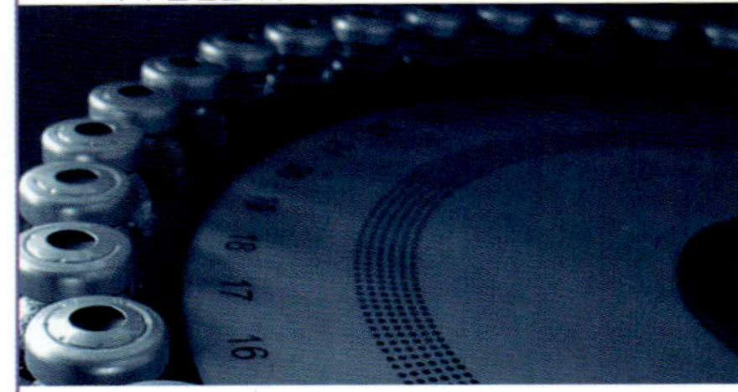

크로마토그래피

검정색 잉크로 글씨를 쓴 종이에 실수로 물을 흘렸다고 생각해 보자. 15분 정도가 경과하면, 잉크는 번져 있을 뿐만 아니라, 물이 처음 떨어진 곳을 중심으로 원 모양으로 퍼져 나간 것을 볼 수 있다. 놀랍게도 원은 검정색만이 아니라 푸른색과 붉은색으로 보이는 부분까지 나타낸다. 이런 현상은 크로마토그래피에 의한 것이다. 크로마토그래피chromatography란 혼합물의 여러 성분들이 용매 상에서 매개체와 상호작용하여, 그들의 화학적 성질에 따라 분리되도록 하는 방법이다. 위의 예에서는 잉크의 여러 성분이 물과 함께 이동하면서 종이와 상호작용하는 정도에 따라 각각 분리된다.

러시아의 과학자 미카엘 츠베트Mikhail Tsvet가 1901년에 처음으로 식물성 색소를 분리한 이후로, 크로마토그래피는 미지의 혼합물을 분석하고 구성 요소를 눈으로 보고자 하는 화학자들에게 유용한 도구가 되어 왔다. 세상은 혼합물로 가득 차 있다. 우리가 먹는 음식은 넓은 의미에서 나름대로의 화학적 작용을 하는 여러 화합물로 구성된 혼합물이다. 마요네즈는 에멀젼으로 분류되는 혼합물이고 156쪽 물질의

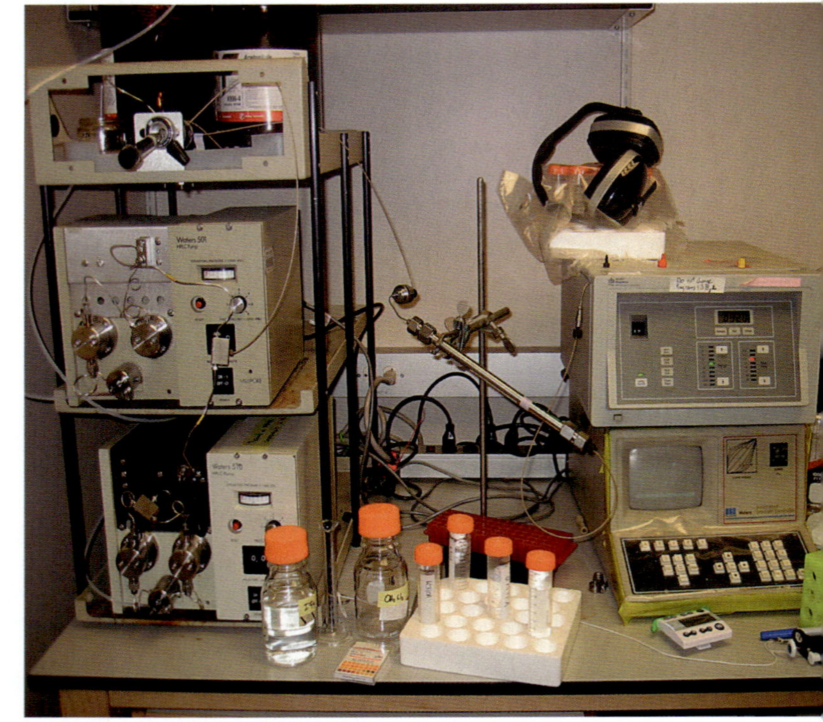

위 기체 크로마토그래피를 하기 위해 정렬된 시험관들
가운데 HPLC는 용매기울기 발생 장치, 강철강화 반응 용기, 분석용 컴퓨터로 구성된다.
아래 일반적으로 여러 가지 색의 혼합물인 염료와 잉크는, 크로마토그래피 종이를 이용하여 분리할 수 있다.

혼합 참조, 향긋한 오일–식초 드레싱은 현탁액으로 분류되는 혼합물이다. 분석 화학과 생화학 분야에서는 혼합물의 여러 요소들을 분석하고 정제하는 능력이 매우 중요하다. 혼합물을 이렇게 개별적인 구성 요소로 분리하는 방법은, 간단한 여과법에서부터 크로마토그래피와 같은 발전된 기술까지 매우 다양하다.

분리와 식별 크로마토그래피는 혼합물의 구성 요소와 농도를 분석하는 방법이다. 분석하고자 하는 혼합물은 분석물analyte이라고 한다. 분석물은 보통 액체나 고체인 용매와 섞이게 된다. 이 둘을 통틀어 이동상mobile phase이라고 한다. 이 둘은 함께 크로마토그래피 종이와 같은 고정상stationary phase을 지나간다. 분석하고자 하는 혼합물 내에 존재하는 각 화합물은 용매나 고정상과 서로 다른 상호작용을 할 것이다. 화합물들이 움직이면서, 어떤 것들은 고정상에 더 많이 이끌리고, 다른 것들은 적게 이끌린다. 따라서 화합물들은 고정상을 따라 서로 다른 속도로 움직이게 된다. 분석하는 혼합물을 4명의 다른 학생들로 구성된 집단으로 생각하고, 고정상을 체육시간에 타고 올라가야 하는 밧줄이라고 생각해 보자. 각 학생은 줄을 끝까지 타고 올라가는 데에 걸리는 시간이 각기 다를 것이고, 끝까지 올라가지 못하는 학생들도 같은 높이에서 멈추지는 않을 것이다. 혼합물을 이루는 여러 요소들이 이동한 거리와 그만큼 이동하는 데에 걸리는 시간은 그들의 원자, 분자 구조와 직접적으로 연관된다.

오늘날 사용되는 크로마토그래피 기술들은 매우 다양하고, 분석에 사용되는 크로마토그래피의 종류, 용매, 고정상 등은 혼합물의 성질에 따라 달라진다. 가장 흔하게 쓰이는 두 가지 형태는 기체 크로마토그래피와 액체 크로마토그래피이다. 기체 크로마토그래피에서는 기체가 용매의 역할을 한다.

액체 크로마토그래피의 경우, 흔히 사용되는 고정상은 실리카이산화 규소이다. 실리카는 분석 대상에 따라 여러 가지 화합물로 처리된 후에, 튜브 안에 채워진다. 이동상인 액체 혼합물은 고정상을 따라 천천히 흘러가는데, 각각의 화합물들은 그 과정에서 고정상과의 상호작용에 의해, 과학자들이 성분을 확인할 때 사용할 수 있는 화학적 지문chemical fingerprint을 남기게 된다. 오늘날 사용되는 액체 크로마토그래피 중 신뢰도가 높은 것으로는 고성능 액체 크로마토그래피 HPLC가 있다. HPLC는 효율성을 증가시키기 위해 높은 압력을 사용한다.

용도 크로마토그래피는 효율성과 정확도가 매우 높고, 미묘한 차이를 가진 여러 화합물들을 분리할 수 있다. 또 이는 순수 연구에도 사용될 수 있는데, 크로마토그래피를 통해 정체를 모르는 혼합물의 화학적 구성을 확인하고, 다양한 성분 화합물의 농도까지 알아낼 수 있다. 크로마토그래피는 생화학과 분석화학에서도 유용하게 쓰이는데, 기체 크로마토그래피와 고성능 액체 크로마토그래피 둘 모두는 해산물에 들어 있는 수은 함유량을 측정하는 데에 쓰일 수 있다. 또 식수에 들어 있는 특정한 불순물의 종류와 농도를 구분하는 데 이용할 수도 있다. 크로마토그래피는 약물검사에서 빠지지 않는 방법인데, 혈액이나 소변에 함유된 코카인과 같은 약물의 수치를 검사하는 데 이용된다.

기체 크로마토그래피는 기체나 액체 화합물들을 분리하는 데에 사용된다. 사진에서 과학자는 표본을 분석하기 위해 준비하고 있다. 컴퓨터 화면에는 분석 결과가 표시될 것이다.

전자 현미경

일생 동안 한 번도 현미경 렌즈를 들여다본 적이 없는 사람이 있을까? 가장 널리 쓰이는 현미경은 유리 렌즈를 통해 유리 슬라이드에 놓인 작은 물체를 보는 방식이다. 관찰자는 손잡이를 돌리면서 렌즈의 초점을 맞춰서 물체를 확대한다. 빛의 굴절을 이용하기 때문에 이런 현미경은 광학 현미경microscope이라고 부른다. 광학 현미경도 훌륭한 성능을 가지고 있지만, 능력에 한계가 있다. 광학 현미경은 물체를 500–1,000배까지밖에 확대하지 못한다. 이 정도의 배율은 과학자들의 연구에 충분하지 않기 때문에, 이들은 다른 종류의 현미경을 함께 사용한다. 주사전자 현미경scanning electron microscope, SEM은 물체를 확대할 때, 빛이나 유리 렌즈를 이용하지 않는다. 대신 전자의 움직임을 추적하는 방식을 이용한다. 현미경 윗부분에 있는 전자총은 긴 관, 또는 기둥을 통해 전자를 쏘게 된다. 전자는 기둥을 타고 내려와, 전자석에 의해 초점이 맞춰져서 전자빔을 만든다. 전자빔은 기둥을 빠져나와, 관찰하고자 하는 시료를 쏜다. 전자는 시료를 구성하는 수백만 개 원자의 전자 궤도를 관통하는데, 어떤 전자들은 핵 주변에서 튕겨져 나와 다른 방향으로 원자를 벗어난다. 또 어떤 전자들은 다른 전자 옆을 스치면서, 그 전자들이 궤도에서 이탈하도록 유도한다. 특수한 감지기들은 이렇게 날아다니는 전자들을 탐지하여, 이를 전자 신호로 읽게 된다. 이 신호들은 현미경과 연결된 텔레비전 화면으로 전달되어, 영상으로 바뀐다. 이 기술은, 전자빔을 화면의 영상으로 바꿔 주는 보통 텔레비전이 작동하는 원리와 크게 다르지 않다.

'주사scanning'라는 용어는 한 점에서 정보를 수집하여, 그 정보를 다른 점으로 전송할 수 있는 현미경의 능력을 나타낸다. 먼저 전자빔은 시료를 수평과 수직으로 스캔한다. 그런 다음 정보를 컴퓨터로 전송하고, 컴퓨터는 동일한 정보를 과학자가 보고 해석할 수 있도록 텔레비전 화면으로 보내게 된다. 과

위 주사전자 현미경 제어실
아래 표본이 주사전자 현미경에 놓이는 단계

학자가 배율을 높이고 싶으면, 시료의 더 작은 범위를 스캔해야 한다. 스캔되는 범위가 작을수록, 화면에는 더 크게 나타난다. 일반 카메라에 있는 줌인 기능과 비교해 보자. 사진사가 줌아웃하면, 배경의 더 많은 부분을 볼 수 있지만, 자세하게 볼 수는 없다. 반면 줌인을 하면 사람의 얼굴은 확대되어 보이지만, 몸은 보이지 않게 된다. 전자 현미경도 같은 방식으로 작동된다. 하지만 물체의 실제 크기보다 200,000배 크게 확대할 수 있다. 광학 현미경에 비해 엄청난 차이가 아닌가!

전자 현미경은 1930년대와 1940년대에 처음으로 개발되었지만, 1965년까지 상용화되지 않았다. 오늘날에는 거의 모든 대학 실험실에 기본적으로 갖추고 있는 장비가 되었다. 그러나 여러 가지 장점에도 불구하고, 몇몇 모델들은 기본적인 단점이 있다. 시료를 스캔하기 전에 금박으로 코팅을 해야 한다는 것이다. 이 과정을 거치면, 전기에 대해 강한 양도체가 되어 시료를 더 잘 볼 수 있다. 많은 현대의 과학자들은 생체 조직의 내부 작용을 연구할 때, 전파에 노출된 원자의 자기장에 생기는 변화를 측정하는 핵자기 공명NMR 기술을 사용하기도 한다.

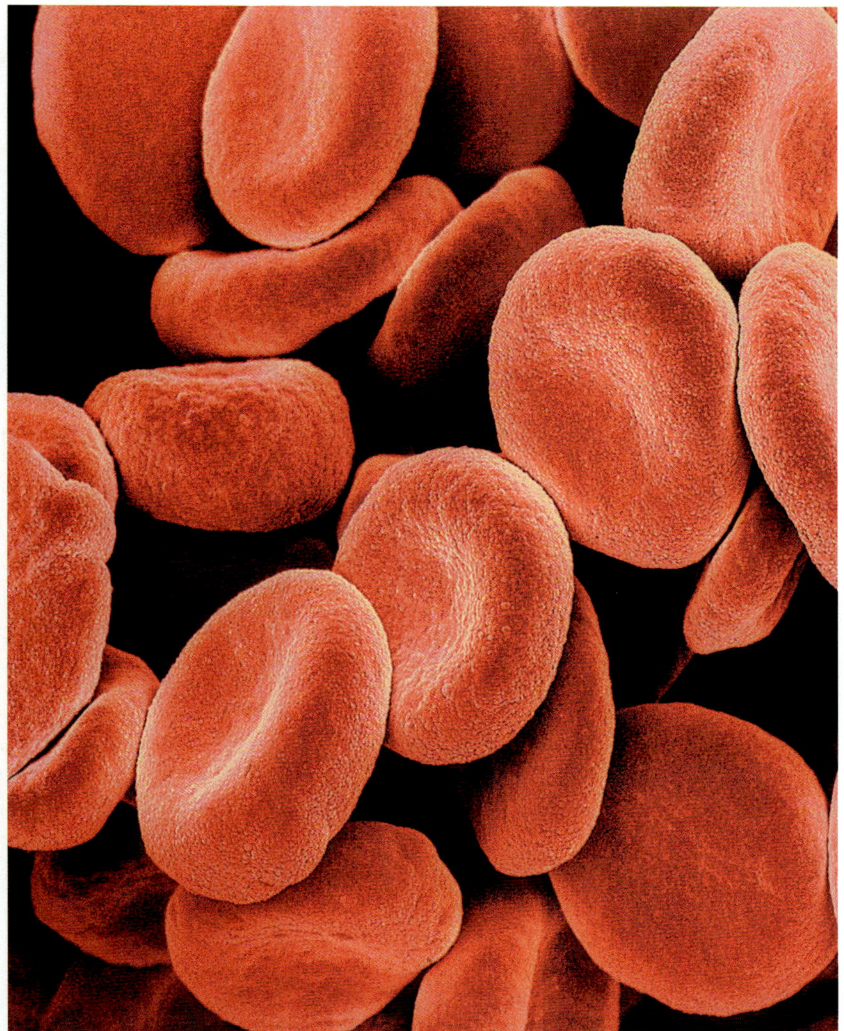

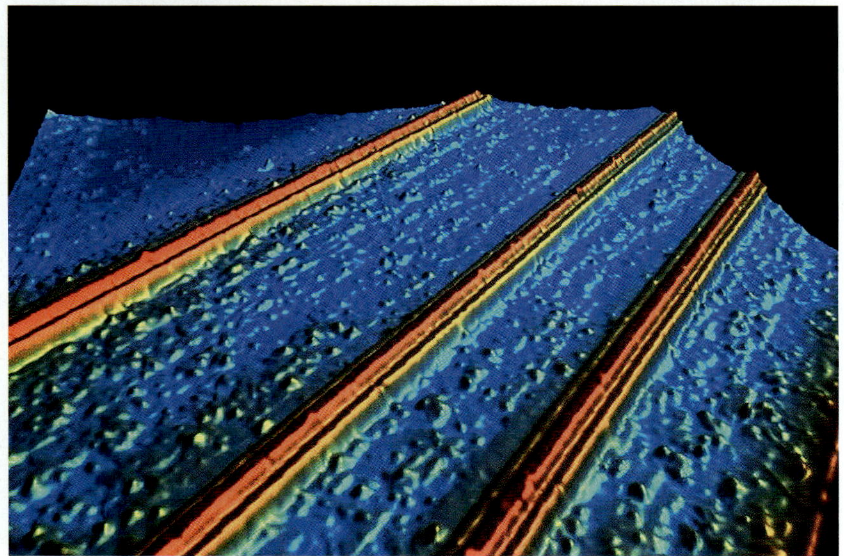

위 인간의 적혈구 세포를 주사전자 현미경으로 본 모습
아래 표면 스캔을 한 후 색깔을 입힌 영상. 붉은색 나노와이어가 푸른색 기질에 대비되어 보인다.

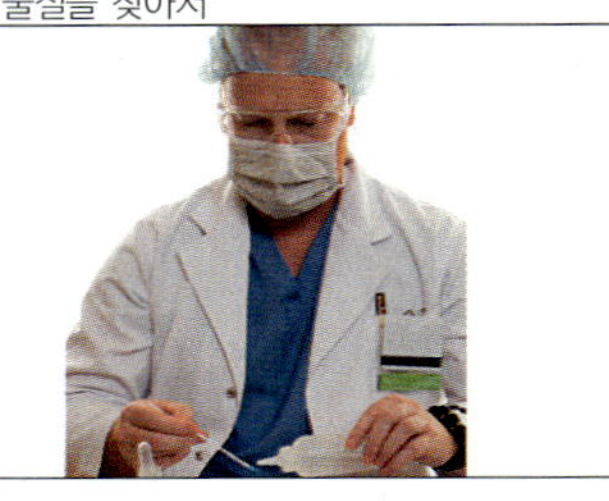

법화학

최근에 법과학만큼 많은 사람들의 상상력을 사로잡은 과학 분야는 없을 것이다. 텔레비전 황금시간대에는 푸르스름한 조명이 켜진 멋진 연구소에서 근무하며, 유명 브랜드의 옷을 입은 등장인물들로 넘쳐난다. 비록 세련된 옷과 컴퓨터 몽타주 시스템, 긴장감 넘치는 배경 음악은 현실의 과학 수사 연구소에는 없지만, 이 가상의 인물들이 널리 알린 화학만큼은 현실과 크게 다르지 않다. 법화학forensic chemistry은 범죄수사의 떠오르는 별이다. 현실에서는 결과물을 분석하는 데에 드라마보다 훨씬 긴 시간이 필요하긴 하지만 말이다.

과학과 법률 '법정'이라는 말 자체는 과학과 큰 상관이 없다. 소송절차나 공개토론, 그리고 글자 그대로 법정이나 법률을 논할 때 어울리는 용어일 것이다. 법인류학과 법심리학이라는 분야가 있는데, 이를 미루어 짐작해 보면, 법과학이란 말은 법률 시스템에서 중요한 역할을 하는 과학일 것이다. 여기에는 범죄 사건도 포함된다. DNA 분석을 전문으로 하는 법화학자들은 실험실이 아닌 법정에서 분석 결과를 진술해야 할 때도 있다. 법화학 분야는 대체로 고도로 전문화된 분야다. 예를 들어 전문적으로 불법 약품만을 식별하는 데에 자신의 모든 재능과 능력을 집중하

위 법화학은 고도로 전문화된 분야이다. 법화학자는 특정한 검사의 전문가일 수 있다.
아래 적외선 분광기는 마약이나 폭발물 등과 같은 특정한 화학 물질을 찾는 데 이용될 수 있고, 그 외에 어떤 물질이 섞여 있는지도 밝힐 수 있다.

는 법화학자도 있다. 법화학자들은 또 다양한 상황에서 작업하며, 그들이 찾는 해답을 얻기 위해 수없이 다양한 분석 방법을 동원하기도 한다. 몇몇 방법들은 비교적 친숙하기도 한데, 새로운 실험 방법들이 개발되고 분석 화학이 발전함에 따라, 법의학의 무기는 훨씬 더 늘어날 것이다.

DNA 분석 사람마다 고유한 DNA를 가지고 있어, 머리카락 한 가닥이나 우표를 붙일 때 발랐던 침과 같이 아주 작은 신체 표본으로도 DNA를 식별할 수 있다. DNA는 주로 범인을 잡는 데 많이 사용되었고, 요즘은 과거에 누명을 썼던 이들의 오명을 벗겨 주는 일에도 많이 사용되고 있다. 효소를 이용하면 작은 DNA 표본을 수백, 수천 개 복사할 수 있다. 효소는 또 DNA를 조각내어 단 한 사람을 식별해 주는 특정한 패턴을 나타내는 데에도 쓰일 수 있다.

공항에서의 화학 현재 법화학은 많은 공항 보안 검색대에서 이용되고 있다. 일부 공항에서는 보안검색 요원이 면봉으로 노트북 컴퓨터나 여행 가방을 닦아 낸 다음, 면봉을 기계에 넣는다.

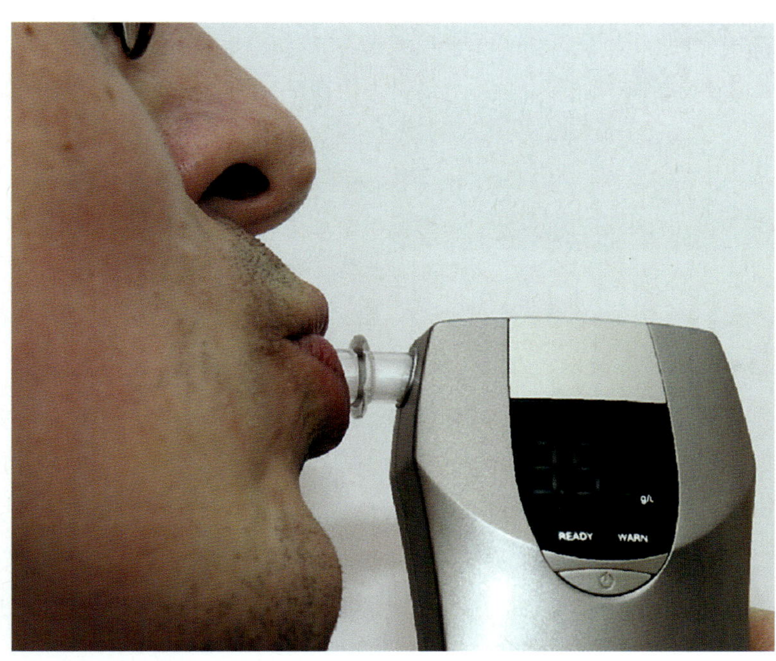

음주 측정기는 혈액에서 얼마만큼의 알코올이 폐로 유입되는지를 측정할 수 있다.

승객이 통과해도 될지 어떨지는 잠깐만 기다리면 된다. 면봉이 기계에 들어가면, 면봉에 묻은 유기 화합물이 기화하여 다른 기체와 섞이게 된다. 섞인 기체 혼합물은 다른 구획에 도달하여 방사성 니켈로부터 방출된 높은 에너지의 전자와 만난다. 이 과정에서 이온이 만들어지는데, 이온을 기계 내에 있는 전기장에 통과시켜 움직임을 분석하면 이온의 상대적 질량을 알 수 있게 된다. 기본적으로 큰 이온은 작은 이온보다 무겁고, 통과하는 과정에서 기체 분자와 더 많이 충돌하기 때문에 전기장을 통과하는 시간이 더 오래 걸린다. 기계는 결과를 분석하여 위험 물질의 정보와 일치하는지를 결정한다. 이런 기술을 이온 이동도 분광법ion mobility spectrometry이라고 한다.

범죄 현장 법화학은 방화 사건에서도 유용하다. 고성능 액체 크로마토그래피와 질량 분석기를 통해 화재에서 나온 잔해를 분석하면, 현장에 있던 어떤 화합물이 발화 촉진제인지를 알 수 있다. 그런 물질이 발견되면 표본의 탄화 수소 패턴에 따라 발화 지점을 추정할 수 있다.

법화학자들은 기체 크로마토그래피와 질량 분석기를 이용해 여러 종류의 잉크를 분석하여, 위조지폐 수사에 도움을 줄 수 있다.

법독극물학forensic toxicology은 살아 있는 사람과 시체의 생체 조직에서 약물 및 알코올 함유량을 검출할 때 사용되며, 다양한 화합물을 분리하여 농도를 분석하는 데 대부분 기체 크로마토그래피를 이용한다. 크로마토그램에 나타난 최고점과 최저점으로 혈액 표본에 들어 있는 알코올의 농도를 알 수 있고, 혈액이나 소변, 조직에 함유된 화합물이 불법 물질의 화학적 신호와 일치하는지를 알 수 있다.

동물 전문 수사관

보호구역 안에서 천연기념물로 지정된 새가 불법으로 밀렵된 흔적이 발견된다. 이 사건은 누가 수사하는가? 자연 범죄 현장수사관들은, 점점 규모가 커지고 있는 법야생학(wildlife forensic)이라는 법과학 분야에 종사하는 과학자들로 구성된다. 이들은 일반적인 범죄수사관들과는 달리 사람이 아닌, 광범위한 종의 동물들에서 증거를 찾아야 한다. DNA 분석은 법야생학적 범죄수사에서도 중요한 역할을 하며, 동물의 종을 식별하는 일을 도와준다. 법야생학의 목적 중 하나는 밀렵을 포함한 환경보존법에 어긋난 사건들을 수사하는 것이다.

게놈 지도

2000년에 들어서, 미국과 영국 등의 과학자들이 주축이 된 국제 연구팀이, 인간 DNA 분자에 있는 31억 개의 문자를 모두 해독하는 데에 근접했다고 발표했다. DNA 분자는 끝이 보이지 않는 연속적인 질소 염기쌍에 의해 결합되어 있다 134쪽 DNA와 RNA 참조. A 염기는 언제나 T와 짝을 이루고, C 염기는 언제나 G와 짝을 이룬다. DNA 서열을 분석하기 위해서는, 게놈 상의 DNA 염기를 정확한 순서로 나열해야 한다. 이런 작업의 속도를 높이기 위해, 과학자들은 DNA 분자의 한쪽만을 이용해 염기 서열을 분석

한다. 이와 동시에, 확인된 염기 서열을 기초로 게놈 지도를 만든다. 게놈 지도는 DNA 서열 분석에 비해서 덜 자세하다. 게놈 지도는 각각의 염기들을 보여주는 것이 아니라, DNA 가닥에서 특정한 유전자의 위치를 표시한다. 유전자는 수천 개의 염기로 구성될 수 있다. 그 염기 서열을 몰라도, DNA 상의 유전자의 위치와 무슨 유전자인지 알 수 있고, 유전자 지도를 만들 수 있다.

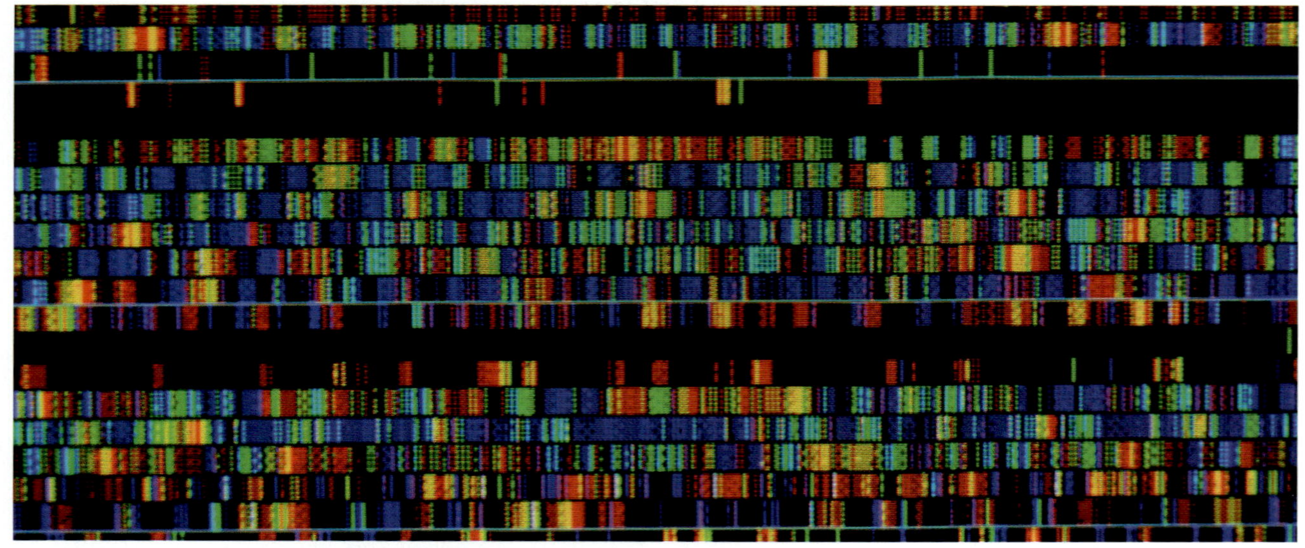

위 복어는 유전적 계통에 따라, 독특한 자기 방어 메커니즘을 가진다.
가운데 내과 의사이자 유전학자인 프랜시스 콜린스
아래 색깔을 입혀 구분한 인간 게놈 지도. 각 염기쌍은 다른 색으로 표시되어 있다.

인간 DNA가 30,000-40,000개의 독립된 유전자를 가진다는 사실을
생각해 보면, 이들의 작업이 얼마나 복잡한지를 쉽게 알 수 있다. 전체
DNA의 1/60에만 단백질을 만들기 위한 정보가 들어 있으며, 그 나머지
는 언제, 그리고 몸의 어디에서 각 유전자가 사용되어야 하는지에 대한
정보를 담고 있다. 사람의 DNA는 99.9 %가 일치하지만 마지막 0.1 %가
다르기 때문에 사람마다 각종 질병이나 환경 오염 물질에 의해 받는 영
향과 약물 치료에 대한 몸의 반응이 달라진다.

게놈 서열을 분석하는 작업은 약 15년이 걸렸고, 미국과 영국이 주축
이 된 인간 게놈 프로젝트에 참여한 수많은 과학자들과, 메릴랜드 주 로
크빌Rockville에 있는 셀레라 지노믹스Celera Genomics와 같은 기업들의 도
움이 컸다. 또한 개인과 국가 간의 경쟁도 DNA 서열 분석 속도를 높이
는 데 기여했다. 생물학자 크레이그 벤터Craig Venter 1946- 가 지휘하던 셀
레라 기업의 연구팀은 샷건 시퀀싱shotgun sequencing이라는 방법을 통해 분
석 시간을 줄일 수 있었는데, 이는 DNA를 조각내어 분석한 후 결과를
다시 조합하는 방법이다. 셀레라가 채택한 방법은 초기에 다른 유전공
학자들에게 조잡하고 오류투성이인 것으로 보였지만, 결국 DNA 가닥
을 따라 순서대로 염기들을 배열하는 방법보다 빠르고 비용이 적게 든
다는 이점이 부각되어 내과 의사이자 유전학자인 프랜시스 콜린스Francis
Collins, 1950- 가 이끄는 인간 게놈 프로젝트에 도입되었다. 게놈을 배열하
는 데에 드는 비용도 프로젝트가 진행되면서 크게 감소했는데, 초기에는
각 염기당 10달러였지만 마지막에 가서는 염기당 9센트로 낮아졌다.

프로젝트의 초기 단계부터, 기업이나 개인이 게놈 전체나 일부에 특허
를 받을 수 있다는 사실에 대해 논란이 있어 왔다. 대부분의 과학자들은
게놈에 대한 정보가 인류 공동의 유산이기 때문에 무료로 제공되어야 한
다고 생각한다. 현재까지도 기업들이 확인한 유전자에 대해 신청한 특허
권의 결과가 어떻게 될지는 아무도 모른다.

현재는 게놈과 관련해 논의해야 할 윤리적 사안들이 너무도 많기 때문
에, 특허는 받아들여지지 않고 있다. 가령 보험회사가 환자의 DNA 배열
에 따라 보험 가입을 거부하는 것이 도덕적인가? 부모가 자식에게 가족
력이 있는 병을 물려주지 않기 위해 DNA에서 유전자를 지우는 것은 도
덕적인가? 만약 그렇다면, 부모가 자식의 눈 색깔을 결정하거나, 뛰어난
지능과 평균보다 큰 키를 가질 수 있게 보장해 주는 DNA를 선택하는 것
은 어떠한가? 이러한 질문들은 게놈의 비밀이 밝혀진 지금, 그 의미에
대해 고민하고 있는 인류가 풀어야 할 숙제일 것이다.

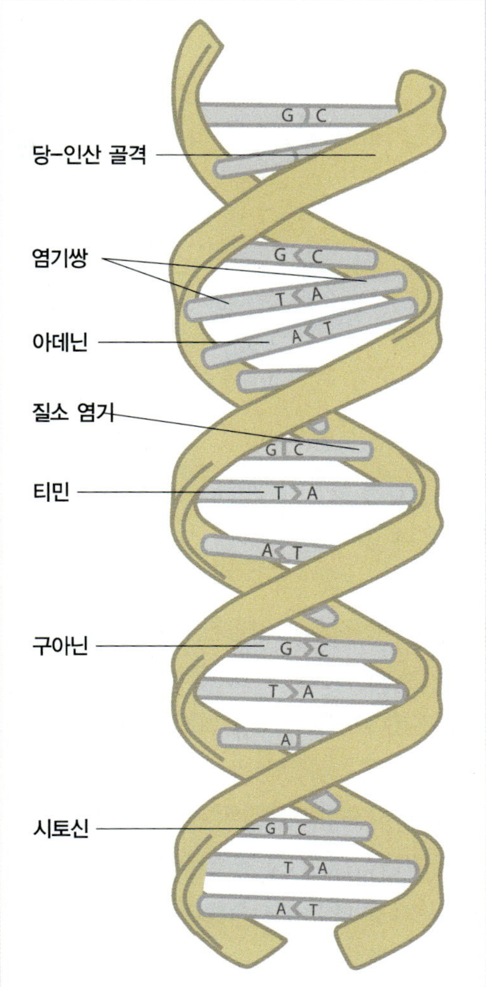

DNA 분자의 이중 나선에 대한 간단한 그림에서 당 골격과
염기쌍을 볼 수 있다.

30억이란 얼마나 큰 숫자인가?

인간 DNA 분자에는 31억 개의 염기쌍이 존재한
다. 이 숫자는 굉장히 크다고 느껴지지만, 이것이
실질적으로 얼마나 큰지에 대한 감을 잡기는 쉽지
않다. 길고, 끊이지 않는 사슬 안에서 A-T, C-G가
교차하며 배열되어 있는, 끝없는 분자 줄기인 DNA
의 복잡함을 이해한다면, 그 배열을 알아내는 데에
15년이나 걸린 이유를 이해할 수 있다. 게놈 배열
에 있는 모든 문자들을 A, T, C, G, … 와 같은 방
식으로 이 책의 글자크기로 계속 써내려 간다고 가
정해 보자. 이렇게 적은 종이를 쌓으면 높이가 워
싱턴 기념비만큼 되는 탑을 만들 수 있다.

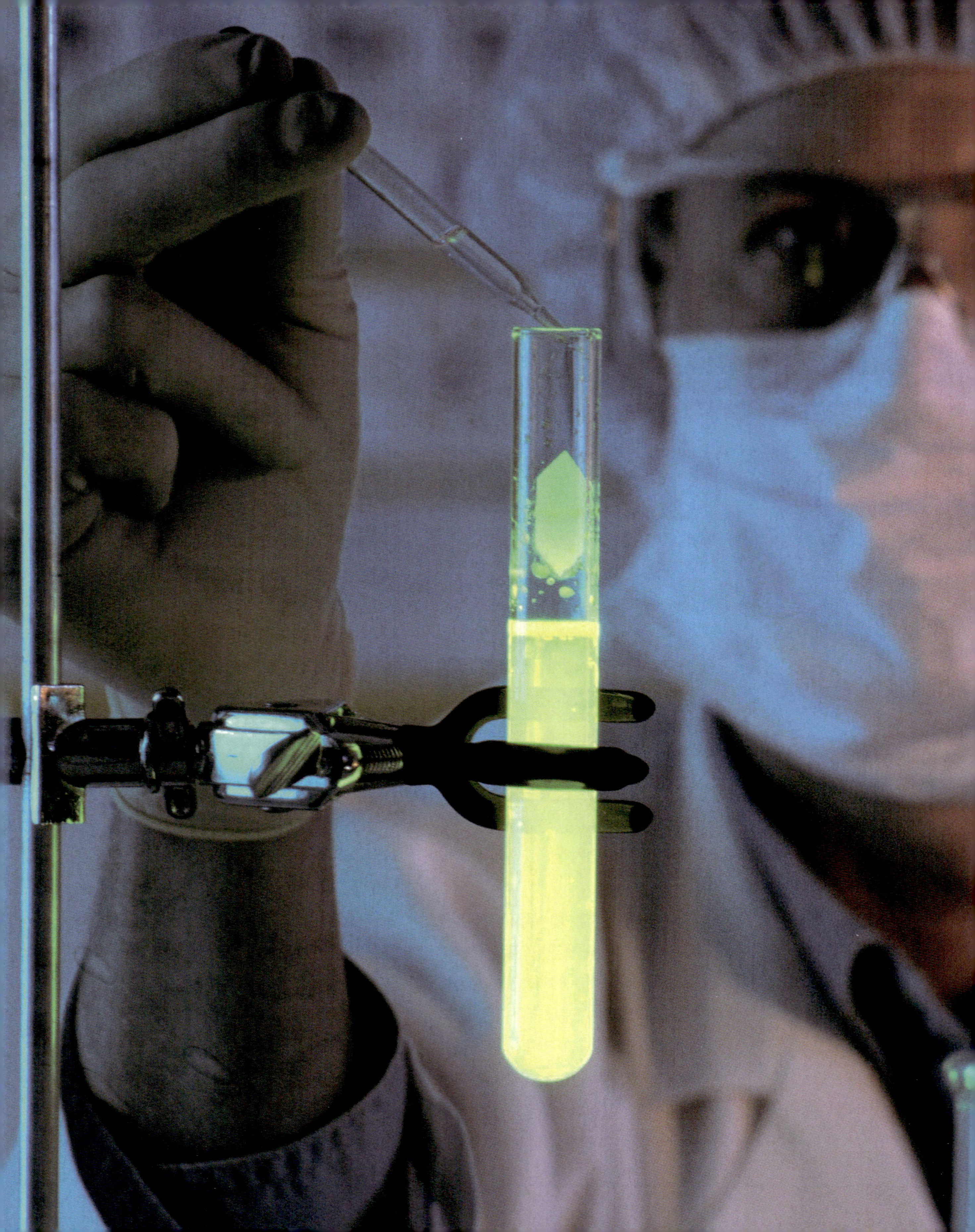

CHAPTER 12

화학은 우리를 어디로 이끄는가?

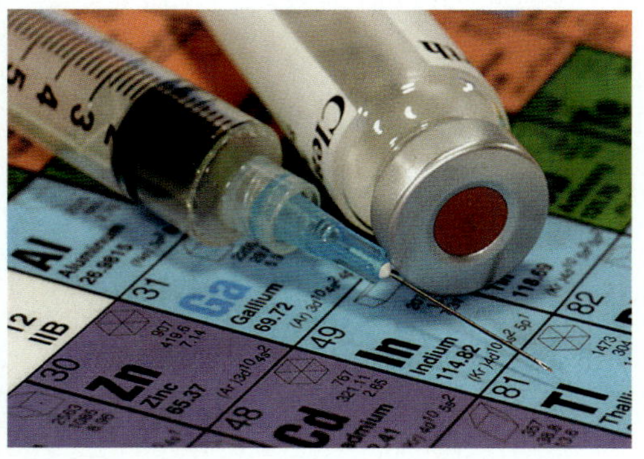

왼쪽 화학의 발전은 의학, 재료공학과 같은 다양한 분야의 혁신적인 발전을 이끌어 내었다.

위 나노 기술은 원자 수준에서 물질의 제어를 다루는 간학문적인 분야이다. 과학자들은 CPU(중앙 처리 장치)를 소형화하여 생명 공학과 컴퓨터 공학에 지대한 발전을 이룰 수 있을 것으로 기대한다.

아래 연구원들은 새로운 내성균과 싸울 수 있는 약을 끊임없이 개발하고 있다.

화학이 도전할 만하고 매력적이며, 무한한 응용가능성을 가진 이유는, 과학적 성과물들이 끊임없이 변하기 때문이다. 끝이란 없으며, 마지막 성취도, 최종적인 발견도 없다. 과학이 발전함에 따라 앞선 시대의 경이로운 업적들도 차츰 쓸모없는 것이 되기 때문에, 어떤 면에서 지금 새로운 것도 언제나 옛것이 될 수밖에 없다. 또한 새로운 발견은 다른 분야의 발전을 가능케 한다. 예를 들어 컴퓨터 기술의 진보는, 분자 구조를 직접 볼 수 있게 해 주었으며 약물 설계 방법에 큰 발전을 가져왔다. 나노 기술을 이용하여 원자 규모의 CPU를 만들 수 있게 되었고, 이 기술을 통해 언젠가는 혈관 속에서 우리의 건강 상태를 점검하고 약물을 운반할 수 있는 컴퓨터를 개발할 수 있을 것이다. 하지만 이 끝나지 않는 게임에서 승리하는 것은 언제나 자연이다. 자연은 어떤 상황에도 적응할 수 있으며 결코 예상할 수 없다. 가령 우리가 완벽한 항생제를 만들었다고 자신할 때, 자연은 내성이 있는 변종 박테리아와 같은 형태를 만들어 우리에게 새로운 과제를 던져 준다. 하지만 이런 과정은 또한 인류의 가장 위대한 과학적 성과에 결정적인 영감으로 작용하기도 한다. 자연이 도전하면, 과학은 기꺼이 그 도전을 받아들인다. 발견의 게임은 영원히 계속된다.

연료 전지

50년의 시간이 만들어 내는 변화는 어떤 것이 있을까? 미국인은 그 어떤 나라보다 운전을 많이 하며, 엄청난 양의 이산화 탄소를 대기권으로 배출해 왔다. 중국의 1,900만 대, 인도의 900만 대에 비해 미국의 도로에는 약 1억 4천 대의 자동차가 다닌다. 하지만 50년 안에 중국과 인도가 더 부유해지고, 더 산업화됨에 따라 운전자의 수도 증가할 것이다. 2050년이 되면 미국에는 2억

3천만 대, 중국에는 5억 1천만 대, 인도에는 6억 1천만 대의 자동차가 다니게 될 것이다. 불쌍한 우리 지구는 이 많은 이산화 탄소를 어떻게 감당할 것인가? 그리고 석유는 유한한 자원인데, 그 많은 자동차의 연료를 어떻게 얻을 수 있을까?

다행히도 수소 연료 전지라는 새로운 기술이 이미 진행 중에 있다. 수소 자동차에서는, 수소와 산소가 결합되어 전기화학적 반응을 일으킨다. 이 반응의 부산물 중 하나인 전기로 자동차가 움직이게 된다. 다른 부산물은 물과 열, 또는 수증기이다. 수십 년 동안 NASA는 우주선을 쏘아

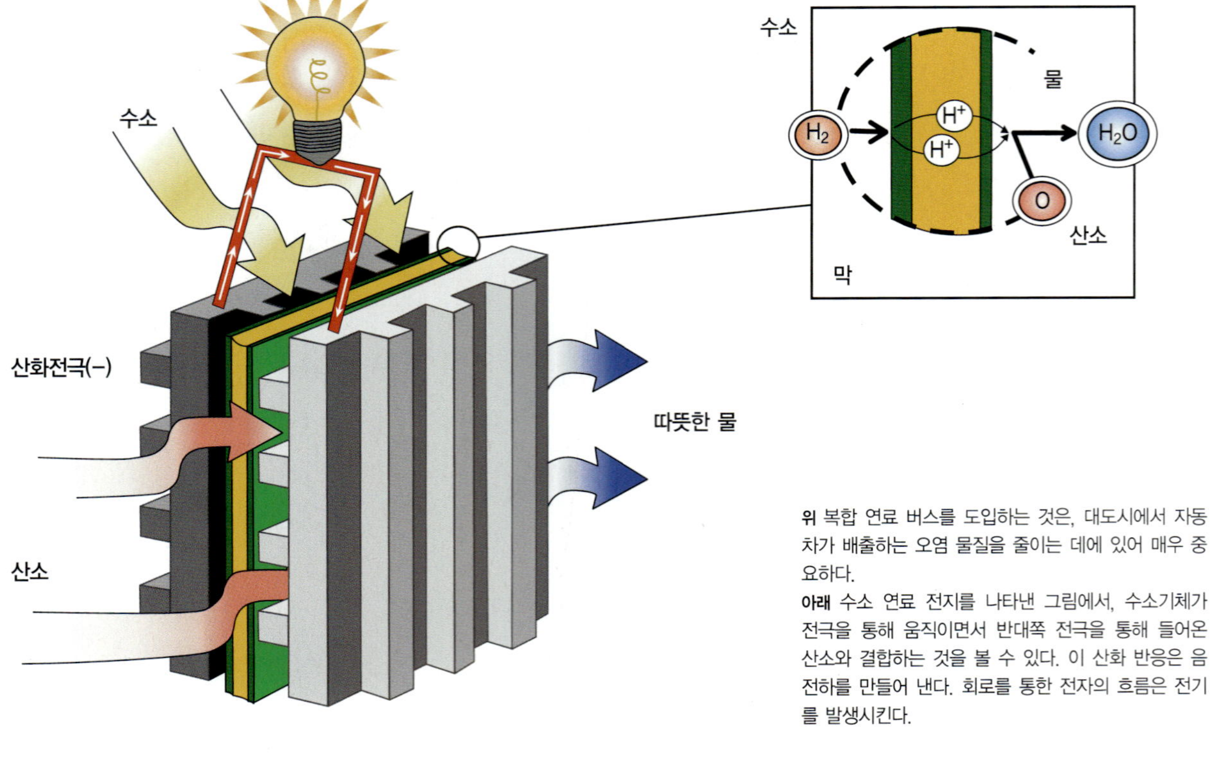

위 복합 연료 버스를 도입하는 것은, 대도시에서 자동차가 배출하는 오염 물질을 줄이는 데에 있어 매우 중요하다.
아래 수소 연료 전지를 나타낸 그림에서, 수소기체가 전극을 통해 움직이면서 반대쪽 전극을 통해 들어온 산소와 결합하는 것을 볼 수 있다. 이 산화 반응은 음전하를 만들어 낸다. 회로를 통한 전자의 흐름은 전기를 발생시킨다.

도요타에서는 수소 연료 전지로 동력을 공급하는 프로토타입 연료 전지 하이브리드카(FCHV)를 2001년에 공개하였다.

올릴 때, 수소를 외연 엔진의 추진제로 사용해 왔다. 사실 이 반응은 굉장히 잘 일어나고 깨끗하게 연소되기 때문에, 우주 비행사들이 엔진의 부산물로 생성된 물을 마실 수 있을 정도였다고 한다. 자동차가 방출하는 배기가스를 호흡하는 것만도 매우 해롭다는 점을 생각하면, 이는 매우 획기적인 사실이 아닐 수 없다. 수소 자동차는 매혹적이긴 하지만 현시점에서는 대량 판매용으로 생산하기에는 비용이 너무 많이 든다. 하지만 대부분의 자동차 제조업체들은 수소 자동차를 시험하고 있고, 일부 업체의 시험 모델들은 이미 도로에서 시범 운행되고 있다. 또한 수소는 우주에서 가장 흔한 원소이기 때문에, 연료는 항상 풍부하다고 할 수 있다.

작동 원리 반응이 어떻게 진행되는지 알아보자. 먼저 2개의 수소 원자가 결합되어 있는 수소H_2 연료를 연료 탱크에 주입한다. 수소 분자가 연료 전지의 촉매로부터 자극을 받으면, 분자가 나누어지면서 전자를 잃는다. 이 반응은 수소 분자가 전자를 생산하게 하여 그 전기로 자동차를 움직이게 한다. 다음으로 양전하를 띤 수소 양성자가 촉매를 통과해, 반대쪽

에서 오는 산소O_2 분자와 남은 전자를 만나게 된다. 전자들에 의해 또 다른 반응이 일어나게 되는데, 수소 양성자들이 전자와 다시 연결되면서 산소와 결합하여 물H_2O을 형성한다. 가열된 물은 수증기로 자동차에서 방출된다.

반응 자체에는 문제가 없지만, 수소 연료 전지 기술이 시장에 도입되기 전에 극복해야 할 장애물이 있다. 이런 엔진을 대량 생산하기에는 비용이 너무 많이 든다는 점이다. 과학자들은 여전히 연료 전지와 전지 작동에 사용되는 물질들을 보다 효율적으로 개선하기 위해 노력하고 있다. 수소가 우주에서 가장 흔한 원소이긴 하지만 이를 연료로 만드는 과정이 쉬운 것은 아니다. 순수한 수소 연료 반응은 80 % 정도의 효율을 가지지만, 상용화하는 수소 연료는 아마도 생물 연료와 섞어 사용해야 할 것이다. 이렇게 되면 효율은 현저하게 낮아진다.

전환 문제 마지막으로, 미국 전역에 퍼져 있는 가솔린 주유소들을 수소 연료 충전소로 전환하기 위해서는 엄청난 비용이 들어갈 것이다. 중국이나 인도는 현재 기반 설비가 적기 때문에, 처음부터 시작할 수 있다는 점에서 상대적으로 작업을 진행하기가 쉬울 것이다.

하지만 이런 어려움 때문에 미래의 자동차 연료로 수소 연료 전지를 사용하는 것을 포기해야 할까? 전혀 그렇지 않다. 단지 수소 자동차가 고속도로를 활보하기 전에 해결할 문제들이 많다는 것을 의미하는 것이다. 힘든 작업이긴 하지만 그에 따른 보상이 분명 있을 것이다. 시간이 갈수록 점점 더 많은 사람들이 자가용을 소유하게 될 것은 분명하다. 이 기술이 실용화되면, 지구는 많은 자동차들로 인해 고통 받지 않아도 될 것이다.

나노 기술

1965년에, 세계 최대의 CPU 중앙 처리 장치 제조 업체인 인텔의 공동설립자 고든 무어 Gordon Moore 는, 컴퓨터 칩에 들어가는 트랜지스터의 수가 매년 2배씩 증가할 것이라고 예측했다. 1975년에, 그는 예측을 2년마다로 수정했다. 그리고 현재는 그 주기가 약 18개월이다. 컴퓨터 칩에 들어가는 트랜지스터 수가 증가한다는 것은, 더 적은 비용으로 더 많은 기능을 수행할 수 있다는 것을 의미한다. 하지만 최근에 들어, 공학자들은 소위 말하는 무어의 법칙이 향후 20년 안에 벽에 부딪힐 것이라고 이야기한다.

그 이유는 화학과 물리학에서 간단하게 찾을 수 있다. 트랜지스터는 칩 기능의 많은 부분을 담당하는 일종의 전원 스위치로, 언젠가는 전류의 흐름을 예측하기 어려울 정도로 작아질 것이다. 이미 칩 위의 트랜지스터를 연결하는 데 사용하는 전선은 인간 머리카락 두께의 1/500밖에 되지 않는다. 이보다 더 작게 만들기 위해서는, 트랜지스터를 실리콘 웨이퍼 wafer에 붙이는 새로운 기술이 필요하다. 이 중요한 회로를 얼마나 더 작게 만들 수 있을까? 머지않아 원자와 비슷한 크기의 회로를 만들 수 있을 것이다!

과학자들은 이를 도전으로 받아들이고, 나노 기술 시대의 도래를 알리는 증거로 이야기한다. 나노 기술은 놀라울 정도로 작은 기계와 약물 및 상품들을 의미한다. '나노 nano'라는 접두사는 어떤 단위의 십억분의 일을 의미한다. 따라서 나노미터는 십억분의 일 미터를 의미한다. 이것이 얼마나 작은 것일까? DNA 분자의 지름은 2 nm이다. 탄소 원자 2개가 결합한 것은 이보다도 작은 0.15 nm이다.

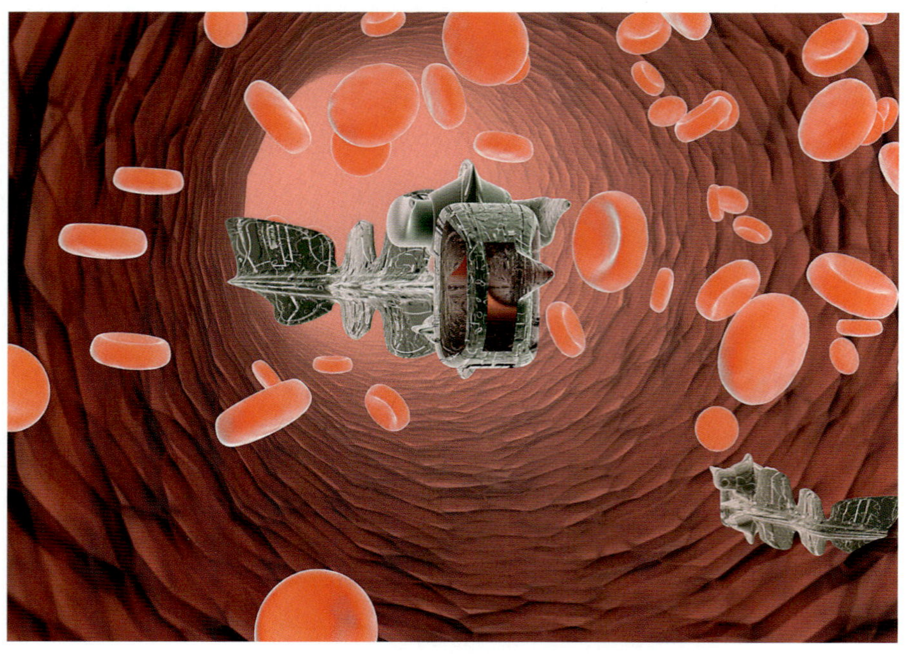

위 컴퓨터 칩이 소형화되면서, 과학자들은 칩보다 더 작은 회로를 생산할 방법을 고안해야 한다.
아래 나노봇(nanobot)을 표현한 그림. 많은 과학자들은 나노봇이 의학 분야의 미래가 될 것이라고 믿는다. 그들은 나노봇을 통해 사람 몸에 있는 좋지 않은 응고물과 침전물을 분해할 수 있을 것이라고 믿는다.

신기술의 이점과 위험

다가올 미래에 과학자들과 공학자들은 분자

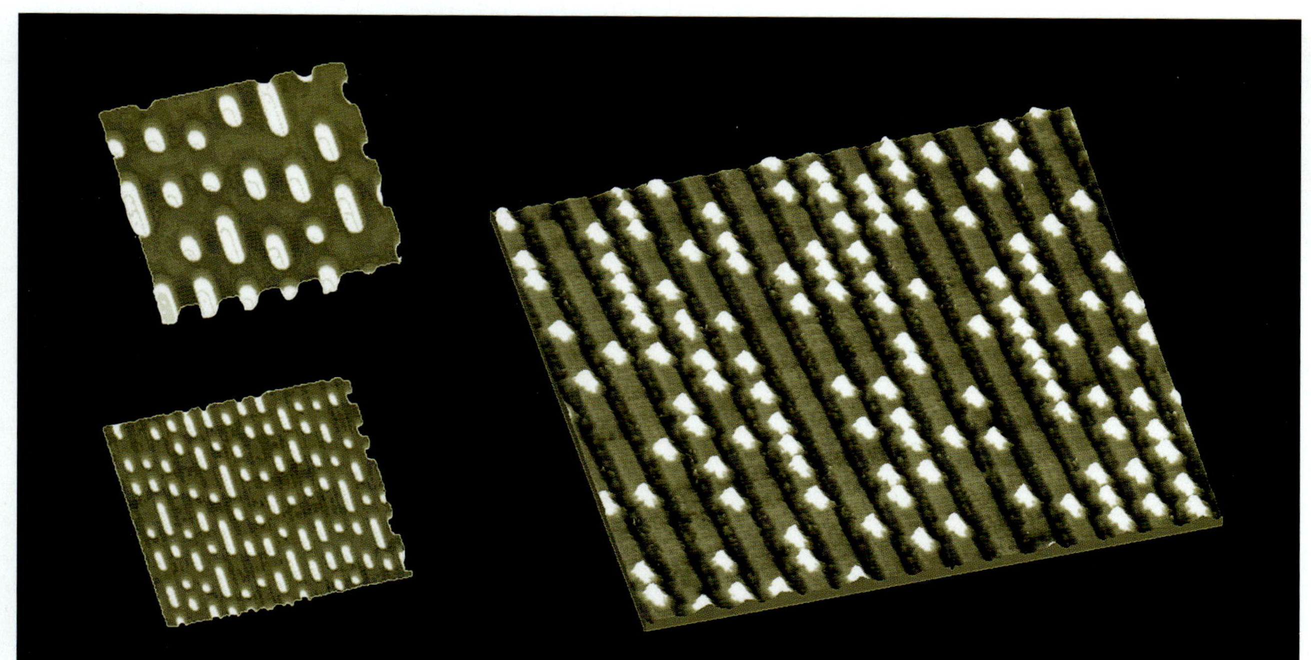

3가지 데이터 저장 매체. 오른쪽 그림은 주사터널링 현미경(scanning tunneling microscope, STM)을 이용한 것으로 왼쪽에 있는 이미지보다 1,000배 확대된 영상이다. 이 그림에서 흰색 반점들은 데이터를 저장할 수 있는 원자들이다. 왼쪽 위에 있는 것은 CD-ROM, 그 아래에 있는 것은 DVD의 이미지를 나타낸 것이다.

수준에서 물체들을 만들 것이다. 인간 몸에 주입할 수 있을 정도로 작은 카메라를 상상해 보자. 이 카메라는 환부로 이동하여, 그 부분의 영상을 의사에게 보여주게 될 것이다. 아니면 사람의 혈관에 들어가서, 혈관을 막고 있는 지방을 걷어 내고 없애는 나노로봇을 생각해 보자. 또는 말랐을 때 전기 회로를 형성할 수 있는 페인트를 상상해 보자. 이런 페인트가 있다면 방에 페인트를 칠함과 동시에 전기 배선을 완성할 수 있을 것이다. 이는 나노 기술을 통해 발명할 수 있는 것 중 일부에 불과하다. 하지만 미래학자들은 국가들이 감시나 첩보용으로 극소형 기기들을 만들지도 모른다고 경고한다. 또 자신도 모르게 호흡기나 피부로 유입된 나노 기계를 통해, 생명체가 피해를 당할 수 있는 가능성도 있다고 한다. 아직 기술이 초기 단계에 있기 때문에, 이런 일들이 일어날 가능성이 높은지 낮은지 이야기하기는 어렵다.

현재 다수의 대학, 정부, 개인 기업들이 나노 기술 개발에 투자하고 있다. 최근에 개발된 두 발명품은, 과학자들이 여전히 컴퓨터 칩을 더 소형화하는 기본적인 문제에 대해 고민하고 있다는 것을 보여준다. 한 과학자는 셀레나이드 카드뮴 결정과 여러 용매로 만든 특수한 잉크와 잉크젯 프린터를 통해, 새로운 회로를 불과 몇 초 만에 인쇄할 수 있는 혁신적인 방법을 개발했다. 이 특수한 잉크를 플라스틱에 인쇄하면, 용매는 증발

하지만 결정체는 남게 된다. 특수한 프린터로 이 과정을 반복하면, 결정체들은 축적되어, 트랜지스터를 구성하게 된다. 이 방법은 무균 상태의 대규모 공장에서 3주 정도의 시간과 수백 단계의 과정을 필요로 하는 현재의 실리콘 칩 개발 방식에 비해 엄청난 진보라고 할 수 있다.

또 다른 과학자는 실리콘 칩에 복잡한 회로를 그려 넣을 수 있는, 세계에서 가장 작은 펜인 '나노펜'을 개발했다. 이것은 옥타데칸싸이알octade-canethial이라는 화학 물질을 이용하여, 금박을 입힌 실리콘에 두께가 1 cm의 40만분의 1인 전선을 그릴 수 있다. 칩 제조업자들은 두께가 180 nm밖에 되지 않은 전선을 칩에 그려 넣을 수 있다고 광고하지만 나노펜은 그보다 훨씬 얇은, 두께가 15 nm밖에 되지 않은 선을 그을 수 있다. 이 정도의 전선 두께라면, 면적 6.5 cm²의 실리콘에 백과사전 8천만 장에 해당하는 정보를 담을 수 있다.

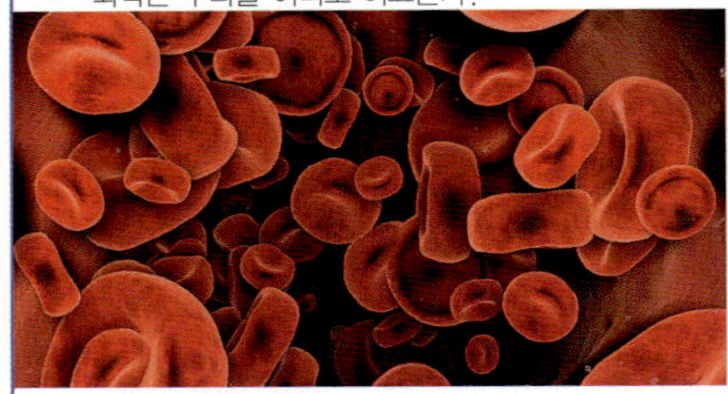

단백질체학

유기체들이 올바르게 작동하게 하는 데에는 단백질의 역할이 크다. 인체 내에서 녹말을 분해하는 아밀라아제와 같은 효소에서, 혈액의 산소를 운반하는 헤모글로빈까지, 인체 내의 핵심 기능을 수행하는 단백질의 역할을 생각해 보면 독립적으로 단백질을 연구하는 학문이 있다는 것은 당연한 일이다. 단백질체학proteomics이란 단백질을 총체적으로 연구하는 분야로, 단백질의 구조, 상호작용 방식, 그리고 그들이 수행하는 기능을 연구한다. 단백질체학은 빠르게 발전하고 있는 게놈 연구와 연계되기도 한다. 현재의 게놈 지도가 끊임없이 수정되고 있긴 하지만 게놈 지도가 완성됨에 따라서 거

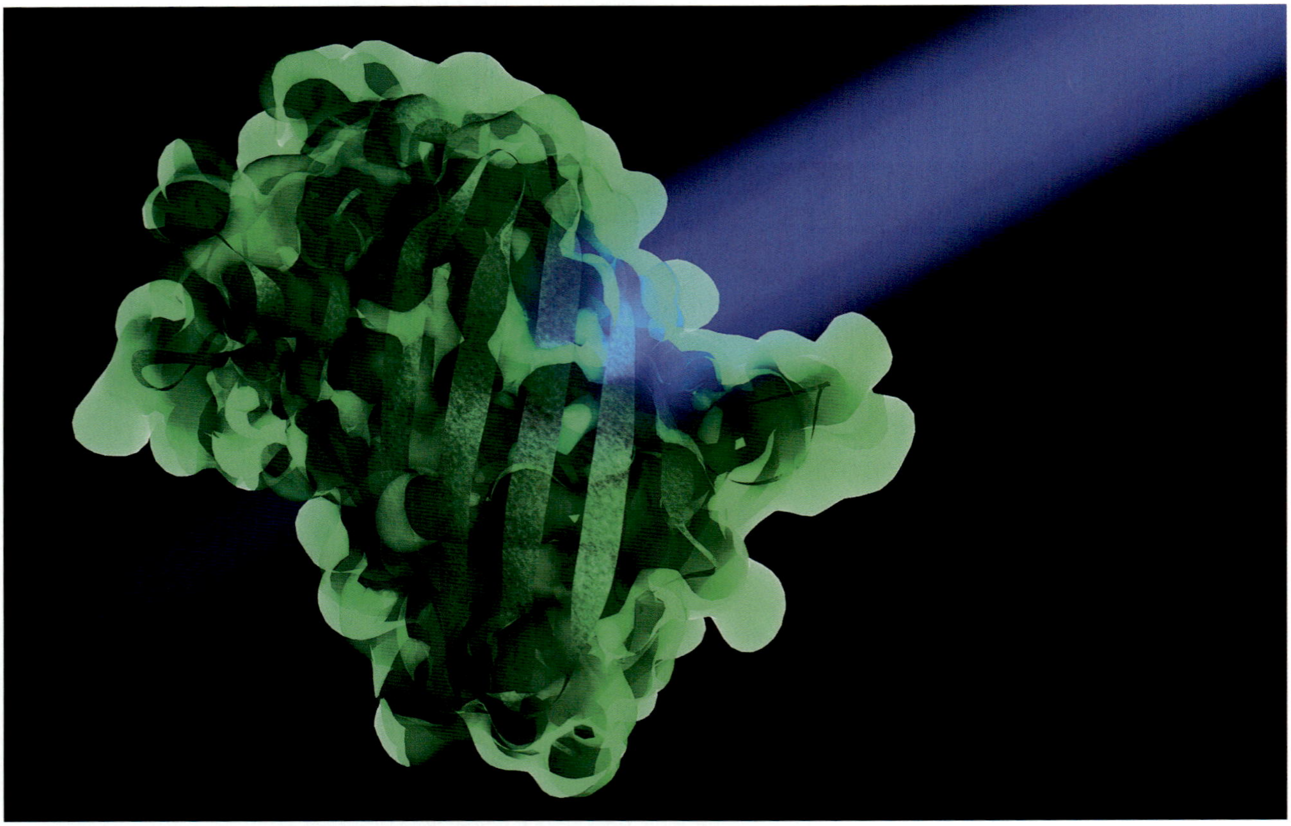

위 인체의 필수 단백질 중 하나인 헤모글로빈은 적혈구와 산소가 결합할 수 있게 해준다.
아래 녹색형광단백질(GFP)을 컴퓨터로 구현한 그림. GFP는 태평양에 사는 해파리에서 발견되고, 푸른색 빛을 쪼이면 초록색 형광 빛을 발산하는데, 과학자들은 이를 통해 인체 내에 있는 단백질이나 바이러스의 움직임을 추적할 수 있게 되었다.

기에 담겨 있는 정보를 통해 단백질의 세계와 단백질이 암호화되는 방식에 대한 많은 사실을 알 수 있다. 하지만 여전히 가야할 길은 멀다.

미래를 위한 연구 단백질체, 또는 프로테옴proteome은 유기체가 가진 단백질 전체를 말한다. 인체의 모든 단백질 목록을 만드는 것은 굉장히 오랜 시간을 필요로 하는 힘든 작업이다. 이런 목록화 작업에서 알 수 있는 흥미로운 점은 인체 내의 단백질이, 그 단백질을 만드는 유전 암호보다 훨씬 많다는 사실이다. 2003년에, 인간 게놈 프로젝트는 인간 게놈의 암호화 작업이 대부분 완료되었다고 발표했다. 그 이후로 추정되는 유전자의 수는 조금씩 변했지만, 현재로는 약 30,000-40,000개로 추정되고 있다. 일반적인 기능에 따라 단

과학자들이 대부분의 인간 게놈 지도를 완성했다고 발표했지만, 아직도 생화학적 세계에 대해 모르는 것들은 너무도 많다.

백질군을 분류하는 과학적 연구들은 지금까지 엄청나게 발전했지만, 누구도 인체 내의 단백질 수를 확실하게 추산할 수는 없다. 그 이유는 각 유전자당 단 하나의 단백질만 암호화하는 것이 아니기 때문이다. 과학자들이 추정하기로, 각 유전자는 자신이 가진 암호의 10배에 달하는 단백질을 암호화할 수 있다. 그리고 게놈에 있는 유전자 수도 추정된 수치이기 때문에, 프로테옴에 있는 단백질의 수와 단백질끼리 협력하는 방식을 밝히는 일은 유전학이 다음으로 풀어야 할 큰 과제다.

인체가 원활하게 기능하기 위해서는, 단백질이 적절하게 발현되고 기능해야 한다. 특정한 단백질이 기능하거나 기능하지 않게 하는 메커니즘을 아는 것은 인류가 직면한 다양한 질병과 어려움들을 이해하는 데 있어 가장 중요하다. 사람의 프로테옴은 게놈보다 훨씬 규모가 크고, 담고 있는 정보의 양도 훨씬 많기 때문에 단백질을 식별하고 서열을 분석하는 것은 굉장히 까다로운 작업이다. 먼저 세포를 몇 억 번 복제하여, 단백질을 추출해야 한다. 그런 다음 전기영동電氣泳動이라는 과정을 이용해 단백질을 분리하고, 분리된 단백질은 펩타이드 단위로 분해된다. 마지막으로, 질량 분석기로 펩타이드를 분해하여 각 부분의 질량을 분석하고 더 심층적인 분석을 하기 위해 모든 정보를 데이터베이스에 저장하게 된다.

암호화와 접힘 유전자에 의해 각 단백질이 암호화되는 것은 시작에 불과하다. 유전자는 특정한 단백질을 생성하는 암호를 만들 수 있지만, 그

단백질이 특정한 방식으로 '접혀야folding' 원활한 기능을 수행하고 효과를 발휘하게 된다. 단백질에 대한 정보를 더 많이 알수록, 질병의 존재나 치료법의 효능을 나타내는 생체 표지 물질biomarker로서 단백질이 더 유용하게 사용될 수 있다. 단백질이 만들어지는 방법, 기능하는 방식, 그리고 그 기능을 수행하지 못하게 하는 요인을 이해하는 것은 질병 치료에 있어 새로운 지평을 열어 줄 것이다. 생명 활동에 꼭 필요한 인슐린을 만드는 베타세포를 보호하는 것으로 보이는 단백질을 발견한 것을 예로 들 수 있다. 이 단백질을 비롯해, 여타 다른 단백질들이 기능하는 방식을 이해하기 위해서는 단백질이 암호화되는 방식뿐만 아니라, 단위세포가 특정한 단백질을 얼마나 많이 합성하는지, 단백질이 만들어진 후 어떻게 변형되는지, 그리고 만들어진 단백질이 어떻게 다른 단백질과 상호작용하는지 등, 단위세포 안에서 단백질에 어떤 일이 일어나는지를 이해해야 한다.

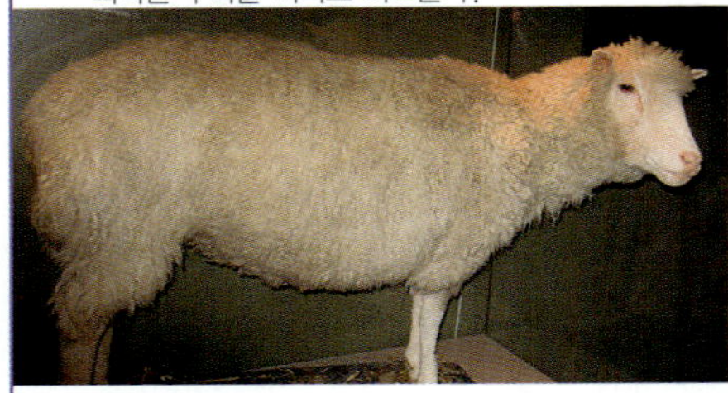

유전자 공학

21세기 과학적 연구의 최전선에서 가장 흥미롭고 논쟁이 되고 있는 분야는 유전자 공학이라 할 수 있을 것이다. 질병에 내성이 있는 식품을 생산하고, 유전자 치료법을 통해 질병에 대한 개인의 방어 체계를 키우는 것은, 유전자 조작을 통해 우리 삶의 방식이 어떻게 변할 수 있는지를 보여주는 두 가지 예이다.

유전자 공학genetic engineering, 또는 유전자 조작genetic manipulation은 글자 그대로 특정한 유기체가 가지는 유전 정보를 인위적으로 변화시키는 것이다. 유전자 정보에 변화를 주게 되면, 단백질의 발생과 특정한 단백질이 만들어지는 양, 발현되는 방식 등에 변화가 생기게 된다. 새로운 DNA를 개발하면, 새로운 단백질 기능이 생기고, 유기체의 다양한 특징도 변하게 된다. DNA 조작을 통해 만든 추위에 강한 식물을 그 예로 들 수 있다. 하지만 최근 들어 뉴스에 자주 등장하는 유전자 공학은, 전혀 새로운 분야는 아니다. 이미 1970년대 말에, 박테리아를 이용하여 최초로 유전자 변형을 통해 만들어진 인슐린이 등장했다. 이때 사용된 기술은 오늘날에도 여전히 사용되고 있다.

그 과정을 보면, 먼저 건강한 인간 세포에서 인슐린 유전자를 추출하여 박테리아의 플라스미드에 주입한다. 플라스미드plasmid란, 박테리아

위 분화된 체세포로부터 성공적으로 복제된 최초의 포유동물 복제양 돌리. 돌리는 죽은 후에 박제되어 스코틀랜드 왕립 박물관에 전시되어 있다.
아래 최근에 과학자들은 사진에 보이는 풀과 같이, 보다 더 풍부한 영양소와 상업적 장점을 가진 식물을 개발하기 위해 다양한 곡식들의 유전자를 조작해 왔다.

에서 발견되며 염색체 DNA와 무관하게 자기 복제가 가능한 고리형 DNA이다. 박테리아의 플라스미드에 인슐린 유전자를 끼워 넣으면, 플라스미드가 복제되고, 박테리아가 분열 증식하는 과정에서 인슐린이 만들어진다. 이렇게 만들어진 인슐린을 모아 당뇨병 환자가 사용할 수 있다. 이런 형태의 인슐린은 보편화되었고, 당뇨병 환자들은 더 이상 돼지나 소의 정제된 인슐린에 의존할 필요가 없게 되었다.

새로운 조합 박테리아를 이용한 인슐린 생산은, 재조합 DNA를 통해 개

발된 수천 가지 기술 중 하나에 불과하다. 재조합 DNA는 한 유기체의 유전 물질과 다른 유기체의 DNA를 재조합하는 것을 말한다. 앞서 언급한 인슐린을 예로 들면, 박테리아의 플라스미드가 가진 유전 물질과 인간의 인슐린 유전자 사이에 재조합이 일어난다. 이 과정에서 박테리아와 효모의 플라스미드를 흔히 사용한다. 박테리아나 효모의 플라스미드 고리는 효소를 이용해 잘리게 되는데, 여기에 재조합될 두 번째 유기체의 염색체 DNA에도 같은 과정을 반복한다. 이렇게 잘라낸 두 번째 유기체의 염색체 DNA는 양쪽 끝에 짝이 없는 염기쌍들을 가지게 되는데, 이 부분은 플라스미드 DNA의 열린 끝 부분과 결합된다. 마지막으로, DNA 끝을 연결해 주는 효소인 리가아제 ligase가 서로 다른 두 유기체의 DNA를 연결한다. 새로운 재조합 DNA는 박테리아에서 재생산되고, 박테리아도 자기 복제를 통해 이 새로운 DNA를 가진 클론들을 만들어 낸다.

새로운 용도 결함이 있거나 결핍된 유전자를 정상적으로 작동하는 유전자로 교체하는 유전자 치료법은, 당뇨병에서 낭포성 섬유증 cystic fibrosis에 이르기까지 다양한 질병을 치료하는 데 있어 핵심이 되리라 생각한다. 유전자 치료법은 단백질체학과 더불어 발전해 가고 있다. 주요 단백질의 기능과 구조가 명확하게 밝혀지면, 이 정보는 결함이 있거나 결핍된 단백질을 만드는 유전 암호를 도입하는 유전자 치료법을 설계하는 데 이용될 수 있다. 재조합 DNA 기술은 현재, 독감으로부터 우리를 지켜 주는 백신에서, 소의 몸집을 키워 주는 성장 호르몬까지 다양하게 이용되고 있다. 유전자 변형 식품은 여러 병충해와 지병에 내성이 있고 성장도 빠른 곡식을 만들어 낸다. 유전자 조작을 통해 개발된 쌀은 풍부한 철분과 비타민을 함유하고

말단소립은 염색체 끝에 위치한 DNA 가닥으로, DNA 나선이 풀리는 것을 방지하며 노화 과정과 관계가 있다.

앞으로 영원히 살고자 하는 사람은, 자신의 말단소립을 연구해야 할 것이다. 말단소립(telomeres)은 염색체 끝에서 성장하는 DNA 가닥으로, 신발끈 끝에 있는 플라스틱이나 금속처럼 염색체가 풀리는 것을 방지한다. 세포가 분열할 때마다 말단소립은 짧아진다. 이것이 너무 짧아지면, 세포는 죽게 된다. 과학자들은 말단소립이 노화와 관련되어 있다고 생각하는데, 비만, 흡연, 스트레스 등이 말단소립을 짧아지게 한다는 연구 결과가 이를 뒷받침해 준다. 암세포는 말단소립의 길이를 늘여 주는 텔로머라아제(telomerase)라는 효소를 막대한 양으로 생산하기 때문에 끈질긴 생명력을 유지한다. 인간의 말단소립을 늘일 수 있다면, 우리도 영생할 수 있을까? 모든 사람이 목숨을 걸고 풀고자 하는 수수께끼가 바로 이것이다.

있어, 영양실조를 예방한다. 심지어는 B형 간염과 같은 질병으로부터 사람들을 보호할 수 있는 바나나인 '바나나 백신 banana vaccine'까지 등장하였다. 하지만 이와 같은 유전자 조작 식품을 둘러싸고 뜨거운 논쟁이 진행 중이다. 유전자 조작 식품을 적극적으로 반대하는 이들은, 이렇게 조작된 식품이 대량으로 유통되었을 때 일어날지도 모르는 위험과 부작용을 예측할 수 있는 실질적인 방법이 없다는 것에 대해 우려하고 있다. 반면 이에 찬성하는 이들은 위험보다는 얻을 수 있는 이익이 훨씬 크다고 말한다. 재조합 DNA 기술이 산업과 의학 분야에서 쓰일 수 있는 방법은 헤아릴 수 없이 많기 때문에, 양쪽은 자신의 주장을 뒷받침할 수 있는 새로운 근거를 계속해서 찾을 수가 있어, 논쟁은 쉽게 종식되지 않을 것으로 보인다.

신소재

"나는 세상이 필요로 하는 것을 찾은 다음에야, 발명을 시작한다." 토마스 에디슨Thomas Edison, 1847-1931이 한 말이다. 효과적인 새로운 물질을 찾는 일은, 세상을 바꿀 수 있다. 에디슨과 그의 발명팀은 백열전구를 완성하기 위한 연구 과정에서, 전구에 빛을 밝히는 필라멘트에 적합한 재료를 찾기 위해 수천 가지 물질을 시험해 보았다. 그들은 백금, 텅스텐을 비롯해 6,000가지 이상의 식물 섬유 등 다양한 원소들로 실험을 했다. 그러던 중, 전구 안에 공기만 없다면 일반적으로 쓰는 실에 탄소를 입혀 쓸 수 있다는 사실을 깨달음으로써, 연구는 전환점을 맞이했다. 연구팀은 특수한 펌프를 이용해 전구 안을 진공 상태로 만들었다. 그러자 산소가 없는 환경에서 필라멘트는 강렬하게 빛을 내기 시작했다.

현대 과학자들과 공학자들은 에디슨과 마찬가지로, 혁신을 이루어 낼 이상적인 물질을 찾는 탐험에 착수했다. 화학의 한 갈래인 신소재 과학은, 사람에게 유용하게 쓰일 수 있는 새로운 세라믹, 합성 소재, 유리, 금속, 중합체를 발견하고 개발하는 것과 관련된 학문이다. 많은 기업과 대학들은 신소재 연구소를 가지고 있다. 그리고 한 가지 물질이 다양한 방식으로 사용되기 때문에 이 분야에서 직업을 선택하는 것은 쉬운 일이 아니다. 가령 새로운 중합체가 의학, 전기, 항공우주공학 등에 쓰일 수 있다고 했을 때, 이런 각 분야의 전문가들은 자기 영역에서 이 중합체의 응용가능성을 조심스럽게 파악하고, 디자인하고, 시험해 보아야 한다. 연구원들이 데이터를 저장할 수 있는 새로운 플라스틱을 개발한다고 할 때, 일반인이 데이터를 저장하는 방식, 중요한 정보를 다룰 때 흔히 저지르는 실수 등과 함께 현존하는 데이터 저장 매체가 가진 결점들을 먼저 파악한다. 이런 작업을 거쳐야만, 개선된 새로운 상품을 개발할 수 있다.

앞에서 우리는, 미래의 자동차에 쓰일 수소 연료 전지에 대해 알아보았다190쪽 연료 전지 참조. 수소 자동차 개발에 있어 고려해야 할 또 다른 중요한 사항은 무거운 철제 동체 프레임을 가벼운 합성 소재로 교체하는 일일 것이다. 스키, 스노보드, 낚시, 사이클 등에 사용되는 이런 소재들은 대체로 탄소섬유를 서

위 과학적 발전은 자연에서 발견할 수 있는 진화의 결과물들로부터 영감을 얻곤 한다.
아래 토마스 에디슨이 백열전구를 개선함으로써, 최초로 일반 소비자들도 널리 사용할 수 있는 전구가 탄생했다.

로 결합하여 만든, 튼튼하고 가벼운 합성 소재들이다. 자동차에 쓰이는 철을 합성 소재로 교체하면, 자동차의 무게는 반으로 감소하는 반면 강도는 똑같거나 더 강해질 것이다. 경주용 자동차와 특수 비행기처럼 일반 자동차의 많은 부품들은 이미 합성 소재로 만들어진다. 자동차가 가벼울수록 구동하는 데 필요한 연료도 줄어든다. 연료 전지가 수소 자동차 개발의 절반을 차지했다면, 신소재는 그 나머지 절반을 차지한다.

생명체로부터 영감을 얻다 과학자들은 자연이 창조물을 완성시키는 데 40억 년의 시간이 걸린 것을 알고 있다. 새로운 소재를 찾는 과정에서 과학자들이 살아 있는 유기체로부터 영감을 얻고자 하는 이유가 바로 여기에 있다. 대표적인 예는 앞에서도 보았듯이, 잎에서 일어나는 광합성을 모방한 광전지 패널이다제5장 참조. 아직 우리가 자연으로부터 배울 수 있는 것은 무수히 많다. 유전학 영역에서, 우리는 단백질의 접힘이 그 기능에 어떤 영향을 끼치는지 알지 못하지만 우리 몸속의 리보솜은 이에 대해 알고 있다. 단백질체학이 성공하기 위해서, 우리는 자연의 가르침을 받는 겸손한 제자가 되어야 한다.

자연은 우리에게 수많은 것들을 가르쳐 줄 수 있다. 나무와 곤충, 포유류들은 우리에게 유용할지도 모르는 많은 종류의 액체, 윤활유, 점액 등을 분비한다. 해양 생물들은 엄청나게 튼튼한, 기하학적인 결정 구조로 이루어진 껍질을 가지고 있으며, 이런 구조는 어쩌면 공학 분야에서 응용될 수 있을 것이다. 지상과 바닷속을 다니는 수많은 생물들은 천연 형광 물질을 이용해 길을 밝히거나 포식자들의 주의를 분산시킨다. 그들이 몸에서 뿜어내는 전류는, 다가오는 초효율성의 시대hyper-efficient age에 우리의 가정, 기업 혹은 세계 전체를 밝힐 수 있는 비밀을 간직하고 있을지도 모른다.

이런 연구들이 필요한 이유는 세상에는 공짜가 없기 때문이다. 지구의 인구가 65억을 넘어서면서, 천연자원은 갈수록 귀해질 것이다. 우리는 물질을 더 잘 사용해야 할 뿐만 아니라, 더 잘 보존하는 방법을 알아야 한다. 유럽 연합과 일본에서는 이미 정

부가 가전제품 제조업체들로 하여금, 그동안 매립지에 매장되고 유독 물질로 지구를 오염시켜 왔던 컴퓨터, 전선, 프린터, 휴대 전화 등과 같은 전자 쓰레기를 회수하여 재활용하는 것을 의무화하고 있다. 이 법은 업체들의 비용 증가를 가져왔고, 업체들은 이제 환경 친화적인 컴퓨터를 개발하기 위한 전면적인 노력을 시작하고 있다. 그리고 이 새로운 패러다임은, 안전하고 재활용 가능한 제품을 생산하는 업체, 이를 개발한 과학자들, 그리고 신소재로 인해 더 나은 삶을 살 수 있게 된 우리 모두에게 많은 혜택을 주게 될 것이다.

과학자들은 나미비아 딱정벌레가 가진 독특한 수분 유지 시스템을 연구한 끝에, 물이 부족한 지역에 유용한 플라스틱을 개발했다.

아프리카의 나미브 사막에 서식하는 스테노카라 딱정벌레(*Stenocara gracilipes*)는 독특한 방식으로 물을 구한다. 과학자들은 딱정벌레의 울퉁불퉁한 껍데기에 왁스 같은 지질이 입혀져 있어, 껍데기의 부드러운 부분이 소수성(疏水性), 또는 내수성인 것을 발견했다. 왁스기가 없는 돌기는 친수성(親水性)을 띤다. 사막에 안개 같은 구름이 불어오면, 이 딱정벌레는 등껍질로 차일을 쳐 바람을 받아 낸다. 이때 수증기가 곤충 껍데기에 물로 응결된다. 물방울이 5 mm 정도로 커지면, 등을 타고 내려와 입으로 들어오게 된다. 과학자들은 이와 동일한 수분 저장 미세구조를 통해, 지구상에서 물이 부족한 지역에 사는 사람들이 대기로부터 물을 얻을 수 있는 플라스틱을 개발하고 있다. 이런 생체 모방형 설계를 통해, 우리는 성능이 더 뛰어난 지붕 재료, 증류 장치 및 습기 제거제를 개발할 수 있을 것으로 기대된다.

신약 개발

고급 의상실에서 의류 디자이너가 무늬를 디자인하는 것과 같이, 혹은 맞춤형 가옥을 만들기 위해 청사진 앞에서 고민하는 건축가와 같이, 과학자들은 화학 물질의 구조와 서로 결합하는 방식에 대한 지식을 이용해, 특정한 질병을 치료할 수 있는 맞춤형 약품을 개발한다. 과학자들이 단백질의 기능 결함과 같은 특정한 질병의 발병 원인에 대해 더 많은 정보를 가질수록, 그 문제를 해결할 수 있는 약품을 더 쉽게 개발할 수 있다. 단백질체학의 이점과 유전자 공학, 그리고 고도로 발전한 컴퓨터 기술을 결합함으로써, 신약 개발 과정은 점점 효율적이고 정확해지고 있다.

다양한 기술과 진보를 통해 약품 개발 산업도 발전하고 있다. 조합화학combinatorial chemistry은 다양한 분자 화합물을 화학적인 기본 단위로 사용하고, 이들을 체계적으로 결합하고 재배치하여 각각 조금씩 차이를 보이는, 새로운 화학 물질 집합을 만든다. 이렇게 만들어진 물질들은 그룹별로 묶어서 검사한 후, 원하는 단백질에 대한 치료 효능이 가장 높아 보이

는 후보군을 골라 추가 검사를 하기 위해 다량으로 합성된다. 이때, 로봇을 이용한 자동화된 조합 시스템을 활용할 수도 있는데, 이 과정을 통해 과학자들은 동시에 수천 개의 화학 물질을 만들고 검사할 수 있다.

약품의 구조는 그것을 구성하는 화학 물질만큼이나 중요하다. 신약 개발의 큰 부분을 차지하는 구조 기반 신약 개발이라는 방법이 있다. 이는 표적 분자의 구조와 이를 위해 개발되는 신약의 구조에 초점을 맞춘다. 엑스선 결정학X-ray crystallographgy 등과 같은 방법을 통해 단백질의 구조를 파악하고, 이를 통해 문제가 되는 표적 분자에 가장 적합한 약물을 만

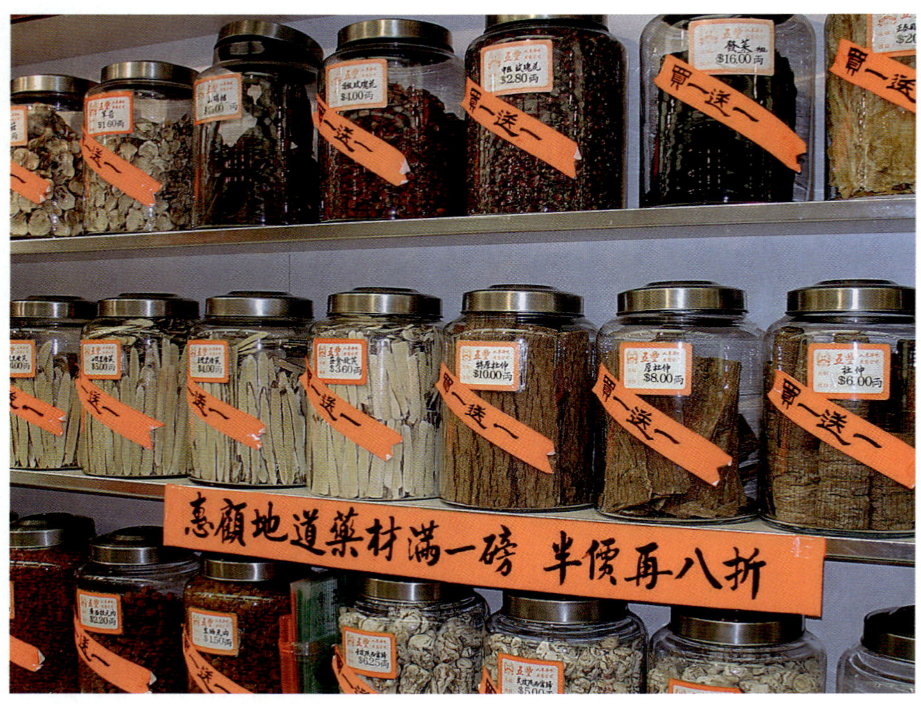

위 페놀이 들어 있는 수용액은 19세기에 소독제로 사용되었다.
아래 과학자들은 효과적인 약품을 개발하기 위해 식물의 화학적 성질을 연구하는 일이 많다. 여전히 전 세계의 많은 사람들은 천연 치료제들을 약품 대신 사용하고 있다.

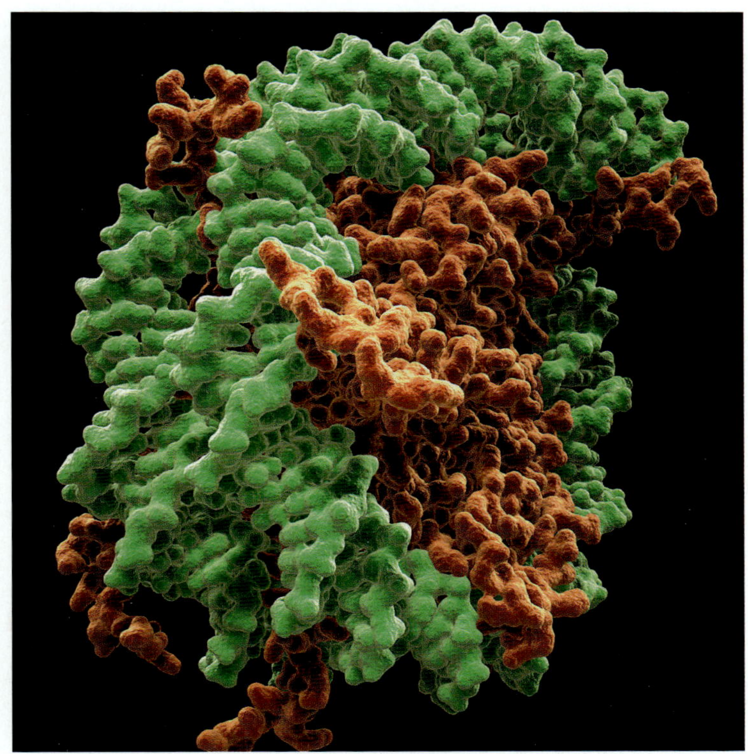

위 엑스선 결정학으로 얻은 데이터를 이용해 뉴클레오솜 모형을 만들었다. 이 모형에서 단백질(주황색)은 염색체 DNA(초록색)에 둘러싸여 있다.
아래 과학자들이 우리 몸을 공격하는 질병에 대해 더 많은 것을 알수록, 보다 효과적인 의약품을 설계할 수 있게 될 것이다.

들 수 있게 된다. 효소-기질 모형과 같이, 연구원들은 약물이 활성을 보일 수 있는 가장 잘 들어맞는 구조를 찾아야 한다. 이런 이유로, 컴퓨터 시뮬레이션과 모델링모형화은 신약 개발에 큰 비중을 차지한다. 약물이 어떻게 기능하는지, 또한 약물이 얼마나 잘 표적 자리에 결합하는지를 예측하기 위해, 모델링은 약물과 표적 사이에서 일어날 상호작용을 분석하는 데 이용될 수 있다. 이 모든 기술들은 서로 연계되어 사용된다. 예를 들어 에이즈에 대한 연구에서, 과학자들은 HIV 인간 면역 결핍 바이러스의 생존이, 바이러스성 효소인 HIV 프로테아제와 연관되어 있다는 것을 알게 되었다. 엑스선 결정학을 통해, 과학자들은 HIV 프로테아제의 구조를 알 수 있었고, 컴퓨터 기반 모델링을 이용해 HIV 프로테아제의 구조를 모든 각도에서 관찰하고, 그 성질을 분석하여 효소의 활성을 막을 수 있는 후보 분자의 수를 좁힐 수 있었다. 물론 이런 후보 분자들은 조합 화학을 이용해 합성된다.

뒤쳐지지 않기 과학은 언제나 최고의 아이디어 중 몇몇을 자연에서 얻

었고, 이런 경향은 변하지 않을 것으로 보인다. 많은 제약 회사들은 천연 식물의 성질을 검사하여, 실험실에서 그 화합물을 합성하기 위해 분자 모델링을 이용하고 있다. 또한 과학은 자연에 지지 않으려고 노력해 왔다. 신약 개발은 자연을 이기기 위해 점점 더 많은 부분을 연구자들에게 의존하게 된다. 인간 게놈과 단백질체에 대해 더 많이 알수록, 개인의 특수한 유전적 구성에 대해 가장 잘 작용하는 약을 개발할 수 있는 가능성도 커진다. 하지만 과학자들이 직면한 문제 중 하나는, 자연이 지속적으로 변한다는 사실이다. 긴 테스트 기간 동안 살아남은 신뢰성 높은 약물들이 진화라는 문제에 부딪히게 된다. 예를 들어 1928년에 곰팡이를 통해 발견한 페니실린은, 가장 널리 처방되는 항생제일 것이다. 하지만 박테리아와의 싸움에 있어서 페니실린의 효과는 도전을 받게 되었다. 박테리아들이 숙적 페니실린에 대한 방어체계로 페니실린을 파괴하는 효소를 개발해 낸 것이다. 아주 오래전부터 과학적 발전에 영감을 주고, 또 이끌어 왔던 자연의 신비는 이제 우리 앞에 장애물을 놓으면서, 전혀 새로운 방향으로 연구를 전환시켜 버린다. 우리는 매순간, 자연과 자연을 연구하는 과학 사이의 불안하고 예측하기 어려운 관계를 목격하고 있다. 때로는 서로에게 이득이 되면서도 때로는 적대적인 그런 관계를 말이다.

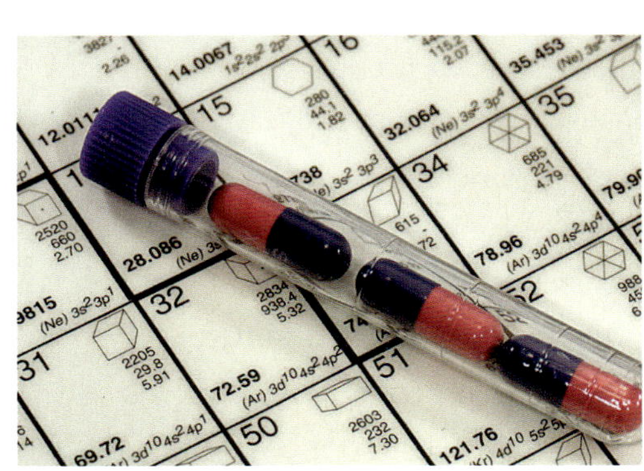

용어 풀이

ㄱ

가설(hypothesis)
과학자가 아직 입증되지 않은 사안에 대해 설정한 이론

감마 붕괴(gamma decay)
감마 입자를 방출하는 핵의 방사성 붕괴

감마선(gamma ray)
에너지와 진동수가 가장 높고, 눈으로 볼 수 없는 전자기적 복사

감마 입자(gamma particle)
광자나 빛 입자

계면활성제(surfactant)
표면을 활성화시키는 물질, 액체의 표면 장력을 감소시킨다.

광합성(photosynthesis)
식물에서 햇빛과 엽록소 존재 하에 이산화 탄소와 물로부터 당을 만드는 것

금속(metal)
금속 결합으로 이루어진 원소의 종류. 전기의 좋은 전도체

금속 결합(metallic bond)
전자가 결합된 원자 사이에서 돌아다니는, 금속에서 볼 수 있는 결합 형태

기질(substrate)
일반적으로 어떤 반응의 대상이 되는 물질. 효소에 의해 반응하여 효소–기질 복합체를 만든다. 또한 집적회로와 같은 회로가 복사되어 있는 실리콘의 단결정판을 말한다.

ㄴ

나노 기술(nano technology)
100 nm 이하의 기기들을 디자인하고, 연구 및 개발하는 것

나노미터(nanometer)
십억분의 1 m

내부 에너지(internal energy)
어떤 계의 운동 에너지와 위치 에너지의 총합

뉴클레오티드(nucleotide)
핵산을 구성하는 기본 단위

ㄷ

다당류(polysaccharide)
예를 들어 셀룰로오스처럼 여러 단당류들이 모인 것

단당류(monosaccharide)
포도당과 같은 단당

단백질(protein)
몸의 주요 기능을 가능하게 하는 아미노산 사슬로 이루어진 분자

단위체(monomer)
중합체를 이루는 개별적 단위나 분자

당류(saccharide)
당을 포함하는 탄수화물 집단

대기권(atmosphere)
지구를 둘러싼 대기의 층

대류(convection)
기체나 액체에서 뜨거운 물질이 직접 움직임으로써 열이 한 곳에서 다른 곳으로 전이 되는 것

대류권(troposphere)
지표면으로부터 8–14 km 사이에 존재하는 지구 대기권의 한 부분

동소체(allotrope)
특정한 원소의 서로 다른 형태. 예를 들어 흑연과 다이아몬드는 탄소의 동소체이다.

동위 원소(isotope)
원자 번호(양성자수)는 같지만 중성자수가 다르기 때문에, 질량수가 다른 원소

동화 작용(anabolism)
물질대사 중 단순한 물질로부터 보다 복잡한 물질이 만들어지는 합성 과정

디옥시리보핵산(deoxyribonucleo acid), **DNA**
유전 정보로 암호화되어 있는, 세포핵에 있는 물질

ㄹ

리보 핵산(ribonucleic acid), **RNA**
DNA 복제와 새로운 단백질을 암호화하는 데에 쓰이는 세포핵에 있는

물질. 알칼리에 분해되기 쉬우며 단백질 합성에 중요한 역할을 한다.

ㅁ

물질(matter)

질량을 가지고, 공간을 차지하는 모든 것들

물질대사(metabolism)

유기체 안에서 일어나는 동화 작용과 이화 작용의 총체

ㅂ

반감기(half-life)

방사성 동위 원소의 절반이 붕괴되는 데에 걸리는 시간

반응물(reactants)

화학 반응을 하는 분자나 물질

발암 물질(carcinogen)

암을 유발하는 물질

발열 반응(exothermic)

에너지를 방출하는 반응

방사능(radioactivity)

방사능이나 입자들을 방출하는 불안정한 원자핵의 붕괴

베크렐(becquerel)

방사능 단위(Bq). 370억 베크렐은 1퀴리에 해당

베타 붕괴(beta decay)

베타 입자를 방출하는, 핵의 방사성 붕괴

베타 입자(beta particle)

방사성 붕괴 중에 방출되는 전자나 양전자 입자

복사, 방사(radiation)

파동의 형태로 방출되는 에너지. 또는 방사성 물질에서 방출되는 입자

볼타 전지(voltaic cell)

알레산드로 볼타(Alessandro Volta)의 이름에서 유래한 전기화학 전지. 자발적인 화학 반응을 통해 전기를 발생시킨다.

분자(molecule)

화합물의 가장 작은 단위로, 전자기적 힘에 의해 묶여진 원자의 결합을 말한다.

비금속(nonmetal)

다른 원자들로부터 쉽게 전자를 얻는 원소의 종류

비열(specific heat)

어떤 물질 1 g의 온도를 1 ℃ 올리는 데 필요한 열

빅뱅(big bang)

우주가 거대한 폭발로 시작했다는 천문학 이론

ㅅ

산성(acid)

pH가 7보다 작은 상태

산성비, 산성 강우(acid rain, acid precipitation)

오염 물질을 통해 산성화된 강우

산화 전극(anode)

배터리나 전기화학 전지의 양전극

생물권(biosphere)

생명이 존재하는 지구의 지층, 물, 대기를 총칭하는 말

생물의 3영역(domain)

진핵생물계, 세균계, 고세균계

생성물(products)

화학 반응을 통해 만들어진 것

섬유소(cellulose)

식물의 세포벽을 구성하는 탄수화물(다당류)

섭씨, 셀시우스(Celsius)

물의 어는점을 0도로, 끓는점을 100도로 정한 온도 측정법

성층권(stratosphere)

지표면에서 11–48 km 사이에 존재하는 지구 대기권의 한 부분

세균, 박테리아(bacteria)

생물의 3계 중 하나. 핵이 없는 단세포 유기체

소립자(elementary particle)

다른 입자나 물질을 구성하는 기본적인 입자

수소 이온 지수(pH)

'수소가 있을 가능성(potential of hydrogen)'을 의미하며, 물질의 산성이나 염기성을 측정하는 방법이다. pH가 낮을수록 산성이 강하며, 중성 pH는 7이다.

스펙트럼(spectrum)

파장에 따라 퍼져 있는 전자기 복사의 배열

ㅇ

아미노산(amino acid)

단백질을 구성하는 기본 단위

아원자 입자(subatomic particles)

원자를 구성하는 입자로 양성자, 중성자, 전자가 포함된다.

알칼리성(alkaline)

pH가 7 보다 큰 상태. 염기성

알파 붕괴(alpha decay)

알파 입자를 방출하는 핵의 방사성 붕괴

알파 입자(alpha particle)

2개의 중성자와 2개의 양성자로 이루어지며 방사성 원자핵이 붕괴할 때 방출된다.

양성자(proton)

원자핵을 구성하는 양전하를 띠고 있는 입자

양이온(cation)

양전하를 가진 이온

양자(quantum)

비연속적인 값을 취하는 단위량

양자 역학(quantum mechanics)

원자, 분자, 소립자 등의 미시적 대상에 적용되는 역학

억제제(inhibitor)

화학 반응을 막거나 속도를 감소시키는 데에 쓰이는 물질

에너지(energy)

일을 수행할 수 있는 용량이나 능력. 에너지의 종류에는 화학, 기계, 열, 전기 에너지가 있다.

에너지 보존의 법칙(law of conservation of energy)

우주의 에너지 총량은 일정하며, 생성할 수도 파괴할 수도 없고 형태가 전환될 뿐이다. 열역학 제1법칙(first law of thermodynamics)이라고도 한다.

엑스선(X-ray)

전자기 스펙트럼 상에서 감마선과 자외선 사이에 있는 복사

연료 전지(fuel cell)

화학 반응을 통해 전기를 생산하는 장치

연료봉(fuel rod)

원자력 발전소에서 연료를 보관하는 철제 튜브

연소(combustion)

물질을 태워서 열을 방출하는 행동

열(heat)

열에너지 참조. 열은 온도가 다른 물질 사이에서 이동한다.

열가소성 플라스틱(thermoplastics)

가열과 냉각을 반복해도 성질을 잃지 않는 플라스틱

열경화성 플라스틱(thermosetting plastic)

에폭시와 같은 중합체 물질로, 다른 물질과 섞여야만 활성화되고 열가

소성 플라스틱과는 달리 열을 가할수록 굳어지고 굳은 후에는 원래의 형태로 되돌아올 수 없다.

열화학(thermochemistry)

화학 반응 과정에서 생기는 열이나 에너지 변화를 연구하는 학문

염기(base)

pH가 7 보다 큰 상태

염화 플루오르화 탄소(chlorofluorocarbons)

온실 기체 중 하나로, 탄소, 염소, 플루오린과 수소로 구성된다.

엽록소(chlorophyll)

광합성에 빛 에너지를 흡수하기 위해 사용되는 색소로, 대체로 초록색이다.

오비탈(orbital)

원자 내에서 전자가 발견될 확률이 있는 공간

온실 효과(greenhouse effect)

지구 대기에 열이 갇히는 것으로, 온실 기체에 의해 일어난다.

완충제(buffer)

pH 변화를 막는 화합물

용매(solvent)

용질을 용해하여 용액을 이룰 수 있는 물질

용액(solution)

용질이 용매에 녹아 생긴 혼합물

용질(solute)

용매에 용해되어 용액을 이룰 수 있는 물질

우주 배경 복사(cosmic background radiation)

우주에 퍼져 있는 열 흑체(黑體) 복사. 온도는 2.7 K이고 빅뱅의 잉여 에너지이다.

운동 에너지(kinetic energy)

물체가 운동할 때 가지는 에너지

원자(atom)

원소의 모든 성질을 가지고 있는 원소의 가장 작은 구성 성분

원자가 전자(valence electron)

원자의 가장 바깥쪽 전자 껍질에 있는 전자

원자 번호(atomic number)

원소를 구별할 때 사용되는, 원자가 가진 양성자의 수

원자 질량수(atomic mass number)

원자가 가진 양성자와 중성자의 수를 합한 값

위치 에너지(potential energy)

정지해 있는 물체의 위치에 따라 정해지는 에너지

유기체(organism)

세균, 식물, 동물, 사람을 포함하는 모든 생물

유기 화학(organic chemistry)

유기 화합물의 구조, 성질, 반응, 합성 등을 연구하는 화학 분야

유기 화합물(organic compound)

탄소를 포함하는 화합물로, 대체로 수소를 포함하고 때때로 산소와 질소를 포함한다.

유화제(emulsifier)

한 액체가 다른 액체에 현탁할 수 있도록 돕는 물질

음이온(anion)

음전하를 가진 이온

응결(condensation)

기체 물질이 액체 상태가 되는 과정

이당류(disaccharide)

단당류 분자 2개로 구성된 물질

이온(ion)

양전하나 음전하를 가지는 입자

이화 작용(catabolism)

물질대사 중 복잡한 물질이 좀 더 단순한 물질로 분해되는 과정

일(work)

한 물체로부터 다른 물체로 에너지가 전이되는 것으로, 결과적으로 물체의 운동이나 위치의 이동이 발생하는 것을 말한다.

ㅈ

자물쇠-열쇠 모형(lock-and-key model)

효소와 그에 반응하는 특정한 기질이 협력하여 결합하는 방식을 설명하는 이론

재생 불가능한 자원(nonrenewable resource)

화석 연료와 같이 생성하는 데에 시간이 너무 오래 걸려서 쉽게 재생할 수 없는 자원

전도(conduction)

인접한 분자 사이의 접촉을 통한 열의 전이

전자(electron)

원자핵 주변의 궤도를 도는 음전하를 가진 입자

전자 배치(electron configuration)

원자핵 주변의 오비탈 내에 전자를 배열하는 것

전자기학(electromagnetism)

전기와 자기의 상호작용에 의한 현상을 연구하는 학문

절대 온도와 절대 영도(absolute temperature and absolute zero)

0을 이론적으로 가장 낮은 온도라고 정한 온도 측정법으로, 켈빈 온도 척도라고도 한다. 0 K은 섭씨 −273 ℃와 같다. 절대 영도에서, 입자들은 열이 전혀 없고 모든 원자 운동이 멈춘다.

주기율표(periodic table)

알려진 모든 화학 원소를 원자 번호를 포함한 원소의 성질로 분류한 표. 가로를 주기, 세로를 족이라 한다.

중성자(neutron)

원자핵의 전하가 중성인 입자

중수소(deuterium)

수소의 동위 원소. 양성자 한 개와 중성자 한 개를 가진다.

중합체(polymer)

여러 개의 반복적인 작은 요소들(단위체)로 이루어진 거대한 분자. 녹말은 당분 분자들이 모여서 만들어진 중합체이다.

중화(neutralization)

필요에 따라 물질에 산이나 염기를 첨가하여 산성이나 염기성을 줄이는 것

증기(vapor)

일반적으로 액체나 고체 상태인 물질의 기체 상태

지방(fats)

지질 참조. 지방산과 글리세롤로 만들어진 에너지원.

지방산(fatty acid)

지방의 주요 구성 요소인 유기체 분자

지질(lipid)

지방, 기름, 스테로이드, 왁스를 포함하는 탄수화물의 한 형태

질량수(mass number)

원자 질량수 참조

ㅊ

촉매(catalyst)

반응에 영향을 주지 않으면서 화학 반응의 속도를 증가시키는 물질

ㅋ

칼로리(calorie)

물 1 g의 온도를 1 ℃ 올리는 데에 필요한 에너지의 양

켈빈 온도 척도(Kelvin scale)

절대 온도 참조

쿼크(quark)

양성자와 중성자를 구성하는 아원자 입자

퀴리(curie)

방사능 단위로 과학자 마리 퀴리의 이름에서 유래. 370억 Bq

ㅌ

탄수화물(carbohydrate)

탄소, 수소와 산소로 구성. 설탕, 녹말, 섬유소 등이 이에 해당된다.

탄화 수소(hydrocarbon)

탄소나 수소로 구성된 유기체 분자나 화합물

트라이글리세라이드(triglyceride)

핵산 3개와 글리세롤 1개로 구성되는 지방

ㅍ

파장(wavelength)

파동에서 동일한 위치 사이의 거리

펩타이드(peptide)

두 개 이상의 아미노산이 결합한 것. 그 결합은 펩타이드 결합이라고 한다.

폴리펩타이드(polypeptide)

단백질과 같이 여러 아미노산들이 펩타이드 결합으로 모인 것

표면 장력(surface tension)

액체 표면에서 물 분자 사이의 인력에 의해 나타나는 현상

풀러렌(fullerene)

1985년에 발견된 탄소의 동소체

플라스틱 재질 분류 표시(resin identification number)

플라스틱 상품에 있는 식별 번호로, 재활용되는 방식을 나타낸다.

필수 아미노산(essential amino acid)

생체가 만들지 못하는 아미노산으로, 식생활을 통해 섭취해야 한다.

ㅎ

합금(alloy)

두 개 이상의 금속 원소로 만든 새로운 금속

핵(nucleus)

양성자와 중성자를 포함하는 원자의 중심, 또는 유전 물질을 가진 생체 세포의 중심

핵분열(nuclear fission)

핵이 두 개 이상의 더 작은 부분으로 분열하는 것

핵산(nucleic acid)

DNA나 RNA 같이 유전 정보를 가진 분자 물질

핵융합(nuclear fusion)

작은 핵을 결합하여 더 크고 무거운 핵을 만드는 것

현탁액(suspension)

작은 입자들이 액체에 녹지 않고 퍼져 있는 것

혐기성(anaerobic)

산소가 없는 상황에서 일어나는 것

호기성(aerobic)

산소를 필요로 하거나 사용하는 것

화석 연료(fossil fuel)

오래 전에 죽은 유기체에서 만들어진 연료로 석유, 석탄, 천연가스를 포함한다.

화씨(Fahrenheit)

물의 어는점을 32도로, 끓는점을 212도로 정한 온도 측정법

화학적 원소(chemical element)

한 종류의 원자로만 구성된 원소

화합물(compound)

두 개 이상의 원소로 구성된 물질

환원 전극(cathode)

배터리나 전기화학 전지의 음전극

활성화 에너지(activation energy)

반응을 일으키는 데에 필요한 최소 에너지

효소(enzyme)

생화학 반응에서 촉매 역할을 하는 단백질

흡열 반응(endothermic)

에너지를 흡수하는 반응

더 읽을거리

도서

Alpher, Ralph, and Robert Herman. *Genesis of the Big Bang*. New York: Oxford University Press, 2001.

Cobb, Cathy, Nonty L. Fetterolf, and Jack G. Goldsmith. *Crime Scene Chemistry for the armchair Sleuth*. Amherst, NY: Prometheus Books, 2007.

Curie, Eve, and Vincent sheean. *Madame Curie: A Biography*. New York: Da Capo Press, 2001.

Emsley, John. *Nature's Building Blocks: An A−Z Guide to the Elements*. New York: Oxford University Press, 2003.

Faraday, Michael. *The Chemical History of a Candle*. Mineola, NY: Dover Publications, 2003.

Finaly, Victoria. *Color: A Natural History of the Palette*. New York: Ballantine, 2003.

Ford, Leonard A. *Chemical Magic*. Mineola, NY: Dover Publications, 1993.

Garfield, Simon. *Mauve: How One Man Invented a Color That Changed the World*. New York: W. W. Norton, 2001.

Hager, Tom. *Linus Pauling: And the Chemistry of Life*. New York: Oxford University Press, 2000.

Houk, Clifford C., and Richard Post. *Chemistry: Concepts and Problems: A Self−Teaching Guide*. Hoboken, NJ: Wiley, 1996.

Jonnes, Jill. *Empires of Light: Edison, Tesla, Westinghouse, and the Race to Electrify the World*. New York: Random House, 2003.

Karukstis, Kerry K., and Gerald R. Van Hecke. *Chemistry Connections: The Chemical Basis of Everyday Phenomena*. San Diego: Academic Press, 2000.

Maddox, Brenda. *Rosalind Franklin: The Dark Lady of DNA*. New York: HarperCollins, 2002.

Mascetta, Joseph A. *Chemistry the Easy Way*. Hauppauge, NY: Barron's Educational Series, 2003.

Pauling, Linus. *General Chemistry*. New York: W. H. Freeman, 1970.

Schwarcz, Joe. *The Genie in the Bottle. 67 All−New Commentaries on the Fascinating Chemistry of Everyday Life*. New York: Owl Books, 2002.

Seifer, Marc J. *Wizard: The Life and Times of Nikola Tesla: Biography of a Genius*. New York: Citadel Press, 2001.

Simon, Jonathan. *Chemistry, Pharmacy and Revolution in France, 1777−1809*. Burlington, VT: Ashgate Publishing, 2005.

Stocker, Jack H. *Chemistry and Science Fiction*. Washington, DC: American Chemical Society, 1998.

Tesla, Nikola. *My Inventions: The Autobiography of Nikola Tesla*. Hart Brothers Publishing, 1982.

Watson, James D. *The Double Helix: A Personal Account of the Discovery of the Structure of DNA*. New York: Touchstone, 2001.

웹 사이트

American Chemical Society | www.acs.org

American Physical Society | www.aps.org

Chemical Heritage Foundation | www.chemheritage.org

Environmental Protection Agency | www.epa.gov

NASA | www.nasa.gov

Nobel Prize | www.nobelprize.org

Royal Society of Chemistry | www.rsc.org/chemsoc/

Smithsonian Institution | www.smithsonian.edu

United States Geological Survey | www.usgs.gov

스미스소니언에서

유명한 화학자이자 광물학자인 제임스 스미스슨James Smithson, 1765-1829은, 유언으로 그의 거대한 저택을 기부하며 "워싱턴에 스미스소니언 협회라는 이름으로, 지식의 증진과 보급을 위한 시설을 설립해 달라"고 했다. 오늘날 스미스소니언 협회는 세계에서 가장 큰 복합 박물관이자 연구 조직이다. 제휴한 박물관과 연구소, 방대한 고문서와 더불어, 스미스소니언은 오랫동안 과학자들은 물론, 다양한 과학 분야와 과학의 역사와 미래에 관심이 있는 사람들에게 더할 나위 없는 보물창고였다.

방대한 소장품 중에는 화학의 역사를 나타내는 유물들이 다수 있다. 미국 국립 역사박물관The National Museum of American History은 이 중 상당수의 유물들을 보유하고 있고, 국립 자연사 박물관The National Museum of Natural History, 특히 광물학부 Department of Mineral Science에서 운석과 변성암 및 액체의 지질 화학적 특성에 대한 화학적, 광물학적 연구가 이루어지고 있다.

두 박물관은 워싱턴 D.C. 컨스티튜션 애비뉴 10번가와 14번가 사이에, 서로 인접하여 위치해 있다. 양쪽 박물관의 연구와 소장품은 화학이 우리의 삶을 어떻게 변화시켜 왔는지를 보여준다.

에너지 & 힘 전시관 가장 작은 원자에서 가장 큰 터빈까지, 이 전시관의 소장품은, 우리의 문명에 활기를 불어넣기 위해 어떻게 도구를 이용해 왔는지를 보여준다. 전시된 유물들에는 물 터빈, 풍차, 수증기, 가솔린 및 디젤 엔진들이 있다. 또 석유 탐사와 석탄 채광에 쓰이던 장비들과, 물리학자들이 아원자 입자를 연구할 때 사용하는 버블 챔버까지 전시되어 있다.

에너지 & 힘 전시관의 하이라이트는 전기의 역사를 나타내는 수많은 유물들이다. 발전기, 전지, 전선, 변압기에서 최근에 개발된 태양 전지까지 다양한 전시품들이 있다. 특히 눈길을 끄는 것으로는 토마스 에디슨이 만들었던 초기 전구가 있다. 또 알레산드로 볼타의 볼타 전지, 제너럴 일렉트릭 General Electric 사에서 만들었던 미국 최초의 형광 램프, 나이아가라 폭포에 최초로 설치되었던 터빈, 최초의 직류 발전기와 핵분열의 초창기 시절에 사용했던 니어 질량 분석기Nier Mass Spectrograph가 전시되어 있다.

건강 & 의학 전시관 이 전시관에는 이 책에서 언급한 과학자 중 일부가 사용하거나 수집했던 유물들이 있다. 예를 들어 빌헬름 뢴트겐의 튜브를 포함하여, 초기에 사용되던 엑스선 기구를 전시하고 있다. 또한 역사를 바꾸었던 알렉산더 플레

위 니어 질량 분석기는 1940년에 만들어졌으며, 미국 과학자들의 핵분열에 대한 이해를 한층 끌어올렸다.
아래 워싱턴 D.C.에 위치한 미국 국립 역사박물관

밍의 페니실린 곰팡이와 조나스 소크의 소아마비 백신 원형이 있다. 하지만 전시물들이 초기 의학 역사에 국한된 것은 아니다. 최초로 사람에게 이식된 심장과 최초의 유전자 조작 약물, 그리고 '버블 보이' 데이비드David와 관련된 자료들이 있다. 뿐만 아니라 인공 팔다리에서 CT 촬영기, 중세 약제사 물품, 최신 대체 약품 등까지 다양한 유물들이 전시되어 있다.

산업 & 제조 전시관 이 전시관은 미국인의 삶에서 산업이 어떠한 역할을 했는지 보여준다. 최초의 합성 중합체인 나일론의 역사는, 미국 최초의 나일론 제조기를 보는 순간 되살아나게 된다. 컴퓨터의 두뇌인 실리콘 칩의 탄생 역시 볼만 하다. 기분전환을 위해, 이 전시관은 방문객들에게 1950년대의 미국을 그렸던 TV 드라마 '행진하는 산업Industry on Parade' 460회 분을 볼 수 있는 기회도 제공하고 있다. 또 눈길을 끄는 것은 베이클라이저Bakelizer라는 실험도구로, 화학자이자 발명가인 레오 베이클란드Leo Bakeland가 사용했던 것이다. 베이클라이저는 최초의 완전 합성 플라스틱인 베이클라이트Bakelite를 대량으로 생산했다. 이 물질은 당시 다채로운 색의 모조 보석들로 사용되었다.

측정 & 지도 전시관 측정과 지도 전시관은 토마스 제퍼슨Thomas Jefferson의 온도계, 메리웨더 루이스Meriwether Lewis와 윌리엄 클락William Clark이 서부를 탐험할 때 사용하던 컴퍼스, 에드워드 마이브리지Eadweard Muybridge가 1800년대 말 사진 동작 연구에 사용하던 시간 기록 장치 등이 전시되어 있다. 눈길을 끄는 것은 1877년의 천체 망원경으로, 태양 빛을 연구하기 위해서 망원경과 연계되어 사용되도록 디자인되었다.

과학 & 수학 전시관 이 전시관에 있는 기계들은 초기 미국의 망원경에서 레이저까지 다양하다. 희귀한 안경을 비롯해 산소를 발견했던 조셉 프리스틀리의 실험실에서 발견한 유물 등이, 과학적 보물과 함께 전시되어 있다. 특별한 유물로는 베크만 DU 분광 광도계와, 윌리엄 토마스 켈빈 경가 파도를 생성하는 주기적 운동을 연구하기 위해 만들었던 기계에서 착안하여 만들어진 페렐 조수 예측기, 그리고 고대로부터 18세기까지 사용했던 천체 계산기인 하트만의 평면천체 아스트롤라베Planispheric Astrolabe 등이 있다. 또, 왓슨과 크릭이 최초로 만들었던 이중 나선 분자 모형을 통해, DNA를 발견했던 순간의 감격을 생생하게 접할 수 있다. 모형에서 4개의 황동판은 각각 아데닌과 티민, 시토신과 구아닌 염기를 나타낸다.

워싱턴 D.C.에 쉽게 갈 수 없는 사람들을 위해, 스미스소니언은 추가적인 정보 및 교육적 자료들을 인터넷에서 제공하고 있다. http://www.si.edu/science_and_technology/

위 사람에게 최초로 이식되었던 전기–수압 심장이다. 아비오코르(AbiCor) 인공 심장은 배터리로 전기를 충당하며, 기계 전체가 환자 몸 안으로 들어간다.
아래 왼쪽 레오 핸드릭 베이클란드가 만들었던 베이클라이저로, 페놀과 포름알데히드를 고온에서 압력을 가하여, 합성 소재인 베이클라이트를 만들었다.
아래 오른쪽 페렐 조수 예측기는 1883–1910년까지 시행된 미국 해안 및 측지 조사(U.S. Coast and Geodetic Survey)에 사용되었다. 사람들은 이 기계의 정확성을 보고, 기계를 통한 계산이 가능하다는 것을 인식하게 되었다.

• 버블 보이(Bubble Boy) : 중증복합면역결핍증(SCID, severe combined immunodeficiency)에 걸린 아이는 완전한 무균환경에서 보호를 받아야 하는데, 텍사스의 데이비드라는 소년이 무균의 보호 플라스틱 방울 속에서 살게 되면서 버블 보이라는 이름을 얻게 되었다.

찾아보기

감사의 글 및 사진 출처

이 책을 만드는 데 도움을 주신 여러 기관과 출판 관계자 여러분께 감사드린다. 국립 자연사 박물관의 Eugene Jarosewich, 스미스소니언 비즈니스 벤처스(Smithsonian Business Ventures)의 Katie Mann과 Carolyn Gleason, 수석 브랜드 매니저 Ellen Nanney, 콜린스 레퍼런스(Collins Reference)의 편집 주간 Donna Sanzone, 편집자 Lisa Hacken, 편집 보조 Stephanie Meyers께 감사드린다.

그리고 히드라 출판사(Hydra Publishing)의 대표 Sean Moore, 출판 디렉터 Karen Prince, 편집자 Myrsini Stephanides, 자문 위원 James M. Carothers 박사, Jeffrey P. Filippini 문학석사, 카피 편집자 Glenn Novak, 편집 디렉터 Aaron Murray, 아트 디렉터 Brian MacMullen, 디자이너 Erika Lubowicki, Ken Crossland, Eunho Lee, Pleum Chenaphun, Lee Bartow, Gus Yoo, 편집자 Marcel Brousseau, Michael Smith, Amber Rose, Rachael Lanicci, Suzanne Lander, Lori Baird, John Finkbeiner께 감사드린다. 그리고 그림 자료 편집자 Sylke Jackson, Liz Mechem, 그림 자료 검색 담당 Ben Dewalt, Joan Mathys, 색인 담당 Jessie Shiers께 감사드린다.

또한 내셔널 지오그래픽 협회의 Wendy Glass-mire, 포토 리서처스(Photo Researchers, Inc.)의 Harriet Mendlowitz께 감사드린다.

사진 출처

사진을 제공한 기관의 약자와 원래 이름은 다음과 같다.

PR–Photo Researchers, Inc.; SPL–Science Photo Library; JI ⓒ 2006 Jupiterimages Corporation; SS–Shutterstock; IO–Index Open; IS ⓒiStockphoto.com; NOAA–National Oceanic and Atmospheric Association; OAR–Oceanic and Atmospheric Research; NURP–National Undersea Research Program; USGS–United States Geologic Survey; NSF–National Science Foundation; NASA–National Aeronautics and Space Administration; NLM–Courtesy of the National Library of Medicine; SI–Smithsonian Institution; SIL–Smithsonian Institute Library; AP–Associated Press; LOC–Library of Congress; NGIC–National Geographic Image Collection; CDC–Center for Disease Control; WI–Wikimedia

(t=맨 위, b=맨 아래, l=왼쪽, r=오른쪽 c=중간)

도입부

iv PR/Phantamomix **vtr** SS/Steffen Foerster **vi** JI **vii** JI **viii** SPL/Maximilian Stock **1t** IS/Christian Anthony **1b** JI **2** Clipart **3t** PR/David R. Frazier **3br** SS/PhotoCreate

Chapter 1 원자와 원소

4 SS/Rebecca Dickerson **5t** JI **5b** SS/Arlene Jean Gee **6tl** JI **6** LOC **7tl** LOC **7tr** LOC **7bl** LOC **8tl** NIST/Joseph Stroscio & Robert Celotta **8br** SPL/Lawrence Berkeley Laboratory **9tl** PR/Professor Peter Fowler **9tr** LOC **10tl** SS/Chris Harvey **10b** LOC **11tl** LOC **11br** LOC **12tl** SS/George Unger IV **12bl** LOC **13t** SS/George Unger IV **13b** JI **14tl** PR/E. R. Degginer **14bl** NIST/D. Bright & D. Newbury **15** NOAA/Y. Berard, Oceanic Museum of Monaco **16tl** SS/Andraz Cerar **16bl** PR/Russell Lappa **16r** SS/Steffen Foerster **17tl** NIST **17br** SS/Roman Milert **18tl** JI **18r** SS/Jubal Harshaw **19tl** LOC **19bl** PR **19tr** IO

Chapter 2 화합물

20 JI **21t** LOC **21b** IS/Matteo Natale **22tl** SS/Sierpniowka **22br** SIL **23b** CDC/Minnesota Department of Health, R. N. Barr Library; Librarians Melissa Rethlefsen and Marie Jones **23r** LOC **24tl** SS/Coko **24bl** SS/Jay Crihfield **24br** LOC **25l** PR/Eye of Science **25tr** LOC **26tl** JI **26br** CDC **27bl** CDC **27tr** LOC **28tl** JI **29t** IS/Matteo Natale **29bl** SS/Radu Razvan **29br** SS/Ed Issacs **30tl** SS/GSK **30bl** AP/Shari Lewis **30r** LLNL **31tr** SPL/Kenneth Eward/Biografx **31br** LOC **32tl** SS/Chris Rabkin **32bl** LOC/Doris Ulmann **32br** LOC **33t** PR/Andrew Lambert **33br** JI **34tl** SS/Elke Dennis **34c** SS/Stephen Beaumont **34r** SS/Elena Kalistratova **35t** SS/Jeremy Feng **35c** USDA/Jonathan House

Chapter 3 다양한 상태의 물질

36 SS/Doug Baines **37t** NOAA **37b** NOAA/Mr. Ardo X. Meyer **38tl** SS/Paul Cowan **38bl** PR/Alfred Pasieka **38r** SS/Dan Bannister **39tl** SS/Zimmytws **39br** JI **40tl** LOC **40bl** SIL **40r** NOAA Phot Library, NOAA Central Library; OAR/ERL/National Severe Storms Laboratory(NSSL) **41bl** JI **41tr** LOC **41cr** LOC **42tl** SS/JJJ **42c** SS/Ronen **42b** SS/Glen Jones **43tr** NASA/J. P. Harrington & K. J. Borkowski, University of Maryland **43cr** NOAA/Dr. Yohsuke kamide, Nagoya University **44tl** IO/FogStock, LLC **44r** IO/Photolibrary.com Pty., Ltd. **45tl** SS/Jamie Wilson **45tr** SS/Peter Clark **45br** NOAA/NURP/OAR–Alaska Department of Fish and Game **46tl** SS/Losevsky Pavel **46r** SS/TAOLMOR **47tl** IS/Jane Norton **47bl** JI **47br** CDC/Bob Sandrs **48tl** JI **48bl** NOAA/Grant W. Goodge **48r** SS/Dan Collier **49tl** SS/Andraz Cerar

Chapter 4 화학 변화

50 PR/Dr. Arthur Winfree **51t** SS/Jason Hassig **51b** JI **52tl** SS/Tim Hope **52r** SS/Jack Dagley Photography **53tr** SPL/Charles D. Winters **54tl** SS/John C. Hooten **54b** SS/Nadejda Ivanova **55t** IS/Loic Bernard **55bl** CDC **56tl** IS/Johann Helgason **56b** SS/Jurgen Ziewe **57** SS/Kim French **58tl** JI **58bl** PR/Mary Evans **59cl** IS/Richard Simpkins **59b** LOC/Alfred T. Palmer **60tl** IS/Anthony Ladd **60tr** SS/Elena Kalistratova **60br** SS/Tom McNemar **61** PR/Andrew Lambert **62tl** IS/Anzeletti **62b** IS/Andrea Gingerich **63** IS/Sergey Kashkin

Chapter 5 에너지

64 SS/Lee Prince **65t** IS/Dane Wirtzfield **65b** SS/Cre8tive Images **66tl** IS/Leo Kin **66bl** SS/Madeline Openshaw **67bl** NASA–MSFC **68tl** IS/Lurii Konoval **68bl** SS/Chee–Onn Leong **69tr** PR/Phantatomix **69cr** PR/Tek Image **70tl** IS/Shakif Hussain **70bl** IS/Victor Kapas **70br** IS/Kameleon007 **70bl** IS/Victor Kapas **71** IS/Jamie D. Travis **72tl** IO/Photolibrary.com Pty., Ltd. **72bl** IO/Photos.com Select **72br** SPL/Christian Darkin **73tl** IO/Vstock, LLC **73br** IO/FogStock, LLC **74tl** SS/Mosista Pambudi **74br** JI **75tr** SI **75br** IO/Janos Gehring **76tl** IO/FogStock, LLC **76b** NOAA/C. Clark NOAA Photo Library, NOAA Central Library; OAR/ERL/National Severe Storms Laboratory **77tr** Clipart.com **78tl** IS/Tamara Carter **78bl** JI **78br** JI **79tl** SS/Photomedia.com **79tr** SS/Robert Kyllo **80tl** IS/Paul McKeown **80br** IS/Ian Hamilton **81bl** PR/Martin Bond **81tr** IS/Trigga

Chapter 6 원자 속으로

82 PR/Mike Agliolo **83t** SI/USAF **83b** IS/Adam Korzekawa **84tl** IO/Photolibrary.com Pty., Ltd. **85bl** SPL/Elscint **85tr** USGS **86tl** IS/Bjorn Kindler **87cl** IS/Emrah Turudu **87bl** SPL **88tl** JI **88bl** WI **89** AP **90tl** SS/Paul Maguire **91** SPL/Tek Images **92tl** SS/Katrina Brown **92r** SS/Chris Brown **93tr** IS/Domin23 **93br** PR/Phanie **94tl** SS/R. Gino Santa Maria **94br** interactions.org **95tr** interactions.org **95br** SS/Michael Brown **96tl** IO/FogStock, LLC **97tl** IO/Photolibrary.com Pty., Ltd. **97cl** interactions.org **97tr** interactions.org **97cr** SS/Kristian **98tl** JI **98r** LOC **99** NASA

읽을거리

100cl PR/A. Barrington Brown **100tr** PR/Science Source **100cr** WI **101tl** PR/Mary Evans **101bl** PR/SPL **101tr** WI **101br** NFW Service **102l** WI **102tr**

WI **102**br WI **103**c PR/Science Source **103**b Clipart **104**c SS/Gnuskin Peter **104**b SS/Frank Podgorsek **105**cl SS/Piotr Przeszlo **105**c SS/Mark Lorch **105**tr WI **106** SS/George Unger IV **107** PR/Lawrence Berkeley Lab **111**t PR/James King–Holmes **111**tl IS/Len Tillim **111**bl PR/AIP **111**tr SS/Paul Morley **111**cr JI **111**br IS/Ra–Photos

Chapter 7 물질
114 SS/Jerome Whittingham **115**t SS/PhotoCreate **115**b SS/Joshua Haviv **116**tl SS/Andraz Cerar **116**tr SS/FlorinC **116**cr SS/Holger Mette **117** SS/Pam Burley **118**tl SS/Karen Lau **118**r NGIC/Ira Block **119**bl SS/Jonathan Larson **119**tr NASA **120**tl SS/Brad Whitsitt **120**bl IS/Rick Rhay **121**tl NGIC/Carsten Peter **121**tr IS/Tomaz Lecstek **122**tl SS/Nguyen Thai **122**br PR/Alfred Pasieka **123**tl SS/Andrew Kerr **123**br interactions.org/Peter Grinter/NIKHEF **124**tl SS/Bonnie Watton **124**bl PR/David Luzzi, University of Pennsylvania **126**tl IS/Jose Carlos Pires Pereira **127**tl SS/Lenny Abbot **127**bl PR/James Holmes/Zedcor

Chapter 8 생명의 화학
128 PR/National Cancer Institute **129**t IS/Lidian Neeleman **129**b SS/PhotoCreate **130**tl IO/Photolibrary.com Pty., Ltd. **130**bl IO/Keith Levit Photography **131**tl IO **131**cl SS/Magdalena Szachowska **131**tr IS/Caitlin Cahill **132**cl SS/Ali Mazraie Shadi **132**r PR/Russell Kightley **133** IS/Alex Slobodkin **134**tl LANL.gov **134**br PR/Paseika **135**br LANL.gov **136**tl JI **136**r PR/Waters & A. Salic **137**tr IS/Kevin Russ **138**tl SS/Tootles **138**bl PR/Volker Steger & Christian Bardele **139**t Clipart **140**tl SS/Mircea Bezergheanu **140**br PR/SPL **141** SS/Alexei Novikov **142**tl SS/Trout55 **142**bl SS/Roger Dale Pleis **143**tr SS/Terry Reimink **143**br SS/Peggy Easterly **144**tl IS/Benoit Beauregard **144**r NGIC/Maria Stenzel **145**bl IS/Claylib **145**tr NGIC/Natalie B. Forbes

Chapter 9 우리 주위의 화학
146 SS/Billy Lobo H **147**t IS/Vasko Miokovic **147**b SS/Billy Lobo H **148**tl JI **148**b IS/Eugene Bochkarev **149**tl SS/Maja Schon **149**tr SS/Max Blain **150**tl SS/Max Blain **150**tr SS/Shironina Lidiya Alexandrovna **150**br SS/Elena Elisseeva **151**bl SS/Eric Peters **151**tr SS/Kerrie Jones **151**tl SS/Scott Rothenstein **152**br WI **153**tl SS/Wayne Matthew Syvinski **153**cl SS/Andrey Zyk **154**tl SS/Telnov Oleksii **154**tr NGIC/Maria Stenzel **155** NGIC/David Barnes **156**tl SS/Howard Sandler **157**tl IO/Able Stock **157**br SS/Keir Davis **158**tl SS/Kai Hecker **158**bl SS/Martin Kucera **158**r

PR/Patrick McDonnell **159**bl PR/Sunsumu Nishinaga **159**tr PR/J. Bavosi

Chapter 10 환경의 화학
160 SS/Jennifer Stone **161**t IO/Photolibrary.com Pty., Ltd. **161**b JI **162**tl NGIC/K. Yamashita/Panoramic Images **162**tr IO/FogStock **163**tl SS/Aaron Kohr **163**br IS/Alex Hinds **164**tl Amygdala Imagery **165**tl IO/DesignPics, Inc. **165**br IO Vstock, LLC **166**tl SS/Norma Cornes **167**bl IS/Christopher Messer **167**tr NASA **168**tl WI **168**r JI **169** AP/Bob Child **170**tl IO/Vstock, LLC **170**br SS/Steve Shoup **170**r SS/Richard Foote **171** AP/Laura Rauch **172**tl SS/Owen Hugh Retief **172**tr SS/Kharidehal Abhirama Ashwin **172**br SS/David William Taylor **173** SS/Tonis Valing

Chapter 11 화학 물질을 찾아서
174 PR/Geoff Tompkinson **175**t SS/Joan Ramon Mendo Escoda **175**b Clipart **176**tl WI **177** PR/Geoff Tompkinson **178**tl SS/Digitalvision **178**bl PR/AJ Photos **178**br SS/Trout55 **179** SS/Katrina Brown **180**tl SS/Catalin Stefan **182**bl PR/Charles D. Winters **180**r WI **181** PR/Mauro Fermariello **182**tl WI **182**bl SS/WH Chow **183**tr PR/Susumu Nishinagaa **183**br PR/Hewlett–Packard Laboratories **184**tl SS/Leah–Anne Thompson **184**tr AP/Amy Sinsisterra **185** IS/Tomaz Resiak **186**tl JI **186**tr WI **186**b PR/James King–Holmes

Chapter 12 화학은 우리를 어디로 이끄는가?
188 IO/FogStock, LLC **189**t SS/Jakub Semeniuk **189**b SS/Scott Rothstein **190**tl WI **191** WI **192**tl SS/Eyup Alp ERMIS **192**bl SS/Christian Darkin **193** PR/Franz Himpsel, University of Wisconsin **194**tl SS/Remi Cauzid **194**bl PR/Phantatomix **195** SS/Cristian Alexandru Ciobanu **196**tl WI **196**tr SPL/Steve Taylor **197** SS/Mark Lorch **198**tl SS/Anita Patterson Peppers **198**r WI **199** SPL/Sinclair Stammers **200**tl SS/Ronald Sumners **200**bt SS/BarbaraJH **201**tl PR/Kenneth Eward **201**br SS/Scott Rothenstein

스미스소니언에서
208tr SI **208**bl SI **209**ct SI **209**bl SI **209**br SI

표지
IO/Wallace Garrison PR/Alfred Pasieka

사이언스 101 화학

지은이 • Denise Kiernan · Joseph D'Agnese
옮긴이 • 김용현
펴낸이 • 조승식
펴낸곳 • 도서출판 이치 Ichi SCIENCE
등록 • 제9-128호
주소 • 142-877 서울시 강북구 한천로 153길 17
www.bookshill.com
E-mail • bookswin@unitel.co.kr
전화 • 02-994-0583
팩스 • 02-994-0073

2010년 5월 10일 1판1쇄 발행
2016년10월 10일 1판5쇄 발행

값 14,000원
ISBN 978-89-91215-16-0
978-89-91215-14-6 (세트)

＊잘못된 책은 구입하신 서점에서 바꿔드립니다.
＊이 도서는 (주)도서출판 북스힐에서 기획하여 도서출판 이치사이언스에서
출판된 책으로 (주)도서출판 북스힐에서 공급합니다.
142-877 서울시 강북구 한천로 153길 17
전화 • 02-994-0071 팩스 • 02-994-0073